衡水湖

Hengshui Lake
National Nature Reserve
Biodiversity Atlas

国家级自然保护区生物多样性图集

刘振杰　张余广　段　亮——主　编

中国环境出版集团·北京

图书在版编目（CIP）数据

衡水湖国家级自然保护区生物多样性图集 / 刘振杰，
张余广，段亮主编. -- 北京 : 中国环境出版集团，
2021.8
ISBN 978-7-5111-4794-3

Ⅰ. ①衡… Ⅱ. ①刘… ②张… ③段… Ⅲ. ①湖泊—
自然保护区—生物多样性—衡水—图集 Ⅳ.
①S759.992.223-64②Q16-64

中国版本图书馆CIP数据核字(2021)第137636号

策划编辑 葛 莉
责任编辑 范云平
装帧设计 岳 帅

出版发行 中国环境出版集团
（100062 北京市东城区广渠门内大街16号）
网 址：http://www.cesp.com.cn
电子邮箱：bjgl@cesp.com.cn
联系电话：010-67112765（编辑管理部）
发行热线：010-67125803，010-67113405（传真）
印装质量热线：010-67113404
印 刷 北京中献拓方科技发展有限公司
经 销 各地新华书店
版 次 2021年8月第一版
印 次 2021年8月第一次印刷
开 本 889×1194 1/16
印 张 15
字 数 400千字
定 价 158.00元

本书编委会

主　　编：刘振杰　张余广　段亮

副 主 编：田自强　杜国华　华　磊　吴军梅　刘蒙蒙　王　博

参编人员：刘　利　杨东敏　高秋生　赵　健　魏　健　刘庆庆　李明月　李　丹

前言
Preface

衡水湖国家级自然保护区是华北平原唯一保持沼泽、水域、滩涂、草甸和林地等完整湿地生态系统的自然保护区，被誉为生态湿地、文化湿地、时尚湿地。衡水湖拥有丰富多样的湿地植被景观，水天一色的湖泊风光，数量众多、极具观赏价值的鸟类资源，享有东亚地区的蓝宝石、京津冀最美湿地和京南第一湖的美誉。

衡水湖湿地具有涵养水源、净化空气、降解污染物、维护生物多样性等重要生态服务功能，对调节京津冀气候及提高生态质量发挥着重要作用。衡水湖宽广的水域和独特的天然湿地生态系统，孕育了丰富的生物多样性，目前已发现国家一级重点保护鸟类 21 种、国家二级重点保护鸟类 63 种。在全球九条候鸟迁徙路线中，衡水湖湿地位于第五条即东亚—澳大利西亚候鸟迁徙路线的中心。

近年来，随着人口的不断增长和经济社会的发展，保护区的生态环境保护压力逐年增大。湖区主要经济来源是农业、林业和渔业等，农业生产中农药、化肥的施用对自然保护区湿地生态环境构成潜在威胁，保护和恢复脆弱的生态系统任务艰巨。

自衡水湖被评为国家级自然保护区以来，衡水湖生物多样性保护工作走在全国前列。尤其是 2013 年被评为国家 4A 级旅游景区和 2016 年被评为国家生态旅游示范区以来，衡水湖国家级自然保护区管理委员会先后把衡水湖水质环境治理和生物多样性管理工作提到前所未有的高度。

本项目以生物多样性保护为基础，在《中国生物多样性保护战略与行动计划》（2011—2030 年）的指导下，全面开展了衡水湖自然保护区生物多样性调查工作。经过 2018—2020 年实地调查，发现鸟类 158 种，隶属 16 目 47 科，春秋季种类数量较多，以迁徙鸟类为主；冬夏季种类较少，冬季雁鸭类候鸟较多，夏季鸥类、鹭类较多；鸟类新纪录有：灰斑鸻、铁嘴沙鸻、红颈滨鹬等。发现鱼类 8 目 12 科 30 种，鲢鱼、鲤鱼、鲫鱼、鳙鱼为主要大型鱼类，数量多，存量大，属于主要经济鱼种。调查到植物4门80科375种，其中，苔藓植物门3科4种，蕨类植物门3科5种，裸子植物门3科7种，被子植物门71科359种。浮游植物共6门47属，蓝藻门、绿藻门为优势类群，蓝藻门占细胞总数的50%～75%，绿藻门占细胞总数的10%～25%。调查到底栖动物7种，其中软体动物螺类最多，有5种。椎实螺、平盘螺和萝卜螺密度最大。两栖类动物2种，即花背蟾蜍和黑斑侧褶蛙，且个体数量均较少。爬行类动物6种，即巴西彩龟、鳖、无蹼壁虎、丽斑麻蜥、虎斑颈槽蛇、白条锦蛇。

调查结果显示，衡水湖鸟类物种多样性丰富，季节性差异明显，春秋鸟类迁徙季节物种数量明显多于冬夏季。水鸟分布区域性明显，种群数量多的物种（如豆雁、须浮鸥等）多在大湖栖息，种群数量少的则多选择小湖、河道及周边池塘栖息。青头潜鸭为世界极危鸟类，一年四季均能在衡水湖观测到，使科研界改变了原来仅迁徙季节在此停歇的观点。尽管衡水湖为众多鸟类提供了多样生境，但是人类活动的干扰仍然存在，尤其是在有些重点鸟类的繁殖期，建议加强生境保护，鸟类繁殖期重点生境应禁止人类活动。衡水湖鱼类物种组成较为丰富，与北方同纬度地区对比调查，衡水湖鱼类组成处于中上水平。但在调查中，发现存量较多的大银鱼，鉴于其食性等特征，可能对鱼类多样性存在一定影响，建议可以适时增加捕捞措施以控制其数量。衡水湖植物种类丰富，菊科等占比较高，这与周边建设或湖心岛刚建成等因素有关；发现外来物种6个，但存量不大，对当地物种暂不构成威胁；在周边区域调查到火炬树存在，鉴于其生长习性和具备入侵性等特征，在周边绿化等建设中，应杜绝引此树种。鉴于衡水湖周边和湖心岛的生境特征，以及目前处于建设发展初期，建议减少人为建设等干扰，以促进自然生境稳定。

以本次调查结果为基础，结合衡水湖国家级自然保护区生物多样性保护工作需求，研究团队首次将衡水湖国家级自然保护区常见动植物以图集形式出版，为衡水湖国家级自然保护区生物多样性保护工作提供重要支撑。

衡水湖国家级自然保护区管理委员会

2021年6月

目　录

Contents

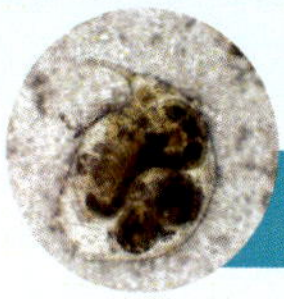

Chapter 1

HENGSHUIHU GUOJIAJI ZIRAN BAOHUQU
SHENGWU DUOYANGXING TUJI

第一篇 鸟类

一、雁形目

1. 短嘴豆雁 *Anser serrirostris*

体长：700 ～ 780 mm；**体重：**2 200 ～ 5 500 g

野外识别特征：颈短而粗，头轮廓较豆雁更圆，喙短而粗且上喙隆起有明显的"咧嘴"线条，喙整体黑色，前 1/3 处具宽阔且有发散感的黄色次端带。

形态特征：大型，雌雄相似。通体灰褐色或棕色，头部和颈部黑褐色较深而显得下体色浅，肩羽和飞羽黑褐色并具有近白色羽缘，尾羽深褐色具白色新月形基部和尖端，肛周及尾下白色。虹膜深褐色，喙黑色，黄色次端带较豆雁更宽且有发散感，脚橘黄色。

生态特征：游禽。集群，常与其他雁类混群。活动分布在近湖泊的沼泽地及农田。植食性，主要取食地衣、嫩叶、浆果、麦粒、芦苇等。营巢于河边草丛中。巢简陋，仅为一凹坑，内放干草。每巢产卵 4 ～ 5 枚；雌鸟孵化；26 ～ 28 d 出雏；雏鸟早成性。

地理分布：主要繁殖于西伯利亚北部和苔原南方的楚科奇东部，越冬于朝鲜半岛、日本和中国东部甚至东南部。

衡水湖自然保护区种群状况：种群数量较多，冬季最多，春、秋季较少；主要集中在大湖、小湖和周边农田。

2. 绿头鸭 *Anas platyrhynchos*

体长：470 ～ 620 mm；**体重：**900 ～ 1 300 g

野外识别特征：雄鸟头颈部呈绿色而有金属光泽，颈环白色，胸部栗色，嘴黄绿色；雌鸟嘴中央黑色，两侧橘黄色。

形态特征：中型，雄鸟头颈部绿色，具金属光泽，颈具一白环。嘴黄绿色，胸部栗色；上体黑褐色；腰及尾上覆羽黑色，中央尾羽黑色且向上卷曲，外侧尾羽白色。翅、胁、腹灰白色，具紫色翼镜，前后缘具白边。脚橙黄色。雌鸟棕黄色，具褐色斑纹。虹膜黑褐色，喙橘黄色杂有黑斑，具黑褐色贯眼纹。

生态特征：游禽，集群活动最为常见。多分布于湖泊、河流、水库、沼泽等地带。杂食性，主要以野生植物、软体动物、水生昆虫等为食。营巢于水域岸边草丛、芦苇滩上、河岸岩石上、树杈间，营巢环境极为多样。巢用干草茎、蒲草和苔藓筑成。每窝产卵 7 ～ 11 枚，雌鸭孵卵，孵化期 24 ～ 27 d，6 月中旬即有幼鸟出现。雏鸟早成性。

地理分布：欧亚大陆和北美洲大部分地区、非洲北部。中国全境。在我国东北、西北和内蒙古繁殖，黄河流域及以南越冬。

衡水湖自然保护区种群状况：数量多，一年四季均可见，冬季最多，夏季最少，春、秋季较多。主要集中在滏东排河和湖区，其中小湖较多，大湖较少。

3. 绿翅鸭 *Anas crecca*

体长：300 ～ 385 mm；**体重：**200 ～ 400 g

野外识别特征：体型较小，雄鸟头部呈栗色，眼向颈侧有呈逗号状绿色斑块；雌鸟通体暗褐色，具暗色斑纹，与雌白眉鸭相似，区别在于缺少白色的肩纹，翼镜更加亮绿。雄雌飞行时均可见明显绿色翼镜。

形态特征：小型，雄鸟头、颈栗色，眼周后有一宽阔的具光泽的绿色带斑一直延伸到颈部。虹膜褐色，喙黑色。背灰色，肩羽具白色带纹，两胁灰色，具蠕虫状细纹。尾下覆羽黑色且两侧各具一黄色斑块。翼镜绿色。下体其余白色。脚黑褐色。雌鸟全身暗褐色，羽缘淡色，具黑色贯眼纹，尾下覆羽白色。喙灰黑色。

生态特征：游禽。集群生活，常与其他鸭类混群。杂食性，以植物性食物为主，偶尔也吃软体动物、水生昆虫等动物性食物。营巢于湖泊、河流附近草丛和灌木丛中。巢极为隐蔽，用芦苇和羽毛筑成简陋的巢。每窝产卵 8 ～ 11 枚，雌鸟孵卵，孵化期 21 ～ 23 d。雏鸟早成性。

地理分布：广布整个北半球。在北半球温带地区繁殖；秋季南迁，至中美洲、非洲北部和东南亚地区越冬。在我国新疆及东北地区繁殖、黄河流域及以南各地越冬。

衡水湖自然保护区种群状况：数量较多，一年四季均可见，冬季最多，春、秋季次之，夏季最少。主要分布在小湖，滏阳新河次之，大湖、滏东排河、鱼塘等较少。

4. 罗纹鸭 *Anas falcata*

体长：440 ～ 520 mm；**体重：**422 ～ 900 g

野外识别特征：雄鸟头顶呈栗色，脸部颈侧金属铜绿色，额基具白斑，喉白，具一黑色颈环，三级飞羽长而向下弯曲，似镰刀状。雌鸟上体黑褐色，似（雌）赤膀鸭，但喙深色且头型偏圆。

形态特征：中型，雄鸟额及头顶呈栗色，脸部颈侧呈绿色具金属光泽，虹膜深色，颏和喉白色，颈基部有一黑色横纹。上体灰白色，具黑色波状细纹。翼镜墨绿色。三级飞羽长而下垂，呈镰刀状。尾下覆羽黄色。雌鸭略小，上体杂有棕色“V”字形斑。虹膜深色，喙及脚黑色。

生态特征：游禽。常成对或小群活动，迁徙时大群。栖于江河、湖泊等水域。白天在开阔水面活动。杂食性，主要以水生植物、杂草种子等为食，偶尔也吃软体动物、甲壳类和水生昆虫等小型无脊椎动物。营巢于湖边、河边等水域附近的草丛或灌木丛中，每窝产卵 6 ～ 10 枚，雌鸟孵卵，孵卵前期雄鸟在巢附近警戒，孵化期 24 ～ 29 d。雏鸟早成性。

地理分布：繁殖于西伯利亚、中国东北或西北，中国东部和东南部为越冬区。

衡水湖自然保护区种群状况：数量多，春、秋、冬季数量大致相同，夏季无分布。主要分布在大湖和小湖，其他区域较少。

5. 赤膀鸭 *Anas strepera*

体长：460 ～ 550 mm；**体重：**1 500 ～ 1000 g

野外识别特征：雄鸟嘴及尾下部为黑色，翼镜具黑白两色，翅上的棕栗色斑块不易观察到；雌鸟似绿头鸭雌鸟，但嘴部黑色较多，仅嘴侧呈橙黄色。

形态特征：中型。雄鸟嘴黑色，自嘴基有一条暗褐色贯眼纹。上体暗褐色。虹膜褐色。胸、背具白色波状细纹，腹白色，翅具宽阔的棕栗色横斑和黑白二色翼镜，尾下覆羽黑色。脚橙黄色。雌鸟似雄鸟，嘴橙黄色，上缘黑色翅无棕栗色斑，上体暗褐色具浅棕色边缘。

生态特征：游禽。成对或小群活动。栖于水草丛生的河流、湖泊、水库等水域。食物以水生植物为主。营巢于水边草丛或灌木丛中，巢很隐蔽，有时也在离水域较远的地方营巢。每窝产卵 8 ～ 12 枚，通常 10 枚，雌鸟孵卵，雄鸟警戒，孵化期 26 d。雏鸟早成性。

地理分布： 北半球温带、亚热带至热带内陆水域。我国多地均有分布，新疆天山及东北地区繁殖，南方地区越冬。

衡水湖自然保护区种群状况： 数量较少，秋、冬季出现较多，夏季未见。主要分布在周边鱼塘、滏东排河和小湖，大湖和两河恢复区较少。

6. 斑嘴鸭 *Anas zonorhyncha*

体长： 525 ～ 638 mm；**体重：** 891 ～ 1 350 g

野外识别特征： 雌雄相似。嘴黑色，嘴端有一醒目的黄斑。具黑色过眼纹及白色眉纹。脚橙黄色。

形态特征： 中型。雌雄相似。体羽暗棕褐色。虹膜褐色。嘴黑色，先端黄色，繁殖期黄色嘴端有一黑点。头顶色深，具黑色过眼纹及白色眉纹。颊、颈、胸色浅。翼镜蓝绿色带紫色金属光泽。三级飞羽有白斑。脚橙黄色。

生态特征： 游禽。常和其他鸭类混群。栖息于湖泊、水库、河流地带。以植物性食物为主，如水生植物的叶、茎及水藻等，也食昆虫等。营巢于水域岸边草丛中或芦苇丛中，也营巢于海岸岩石间。每窝产卵 8 ～ 14 枚，雌鸟孵卵，孵化期 24 d。雏鸟早成性。

地理分布： 国外分布于印度、缅甸、东北亚。我国除西北部外，全境均有繁殖或分布。

衡水湖自然保护区种群状况： 数量多，全年均可见，种群数量四季差异不大。冬季易群聚，越冬于大湖、小湖。其他季节则广泛分布在小湖、大湖、滏东排河、滏阳新河、周边鱼塘等水域陆地交界区。

7. 普通秋沙鸭 *Mergus merganser*

体长： 624 ～ 662 mm；**体重：** 1 500 ～ 1 650 g

野外识别特征： 雄鸟头部及颈部黑褐色；枕部有粗而短的羽冠，但不易观察到；胸、腹为白色。雌鸟头颈棕褐色；上体主要为灰色，下体多为白色。

形态特征： 中型。雄鸟繁殖期头和上颈黑褐色，有绿色金属光泽。虹膜褐色。嘴红色且细长具钩。枕部具黑褐色羽冠。下颈白色，上背黑褐色，下背及尾灰褐色，翅上具明显白色翼镜，初级飞羽和覆羽黑褐色，下体从颈部到尾为白色。雌鸟头、后颈棕褐色，颈侧、前颈浅棕色，翅上覆羽灰色，颏、喉白色略带棕色。两胁灰色具污白色斑点。脚橙红色。

生态特征： 游禽。喜集群活动，常栖息于较大的淡水水域，迁徙时通常集数十只的大群。主要以各种鱼类为食，偶尔吃软体动物和植物。营巢于紧靠水边的树上或灌丛中。每窝产卵 8 ～ 13 枚，雌鸟孵化，孵化期 32 ～ 35 d。雏鸟早成性。

地理分布： 国外分布于北半球。国内均有分布，其亚种繁殖于西北及东北，迁徙至黄河以南大部分地区越冬。

衡水湖自然保护区种群状况： 种群数量较多，冬季数量较多，春季较少。主要分布在大湖，小湖次之，河流、池塘等地数量较少。

8. 青头潜鸭 *Aythya baeri*

体长： 400 ～ 476 mm；**体重：** 440 ～ 775 g

野外识别特征： 雄性头部黑绿色；上胸栗褐色，腹部及两胁下部白色；雌性容易与白眼潜鸭混淆，但是前者的体型较大，头形较圆，嘴更长。

形态特征： 中型。雄鸟头颈黑绿色，具金属光泽；虹膜白色，嘴深灰色，尖端和嘴基黑色。上体黑褐色。翼镜白色。胸部暗栗色，腹部纯白色，两胁淡栗褐色，下胁部具白色斑。脚铅灰色。雌鸟头和颈黑褐色，虹膜褐色。两胁棕褐色；眼先和嘴基之间有一栗红色近圆斑，上体暗褐色，胸淡棕褐色。幼鸟与雌鸟相似，但体色更暗。

生态特征： 游禽。栖于芦苇和蒲草茂盛的小型水域，一般成对活动，冬季可结数十只以上的大群。主要吃各种水草的根、茎、种子等，也吃动物性食物。营巢于水边草丛中或水边浅水处芦苇丛和蒲草丛中。每窝产卵 6 ～ 9 枚，雌鸟孵化，孵化期 27 d。

地理分布： 繁殖于西伯利亚东南部贝加尔湖以东地区，越冬于亚洲东部和西南部地区。在我国繁殖于内蒙古、东北及河北东北部，越冬于长江以南。迁徙时全国可见，偶尔见于台湾地区。

衡水湖自然保护区种群状况： 数量较少，但全年可见，春季、冬季最多，秋季次之，夏季最少。主要分布在小湖和周边鱼塘，大湖数量较少。

9. 红头潜鸭 *Aythya ferina*

体长： 420 ～ 490 mm；**体重：** 500 ～ 1 000 g

野外识别特征： 雄鸟头颈栗红色，与嘴的亮灰色和胸部的黑色及两胁和下体的灰色成对比。眼红色。雌鸟头颈棕褐色，背灰褐色。似帆背潜鸭但头顶显平且前部红色不发黑。

形态特征： 中型。常见潜鸭。雄鸟嘴亮灰色。头和颈栗红色。虹膜红色。上体灰色，具波状黑色细纹，

16. 家燕 *Hirundo rustica*

体长：150 ～ 195 mm；**体重：**13 ～ 21 g

野外识别特征：头及上体深色具蓝色光泽，颏及喉部栗红色，下体白，尾羽分叉长。

形态特征：体小。嘴黑色，虹膜褐色。外侧尾羽特长，尾呈深叉状。上体、翅、尾羽蓝黑色具金属光泽，下体白色。颏、喉栗红色，具蓝黑色胸带，前胸偏红色。脚黑色。

生态特征：鸣禽。迁徙时集大群。栖息在人类居住的环境。多以昆虫为食。营巢于屋檐、房梁上，呈半碗形，用湿泥、草根、唾液混合筑成。

地理分布：分布于全球。繁殖时遍布北半球，迁徙至南半球越冬。在亚洲北部繁殖的多数远涉重洋到东南亚、印度半岛，甚至远至澳大利亚等地越冬，少数在我国南方越冬。我国全境均有分布。

衡水湖自然保护区种群状况：数量较多，一年四季均可见，夏、秋季较多，春、冬季偶见。主要分布在大湖和小湖，河道、两河恢复区、鱼塘等地也有分布。

17. 棕头鸦雀 *Paradoxornis webbianus*

体长：119 ～ 135 mm；**体重：**5 ～ 10 g

野外识别特征：嘴短粗而尾长，头顶和翅红棕色，常结成小群活动。鸣叫声为“啾，啾，啾，啾”。

形态特征：小型。红棕色的鸦雀。嘴厚短，黑褐色，虹膜暗褐色。头部及翅红棕色，体羽蓬松，背部橄榄灰褐色。尾羽长，凸状尾，暗褐色。下体色淡。脚铅褐色。

生态特征：鸣禽。常结成小群活动。夏季多在山区小灌木上营巢繁殖；冬季迁至山坡灌丛草地和山麓芦苇丛生的沼泽地区。主要以昆虫、虫卵为食，并辅以少量植物种子。通常营巢于灌木或竹丛上，通常每窝产卵 4 ～ 5 枚。

地理分布：我国见于东北南部、华北和东南各地区，是我国东部广大地区的留鸟。国外分布于俄罗斯远东地区、朝鲜及东南亚的北部地区。

衡水湖自然保护区种群状况：数量少，一年四季均可见，夏季最多，春、秋季次之，冬季较少。主要分布在小湖，大湖、周边鱼塘、河道和两河恢复区等地较少。

18. 达乌里寒鸦 *Coloeus dauuricus*

体长：274 ～ 350 mm；体重：186 ～ 285 g

野外识别特征：枕后和颈背部延颈侧至下胸和腹部皆为白色，区别于白颈鸦，其余体羽黑色。

形态特征：小型鸦类，全身为黑白两色，枕后和颈背、延颈侧至胸腹部为白色，其余身体羽毛均为黑色，具光泽。喙黑色，虹膜深褐色，脚黑色。

生态特征：鸣禽，集群活动，分布于山地、丘陵、田野、村落及垃圾场等。主要以昆虫、生活垃圾、动物尸体为食，也吃部分种子嫩芽等。巢于悬崖崖壁洞穴中，也在树洞和高大建筑物屋檐下筑巢，每窝产卵 4 ～ 8 枚。

地理分布：亚洲东部广大地区，多为留鸟，仅在贝加尔湖至朝鲜半岛区域为夏候鸟，地域性常见。在我国东部部分地区冬季较为常见。

衡水湖自然保护区种群状况：衡水湖周边鱼塘、两河恢复区早春偶见迁徙种群，衡水湖外围农场附近分布有数量极大的留鸟种群。

19. 小鹀 *Emberiza pusilla*

体长：115 ～ 150 mm；体重：12 ～ 16 g

野外识别特征：体型较小，颊部栗色，具暗黄褐色眉纹，胸部和两肋具黑色纵纹。

形态特征：体型较小，雌雄相似，头顶中央栗色，两侧具黑色侧冠纹，颊及耳羽栗色，边缘黑色，眉纹暗黄褐色，上体褐色，具黑色纵纹，下体白色，胸部及两胁有黑色纵纹，尾羽黑褐色。喙灰色，虹膜深红褐色，脚红褐色。

生态特征：鸣禽。除繁殖期间成对或单独活动外，其他季节多成几只至 10 多只的小群分散活动。栖息于低山、丘陵和平原地带的芦苇地、农田附近草丛和灌木丛中，主要以草籽、种子、果实等植物性食物为食，也吃昆虫等动物性食物。营巢于草丛或灌丛中，巢很隐蔽，每窝产卵 4 ～ 6 枚，孵卵由雌雄鸟共同承担，孵化期 11 ～ 12 d。

地理分布：国外繁殖于欧洲北部和亚洲北部，越冬于印度东北部及喜马拉雅山脉周边国家。国内除西藏外均有分布。

衡水湖自然保护区种群状况： 数量较多，秋、冬季最多，春季较少。主要分布在小湖、滏阳新河和两河恢复区等灌木和草本过渡区域，大湖、滏东排河等地较少。

20. 大山雀 *Parus major*

体长： 125 ～ 153 mm；**体重：** 13 ～ 17 g

野外识别特征： 脸颊及后颈部白色明显，翼上具白色条纹，胸腹部中央有一黑色带。

形态特征： 中小型山雀，头部及喉黑色，脸颊和后颈部白色，背部黄绿色，翼上有一条明显的白色条纹，下体白色或淡黄色，因亚种不同而有所差异，胸腹部中央有一道黑色带与喉相连。喙黑色，虹膜褐色，脚暗褐色。

生态特征： 鸣禽，喜成对或结小群活动，栖息于针叶林、针阔叶混交林和阔叶林中，肉食性，主要以昆虫为食。通常营巢于天然树洞中，也利用啄木鸟废弃的巢洞和人工巢箱，有时也在土崖和石隙中营巢。每窝产卵 6 ～ 13 枚，雌鸟孵化，孵化期 14 d。雏鸟晚成性。

地理分布： 分布于亚洲东南部、欧洲大部和非洲西部等地。我国有广泛分布。

衡水湖自然保护区种群状况： 数量较少，一年四季均可见，冬季较多，春、秋季较少，夏季最少。主要分布在中湖大道两侧、滏东排河两侧等乔木林密集区域，小湖、大湖、两河恢复区等地较少。

21. 燕雀 *Fringilla montifringilla*

体长： 141 ～ 170 mm；**体重：** 19 ～ 25.5 g

野外识别特征： 头部黑色或褐色，腰部白色，胸部棕色，尾羽黑色，末端分叉。

形态特征： 小型，繁殖期雄鸟头部、颈部和背部黑色，肩部棕色，腰部白色，胸部棕色，腹部白色，具醒目白色肩斑和棕色翼斑，两翼黑色具有棕黄色羽缘，初级飞羽基部有白色斑点，尾羽黑色，末端分叉；非繁殖期雄鸟与雌鸟相似但头部为褐色，体色较淡。喙黄色，端部黑色，虹膜褐色，脚粉褐色。

生态特征： 鸣禽，成对或集小群活动，偶尔集大群，栖息于落叶混交林、针叶林和阔叶林中，迁徙越冬栖息于疏林、农田等地，主要以种子、果实等植物性食物为食。通常成对分散营巢繁殖，巢多置于桦树、杉树、松树等各种树上紧靠主干的分枝处，每窝产卵 5 ～ 7 枚。

地理分布：分布于欧亚大陆及非洲北部。我国分布于东部各地及新疆西部，为旅鸟和冬候鸟。

衡水湖自然保护区种群状况：数量较少，季节分布为冬季较多，春、秋季较少，夏季无分布。主要分布在滏阳新河、周边鱼塘，小湖次之，滏东排河和两河恢复区较少。

22. 黑尾蜡嘴雀 *Eophona migratoria*

体长：185 ～ 205 mm；**体重：**41 ～ 55 g

野外识别特征：嘴粗大，黄色，端部黑色。雄鸟头部灰黑色，初级飞羽、三级飞羽和初级覆羽羽端白色明显。雌鸟头部灰褐色。

形态特征：体型略大，雄鸟头部灰黑色，颏及喉黑色，体灰，两胁棕色，两翅黑色但初级飞羽、三级飞羽和初级覆羽羽端白色，尾羽黑色，尾下覆羽白色。喙黄色，端部黑色，虹膜褐色，脚粉褐色。雌鸟与雄鸟相似，但头部为灰褐色。

生态特征：鸣禽，常集群活动，常见于开阔林地和次生植被中，从不见于密林，主要以种子、果实、嫩芽等植物性食物为食，也吃昆虫。筑巢于树上，距地面 2 ～ 7 m，每窝产卵 3 ～ 7 枚，雏鸟晚成性。

地理分布：分布于亚洲东部。繁殖于我国东北部和长江流域地区，越冬于南方。

衡水湖自然保护区种群状况：数量少，四季均有分布，夏、冬季较多，春、秋季较少。主要分布在小湖和周边鱼塘，大湖、滏东排河、滏阳新河和两河恢复区等地较少。

23. 金翅雀 *Carduelis sinica*

体长：122 ～ 145 mm；**体重：**15 ～ 21 g

野外识别特征：头部灰色，翅上黄色翼斑明显，外侧尾羽基部及臀部黄色，喙粉色。

形态特征：小型，雄鸟头顶和颈部灰色，眼周围黑褐色，眉纹、前额、颊部略有黄色，背部深褐色，胸腹部红褐色，翅上有大片黄色翼斑，外侧尾羽基部与臀部黄色，尾羽其他部分黑色。喙粉色，虹膜深褐色，脚粉褐色。雌鸟与雄鸟相似，体色偏暗。

生态特征：鸣禽。常单独或成对活动，秋、冬季节也成群，有时集群多达数十只甚至上百只。栖息于灌丛、旷野、人工林、园林及林缘地带，主要以植物种子为食，也吃昆虫和谷物。营巢于低山丘陵和山脚地带针叶树幼树枝杈上以及杨树、果树、榕树等阔叶树和竹丛中。每窝产卵 4 ～ 5 枚，雌鸟孵化，孵化期 13 d±1 d，雏鸟晚成性。

地理分布：分布于亚洲东部。我国东部广大地区均有分布，为留鸟。

衡水湖自然保护区种群状况：数量较多，一年四季均可见，夏、秋季较多，春、冬季较少。主要分布在小湖和两河恢复区，大湖、河流、鱼塘等地较少。

24. 紫翅椋鸟 *Sturnus vulgaris*

体长：200 ～ 220 mm；**体重：**60 ～ 85 g

野外识别特征：通体黑，具紫色和绿色金属光泽，全身具斑点。

形态特征：通体黑色具紫色和绿色金属光泽，上体羽端具土黄色斑点，下体具白色斑点，两翼和尾羽黑色，羽缘为棕色。繁殖季喙黄色，非繁殖季角质黑色，虹膜黑色，脚黄褐色。

生态特征：鸣禽，集群活动，栖息于平原和山地等开阔地区、疏林、农田、果园、水域、岸边和居民点附近，杂食性，以蝗虫等森林害虫为食，也吃植物果实和种子。巢营在村内屋檐下，峭壁裂隙、塔内以及天然的树洞中，每窝产卵 4 ～ 7 枚，孵卵期 12 d。

地理分布：分布于欧亚大陆西部、北非。我国主要分布于西部、华北和东南个别地区。

衡水湖自然保护区种群状况：数量较多，迁徙季较常见。秋季较多，春季较少。主要分布在小湖，大湖较少。

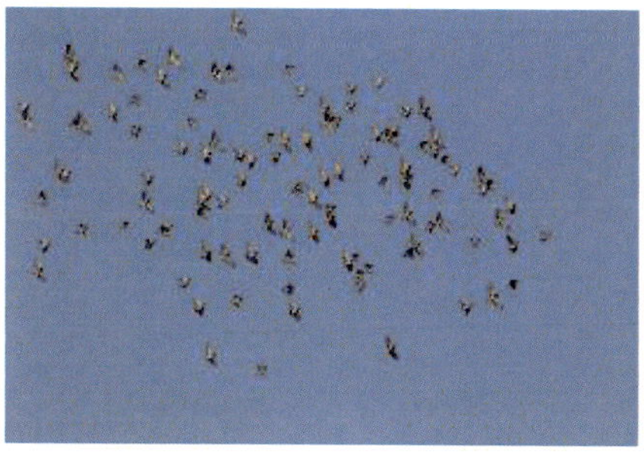

25. 灰椋鸟 *Spodiopsar cineraceus*

体长：200 ～ 241 mm；**体重：**65 ～ 105 g

野外识别特征：灰褐色，头黑，脸颊白色。

形态特征：雄鸟通体灰褐色，额和头顶夹杂白色，头顶至后颈黑色，脸颊和颏白色，上体深灰褐色，腰部白色，下体灰褐色，两翼灰黑色，初级飞羽外侧羽缘灰白色，尾羽灰褐色，末端白色，尾上覆羽及尾下覆羽白色；雌鸟与雄鸟相似，但上体颜色暗淡，头部灰褐色，前额白色不明显。喙红色，尖端黑色，虹膜黑褐色，

脚橘黄色。

生态特征：鸣禽，常集群活动，栖息于低山丘陵、开阔平原地带和田野等，主要以昆虫为食，也吃少量植物性果实和种子。营巢于阔叶树天然树洞或啄木鸟废弃的树洞中，每窝产卵 5 ～ 7 枚，雌鸟孵化，有时雄鸟亦参与孵卵，孵化期 12 ～ 13 d。雏鸟晚成性。

地理分布：分布于亚洲东部。在我国长江以北的东部地区繁殖，南方地区越冬。

衡水湖自然保护区种群状况：数量较多，一年四季均可见，秋季较多且常结大群，其他季节较少。主要分布在小湖，鱼塘、滏东排河次之，大湖、两河恢复区、河道等地较少。

26. 黑卷尾 *Dicrurus macrocercus*

体长：235 ～ 300 mm；**体重**：43 ～ 65 g

野外识别特征：通体黑色，尾羽末端分叉微向上翻。

形态特征：中等体型，通体黑色，具蓝绿色金属光泽，尾羽较长，末端分叉且微向上翻。喙黑色，虹膜暗红色，脚黑色。

生态特征：鸣禽，不集群，栖息于低山丘陵、平原、田野等地，主要以各类昆虫及其幼虫为食。黑卷尾的巢置于阔叶高大乔木树冠杈枝间，距地面 10 m 以上，通常每窝产卵 3 ～ 4 枚。

地理分布：分布于阿富汗、巴基斯坦、印度到中南半岛。以及我国东部和南部。

衡水湖自然保护区种群状况：数量较多，夏季最多，春、秋季较少，冬季无分布。主要分布在两河恢复区和周边鱼塘，滏阳新河次之，大湖和小湖较少。

27. 树鹨 *Anthus hodgsoni*

体长：140 ～ 170 mm；**体重**：15 ～ 25.5 g

野外识别特征：上体为橄榄绿色，耳羽具白斑，胸部和两胁有浓密纵纹。

形态特征：小型，具白色眉纹，耳后有白斑，喉部皮黄色，上体橄榄绿色，具褐色纵纹，胸部和两胁有浓密纵纹。上喙角质色，下喙偏粉色，虹膜褐色，脚粉红色。

生态特征：鸣禽，常结小群活动，栖息于山地阔叶林、混交林和针叶林，主要以昆虫为食，也吃谷粒、杂草种子等植物性食物。通常营巢于林缘、林间路边或林中空地等开阔地区的地上草丛或灌木旁凹坑内，也在林中溪流岸边石隙下浅坑内营巢。每窝产卵 4 ～ 6 枚，雌鸟孵化，孵化期 14 d±1 d。

地理分布：繁殖区自俄罗斯东北部至喜马拉雅地区，冬季南迁到东南亚。我国除西北地区外均有分布。

衡水湖自然保护区种群状况：数量少，仅秋、冬季有分布。主要分布在周边鱼塘，大湖、小湖、滏东排河等地较少。

28. 黄鹡鸰 *Motacilla tschutschensis*

体长：150 ～ 190 mm；**体重：**16 ～ 21 g

野外识别特征：上体橄榄绿色或橄榄褐色，下体为黄色，翼上有两道明显白色横斑，最外侧两对尾羽白色。

形态特征：小型，亚种众多，头部因亚种不同而各异，具黄白色或黄色眉纹，上体橄榄绿色或橄榄褐色，飞羽黑褐色，翼上有两道白色横斑，下体黄色，尾羽黑褐色，最外侧两对尾羽白色。喙褐色，虹膜褐色，脚褐色至黑色。

生态特征：鸣禽，常成对或结小群活动，栖息于低山丘陵、平原，常在水域附近活动，主要以昆虫为食。营巢于河边岩坡草丛中，偶尔也见在村边居民柴垛中营巢，巢隐蔽性好。每窝产卵 5 ～ 6 枚，雌鸟孵化，孵化期 14 d。雏鸟晚成性。

地理分布：主要繁殖区在欧亚大陆北部和北美的阿拉斯加，冬季南迁至非洲、东南亚和澳大利亚。在我国繁殖区为新疆天山、东北地区、内蒙古中部和甘肃兰州等地；迁徙时途经我国广大地区。

衡水湖自然保护区种群状况：数量较少，季节分布春、秋季较多，夏季较少，冬季无分布。主要分布在滏阳新河与大湖，小湖、两河恢复区、滏东排河等地较少。

29. 白鹡鸰 *Motacilla alba*

体长：156 ～ 200 mm；**体重：**15 ～ 30 g

野外识别特征：黑白色鹡鸰，额和脸颊白色，亚种众多。

形态特征：小型，额白色，头顶至后颈黑色，脸颊白色，部分亚种有黑色过眼纹，胸部黑色，部分亚种颏及喉部也为黑色，上体体羽灰色或黑色，两翼和尾羽黑白相间，根据亚种不同而有所差异，下体白色。喙黑色，虹膜褐色，脚粉灰色。

生态特征：鸣禽。常单独、成对或成 3 ～ 5 只的小群活动。迁徙期间也见 10 多只至 20 余只的大群。栖息于近水的开阔地带、稻田和溪流边等地，波浪式飞行，以昆虫和植物种子为食。通常营巢于湖泊、溪流等水域附近岩洞、岩壁缝隙、河边土坎、田边石隙以及河岸、灌丛与草丛中，通常每窝产卵 5 ～ 6 枚，孵卵由雌雄亲鸟轮流进行，孵化期 12 d。雏鸟晚成性。

地理分布：分布于欧亚大陆和非洲。我国广泛分布。

衡水湖自然保护区种群状况：数量较多，一年四季均可见，春季较多，秋季次之，夏、冬季较少。主要分布在大湖、小湖、滏东排河、滏阳新河，周边鱼塘和两河恢复区等地较少。

30. 白头鹎 *Pycnonotus sinensis*

体长：160 ～ 220 mm；**体重：**26 ～ 43 g

野外识别特征：枕部具明显白色，上体灰褐色或橄榄灰色。

形态特征：额及头顶黑色，枕部白色，耳羽后有一白斑，颏和喉白色，上体灰褐色或橄榄灰色，具黄绿色羽缘，胸部灰褐色，腹部白色，尾羽黑色具黄色羽缘。喙黑色，虹膜褐色，脚黑色。

生态特征：鸣禽。常成 3 ～ 5 只至 10 多只的小群活动，冬季有时亦集成20～30只的大群。栖息于低海拔林地、灌丛和农田等地，善鸣叫，杂食性，喜欢以昆虫为食，秋、冬季主要吃植物性食物。营巢于灌木或阔叶树上、竹林和针叶树上。每窝产卵 3 ～ 5 枚。

地理分布：分布于越南北部和琉球群岛。我国主要分布于长江流域以南，近年在北方有零星分布。

衡水湖自然保护区种群状况: 数量较多，一年四季均可见，春、夏季较多，秋、冬季较少。主要分布于小湖，大湖、河道、两河恢复区、周边鱼塘等地较少。

四、鹃形目

31. 大杜鹃 *Cuculus canorus*

体长：260 ～ 337 mm；**体重：**70 ～ 135 g

野外识别特征: 上体灰色。腹部白色具黑色横斑，虹膜和眼圈黄色，使其与其他形态相似的杜鹃区别开来。

形态特征：中型，雄鸟头部、颈、前胸和上体灰色，腹部白色且具黑色横斑，横斑较其他杜鹃细，尾羽黑色有不明显条纹，无黑色次端斑。雌鸟上胸沾红褐色，棕色雌鸟头颈、前胸、上体和尾羽棕色，具黑色横斑，腰部无条纹。喙上部深色，下部黄色，虹膜及眼圈黄色，脚黄色。

生态特征： 攀禽。性孤独，常单独活动。栖息于山地平原地区林地，也于湿地水域的芦苇中活动，在苇莺、鹡鸰和鹀类等巢中寄生产卵。

地理分布： 分布于欧亚大陆、非洲。我国全境分布，东南部常见。

衡水湖自然保护区种群状况： 数量较多，仅春、夏季有分布。主要分布在小湖和周边鱼塘，大湖、河道、两河恢复区等地较少。

五、鸻形目

32. 红嘴鸥 *Larus ridibundus*

体长： 350 ～ 430 mm；**体重：** 205 ～ 374 g

野外识别特征： 喙红色，繁殖期具深褐色头罩，初级飞羽尖端黑色，翼灰色，前缘白色，非繁殖期无深褐色头罩，眼后有黑色斑点。

形态特征： 中等体型，白色或灰色鸥，繁殖期有深褐色头罩，眼后有月牙形白斑，翼灰色，前缘白色，初级飞羽尖端黑色，尾羽白色；非繁殖期无深褐色头罩，眼后区域有黑色斑点。喙红色，虹膜褐色，脚红色。

生态特征： 游禽，常集群生活，栖息于平原和低山丘陵地带的湖泊、河流、水库等地，主要以昆虫、鱼、虾等水中无脊椎动物为食。通常营巢于水域岸边草丛或芦苇丛中。通常每窝产卵 3 枚，雌雄鸥轮流孵卵。孵化期 20 ～ 26 d。

地理分布： 在欧亚大陆的温带地区繁殖，向南可迁至非洲北部、东南亚等地越冬。我国各地皆有分布，近年来集大群在昆明越冬。

衡水湖自然保护区种群状况： 数量多，一年四季均可见，春、秋季最多，冬季次之，夏季最少。主要分布在大湖、小湖、周边鱼塘，河流和两河恢复区等地较少。

33. 矶鹬 *Actitis hypoleucos*

体长： 160 ～ 210 mm；**体重：** 40 ～ 60 g

野外识别特征： 内陆常见鹬类，体型较小，胸部与肩部之间有一明显月牙形区域。

形态特征： 小型，上体褐色，下体白色，具白色眉纹和黑色贯眼纹，胸部有灰褐色斑块，与灰色肩部围成明显的白色月牙形区域，飞行时，飞羽近黑色，翼上具白色横纹，翼下具黑色及白色横纹。喙短，深灰色，虹膜褐色，脚短，浅橄榄绿色。

生态特征：涉禽。常单独、成对或成小群迁徙。栖息于沿海滩涂、湿地、河流等地，走动时尾部频繁上下抖动，以昆虫、甲壳类等小型无脊椎动物为食。多置巢于水边较为隐蔽的草丛或灌丛中，有的则完全裸露于河边沙滩上。每窝产卵 4 ～ 5 枚，雌鸟孵化，孵化期 21 d±1 d，雏鸟早成性。

地理分布：欧亚大陆繁殖，南迁越冬。在我国北部、西北部繁殖，南部越冬。

衡水湖自然保护区种群状况：数量较多，一年四季均可见，春、秋季较多，夏季次之，冬季最少。主要分布在滏阳新河和两河恢复区，小湖、滏东排河、周边鱼塘等地较少。

34. 白腰草鹬 *Tringa ochropus*

体长：200 ～ 240 mm；**体重：**60 ～ 107 g

野外识别特征：似矶鹬，但腿及喙较矶鹬长，上体有浅色点斑，腰部白色。

形态特征：与矶鹬相似，体型较矶鹬大，但腿及喙更长，上体灰色且具白色斑点，肩部无矶鹬白色月牙形区域，腰部白色，飞行时翼下黑色，尾羽白色，端部具黑色横斑。喙暗橄榄色，虹膜褐色，脚橄榄绿色。

生态特征：涉禽，常单独活动，栖息于池塘、河流、湖泊边缘和滩涂等地，尾部也常像矶鹬般颤动，主要以蠕虫、虾、田螺等小型无脊椎动物为食。营巢于森林中的河流、湖泊岸边或林间沼泽地带，也在林缘河边沼泽地及河边小岛上的草丛中或疏林中营巢。每窝产卵 3 ～ 4 枚，雌雄鸟轮流孵卵，孵化期 20 ～ 23 d。

地理分布：繁殖于欧亚大陆北部，越冬于欧洲南部、地中海、非洲、波斯湾、伊朗和东亚南部。在我国北方繁殖，长江以南越冬。

衡水湖自然保护区种群状况：数量少，一年四季均可见，夏、秋季较多，春、冬季较少。在河道和周边鱼塘分布较多，两河恢复区和湖区等地较少分布。

35. 扇尾沙锥 *Gallinago gallinago*

体长：248 ～ 298 mm；**体重：**75 ～ 189 g

野外识别特征：是我国常见的一种沙锥，喙长，条纹鲜明，飞行时翼后缘有明显白色，外侧几对尾羽与中央尾羽宽度相当。

形态特征：喙长，头冠黑棕色，眼部上下条纹及贯眼纹色深，脸部皮黄色，上体深褐色，下体暗棕色，两胁有黑色纵纹，腹部白色，两翼细而尖长，飞行时翼后缘有明显白色，外侧几对尾羽与中央尾羽宽度相当。喙褐色，虹膜褐色，脚橄榄色。

生态特征：涉禽，常单独或结小群活动，栖息于湖泊、河流和沼泽等地，通常躲避在高大芦苇丛中，喜阴暗潮湿的地方，主要以昆虫和软体动物为食，也吃小鱼和植物种子。巢多置于草丛下或沼泽地中的土丘上和干芦苇丛中的干地上。每窝产卵 4 枚，雌鸟孵卵。孵化期 19 ～ 20 d。雏鸟早成性。

地理分布：分布于欧亚大陆、北美洲、东南亚地区。见于我国大部分地区。

衡水湖自然保护区种群状况：数量少，一年四季均可见，夏、秋季较多，春、冬季较少。主要分布在滏阳新河和滏东排河，周边鱼塘、小湖、两河恢复区等地分布较少。

36. 普通燕鸻 *Glareola maldivarum*

体长：200 ～ 280 mm；**体重：**53 ～ 101 g

野外识别特征：喉部皮黄具有黑色羽边；翼长于尾端，具叉形尾。

形态特征：小型。上体茶褐色，喉皮黄色具有黑色羽边，冬季喉淡黄色无黑色羽边。颊顶、胸黄褐色，腰白色，两翼长而近黑色，翼下棕红色，次级飞羽黑色，站立尾尖不达翼端，尾叉形，上黑下白，基部及外缘白色。嘴黑基红，冬羽嘴基无红色。脚深褐色。

生态特征：涉禽，有结群活动倾向，常见于矮草地和滩涂。迁徙或越冬期间与其他涉禽混群，栖息于开阔地、沼泽地及稻田中，常在地面短距离奔跑。主要取食昆虫、甲壳类等小型无脊椎动物。营巢于河流、湖泊岸边或附近沙土地上，也在河心小岛、溪旁和稻田地边营巢。每窝产卵 2 ～ 4 枚。

地理分布：分布于亚洲东部及澳大利亚北部。我国东部均有分布。

衡水湖自然保护区种群状况：数量少，仅夏、秋季有分布，夏季较多，秋季较少。主要分布在滏阳新河、滏东排河、两河恢复区，大湖和小湖分布较少。

37. 灰头麦鸡 *Vanellus cinereus*

体长：320 ～ 360 mm；**体重：**236 ～ 423 g

野外识别特征：喙鲜艳黄色，端黑；头胸灰色，翼尖、胸带、尾部具黑色横斑。

形态特征：中型。头胸灰色，背部棕褐色，具黑色胸带，腰、尾及腹部白色，翼尖黑色，尾部具黑色横斑。虹膜褐色，喙黄色端黑，脚黄色。

生态特征：涉禽，成对或小群活动，栖息于近水的开阔地带及河滩、沼泽、稻田。主要啄食甲虫、蝗虫（别名蚱蜢）等鞘翅目和直翅目昆虫，也吃水蛭、蚯蚓、螺等软体动物和植物叶及种子。营巢于苇塘和湖泊等水域附近草地上，也在田野和沼泽边的干地或盐碱地上营巢。每窝产卵 4 枚，雌雄亲鸟轮流孵化，孵化期 27 ～ 30 d。雏鸟早成性。

地理分布：分布于东亚、喜马拉雅山脉和东南亚。在我国主要集中分布于北京地区。

衡水湖自然保护区种群状况：数量较少，春、秋季较多，夏季较少，冬季不可见。主要分布在滏阳新河和滏东排河，小湖、两河恢复区、周边鱼塘等地较少。

38. 凤头麦鸡 *Vanellus vanellus*

体长：290 ～ 340 mm；**体重：**180 ～ 275 g

野外识别特征：头顶具细长而向前弯的黑色羽冠，飞行时翼下黑白分明。

形态特征：中型。上体具绿黑色金属光泽，下体白色。头顶有细长而稍向前弯的黑色羽冠。耳羽黑色，头侧及喉部污白色。眼下黑色，胸近黑色，腹白色。虹膜褐色，喙近黑色，腿及脚橙褐色。

生态特征：涉禽。常成群活动，喜耕地、稻田或矮草地。栖息于河湖岸边、池塘、水渠、沼泽等湿地，也在农田、旱草地、高原地区活动。主要取食蛙类、蝗虫等小型无脊椎动物、植物种子等。营巢于草地或沼泽草甸边的盐碱地上，每窝产卵 4 枚，雌雄鸟轮流孵化，以雌鸟为主，孵化期 25 ～ 28 d。雏鸟早成性。

地理分布：分布于欧亚大陆、非洲北部。在我国北部繁殖，南部越冬。

衡水湖自然保护区种群状况：数量较少，仅春、秋季有分布，秋季较多，春季较少。主要分布在周边鱼塘，小湖和两河恢复区等地

较少。

39. 金眶鸻 *Charadrius dubius*

体长：150 ～ 180 mm；**体重**：28 ～ 48 g

野外识别特征：明显黄色眼圈，具有黑色或褐色的全胸带。

形态特征：小型。额有一黑色横带，白色额，沙褐色头顶，黑色过眼纹，白色眉纹。额、喉白色，与后颈领环相连，胸腹白色，翼褐色。喙灰色，腿黄色，虹膜褐色。

生态特征：涉禽。常单独或集群活动。多见于沿海溪流和河流的沙洲、沼泽地带、沿海滩涂、内陆水域周围。主要以杂草种子、螺、昆虫为食。巢多置于水边沙地或沙石地上，每窝产卵 3 ～ 5 枚，雌鸟孵化，雄鸟警戒，孵化期 24 ～ 26 d。雏鸟早成性。

地理分布：分布于欧亚大陆及非洲中部。我国各地均有分布。

衡水湖自然保护区种群状况：总体数量较少，一年四季均可见，春季较多，秋季次之，夏、冬季最少。主要分布在滏阳新河、滏东排河和小湖，周边鱼塘、大湖、两河恢复区等地较少分布。

40. 黑翅长脚鹬 *Himantopus himantopus*

体长：293 ～ 401 mm；**体重**：146 ～ 200 g

野外识别特征：体型修长，腿及脚淡红色，特征鲜明。

形态特征：中型。雄鸟夏羽额白色，头至颈黑色，肩、背黑色，两翼、腰、尾白色，尾羽灰白色，其余白色。雌鸟夏羽头、颈白色，上背、肩、内侧飞羽褐色。冬羽相似，头、颈白色，有时微灰色，幼鸟褐色，头顶及颈背灰色或黑色。喙细长色黑，虹膜粉红，腿及脚淡红色。

生态特征：涉禽。单独或小群活动。喜沿海滩涂以及浅水沼泽、湖泊、水库等淡水湿地。栖息于开阔草地的湿地环境。主要以水中软体动物、环节动物为食。营巢于开阔的湖边沼泽、草地或湖中露出水面的浅滩及沼泽地上，每窝产卵 4 枚，雌雄轮流孵卵，孵化期 16 ～ 18 d。

地理分布：分布于欧洲东南部、中亚、非洲及东南亚地区。我国大部地区均有分布。

衡水湖自然保护区种群状况：总体数量少，春、夏季较多，秋季较少，冬季无。主要分布在滏东排河、滏阳新河、小湖、周边鱼塘，大湖、两河恢复区等地较少。

六、鹤形目

41. 黑水鸡 *Gallinula chloropus*

体长：300 ～ 350 mm；**体重**：220 ～ 340 g

野外识别特征：额甲亮红色，体羽青黑点，胁部有白色条纹。

形态特征：体大。通体黑色；成鸟额甲亮红色，体羽青黑色，两胁白纹明显，尾下两块明显白斑。幼鸟全身灰褐色，脸颊至下体色浅。喙黄绿色，基红端黄；脚绿色，脚上部有一红色环带。

生态特征：涉禽。常成对活动。多见于水生植物茂盛的湖泊、池塘及河流中；栖息于密布挺水植物（如芦苇）的苇塘、湖泊。常在水面游动，主要以水生植物（如嫩叶）和水生昆虫为食。营巢于水边浅水处芦苇丛中或水草丛中，每窝产卵通常为 6 ～ 10 枚，孵卵由雌雄亲鸟轮流承担，孵化期 19 ～ 22 d。雏鸟早成性。

地理分布：除大洋洲外的全球温带至热带均有分布。我国除西北干旱地区外，几乎全境分布。

衡水湖自然保护区种群状况：数量较多，一年四季均可见，夏季较多，秋、冬季较少，春季最少。主要分布在周边鱼塘、滏东排河，大湖、小湖和两河恢复区等地较少。

42. 白骨顶 *Fulica atra*

体长：360 ～ 430 mm；**体重**：430 ～ 835 g

野外识别特征：喙及额甲白色，体羽深黑色。

形态特征：体大。通体黑色。喙短，白色的喙及额甲，仅飞行时可见翼上白色后缘。趾间具波形瓣状蹼。虹膜红色，脚灰绿色。

生态特征：涉禽。繁殖期相互追打，有领域性，冬季迁徙期间集大群。主要在水面游动，常潜于水中。主要以水生昆虫和水生植物为食。营巢于有开阔水面的水边芦苇丛和水草丛中。每窝产卵 7 ～ 12 枚，孵卵由雌雄亲鸟轮流承担，孵化期 24 d。雏鸟早成性。

地理分布：在东半球广布。在我国全境有分布。

衡水湖自然保护区种群状况：数量较多，一年四季均可见，四季分布均匀。主要分布在大湖和小湖，河道、两河恢复区和周边鱼塘等地较少。

43. 灰鹤 *Grus grus*

体长： 1 000 ～ 1 370 mm；**体重：** 3 000 ～ 5 500 g

野外识别特征： 头顶前后黑色，中心红色，眼后有一道宽白纹伸至颈背。

形态特征： 体型中等。头顶前后黑色，中心红色，头及颈有灰色，眼后有一道宽的白条纹伸至颈背，体羽余部灰色，背部、覆羽及三级飞羽略褐色；初级飞羽与次级飞羽均深灰色。幼鸟头与颈前棕黄色。眼褐色，喙暗绿色，端浅黄，脚黑色。

生态特征： 涉禽。繁殖时成对或结小群，迁徙和越冬期间集大群。栖息于近水湿地。取食于农耕田或近水湿地；主要以植物嫩芽、种子、小鱼等为食。每窝产卵 2 枚，雌雄鹤轮流换孵，孵化期为 30 d 左右。

地理分布： 于欧亚大陆北部繁殖，北非、南亚及东南亚越冬，在中亚也有分布。我国大部分地区有分布。东北、西北、新疆天山有繁殖，越冬于长江中下游和华南地区。

衡水湖自然保护区种群状况： 数量多，仅冬季出现。主要分布在大湖和小湖，夜间栖息，在周边农田觅食。

七、鹈形目

44. 夜鹭 *Nycticorax nycticorax*

体长： 500 ～ 620 mm；**体重：** 450 ～ 750 g

野外识别特征： 成鸟头、上背及肩黑绿色，枕后 2 ～ 3 条白色带状羽。

形态特征： 中型。头顶、上背及肩黑绿色，额和眉白色，枕后 2 ～ 3 条白色较长带状羽，上体余部灰色，下体均白色。幼鸟全身褐色，上体有白色斑点，胸部有纵纹。虹膜，幼鸟黄色，成鸟红色，喙黑色，脚黄色。

生态特征： 涉禽。主要在树上集群营巢繁殖；常栖息于多水面且有林木的低洼地、池塘中，具夜行性，白天隐蔽于林间或沼泽间，飞行能力强，以小鱼、蛙、水生昆虫为食。营巢于各种高大的树上，每窝产卵 3 ～ 5 枚，雌雄亲鸟共同孵化，孵化期 21 ～ 22 d。雏鸟晚成性。

地理分布： 分布于除极地和大洋洲之外的全世界温暖的淡水水域。我国东部及南部有分布。长江中下游、西南地区较多。

衡水湖自然保护区种群状况： 数量较多，季节分布为夏季较多，春、秋季较少，冬季偶见。主要分布在大湖和小湖，河流、两河恢复区、周边鱼塘等地较少。

45. 大麻鳽 *Botaurus stellaris*

体长： 640 ～ 780 mm；**体重：** 400 ～ 1 350 g

野外识别特征： 头顶黑色，喉、胸偏白，身体密布黑色纵纹。

形态特征： 中型。通体黄褐色，体型粗壮，头顶黑色，喉部和胸部偏白色，颈、脚粗短，具有黑色颊纹和喉纹，身体多黑色纵纹和斑。虹膜黄色，喙黄色，脚黄绿色。

生态特征： 涉禽。多单独活动，多在芦苇荡中，被发现时喙垂直上翘，与环境融为一体。多晨昏活动，主要以鱼、虾为食。置巢于沼泽和水边芦苇丛、草丛中，也在灌木丛中或灌木下营巢。每窝产卵 4 ～ 6 枚，雌鸟孵化，孵化期 25 ～ 26 d。雏鸟晚成性。

地理分布： 分布于欧亚大陆及非洲。我国在东北部及新疆天山繁殖，在东南部越冬。

衡水湖自然保护区种群状况： 数量少，一年四季均可见，春、夏季较多，秋、冬较少。主要分布在大湖、小湖、周边鱼塘，河道和两河恢复区等地较少。

46. 草鹭 *Ardea purpurea*

体长： 790 ～ 970 mm；**体重：** 775 ～ 1 250 g

野外识别特征： 栗色鹭类，有两条辫状饰羽，特征鲜明。

形态特征： 大型。栗色为主，上体灰色，顶冠黑色，具两条辫状饰羽，嘴角具蓝黑色纹，经颊至枕部，并沿后颈向上至上背，颈侧有黑色纵纹，颈下部具白色饰羽；飞羽黑色，肩部羽毛红褐色。虹膜黄色，喙黄色，脚黄色。

生态特征： 涉禽。常单独或成对活动。栖息于低山丘陵的湖泊、河流等水草多的水域。主要以小鱼等水生小动物为食。筑巢于有芦苇、蒲草等挺水植物的水域岸边，每窝产卵 3 ～ 5 枚，孵化期 27 ～ 28 d。

地理分布： 北自欧亚大陆温带地区，南抵印度半岛、东南亚及非洲北部均有分布。我国除西部、西北部外皆有分布。

衡水湖自然保护区种群状况： 数量较多，但多隐匿。夏季最多，春、秋季较少，冬季不可见。主要分布在大湖和小湖，滏阳新河、滏东排河、两河恢复区和周边鱼塘等地较少。

47. 苍鹭 *Ardea cinerea*

体长： 940 ～ 995 mm；**体重：** 980 ～ 1 750 g

野外识别特征： 通体青灰色，特征鲜明。

形态特征： 大型。全身青灰色，前额和羽冠白色，枕冠黑色，枕部有两条黑色像辫子的羽冠，眼先繁殖期蓝色，头侧和颈部灰白色，喉下颈部羽毛长，中央有一黑色纵纹延伸至胸前，其间有黑色的条纹或斑点，肩羽较长。虹膜黄色，喙黄色，繁殖期沾粉红色，脚黑色。

生态特征： 涉禽。多结小群。常活动于田边、岸边等处。在浅水中时站立不动，用喙捕食，主要以蛙、鱼类为食。营巢在水域附近的树上、芦苇丛或水草丛中。每窝产卵 3 ～ 6 枚，孵卵由雌雄亲鸟共同承担，孵化期 25 d±1 d。雏鸟晚成性。

地理分布： 分布于非洲及欧亚大陆温暖地区、热带地区。我国分布广泛，除青藏高原外，几乎全国各地水域都可见到。

衡水湖自然保护区种群状况： 数量较多，一年四季均可见，春、夏季较多，秋季次之，冬季较少。主要分布在大湖和小湖，滏阳新河、滏东排河、周边鱼塘和两河恢复区等地较少。

48. 池鹭 *Ardeola bacchus*

体长： 400 ～ 670 mm；**体重：** 150 ～ 320 g

野外识别特征： 繁殖期头颈栗红色，背暗蓝灰色，其余白色，非繁殖期上体褐色，头、胸有纵纹。

形态特征： 中型。繁殖期头、羽冠、后颈、前胸为栗红色，羽冠延伸至头后，背部蓑羽黑褐色，其余体羽白色。非繁殖期无羽冠和黑褐色蓑羽，颈常黑色，头、颈具暗绿色纵纹，背暗绿色；幼鸟似繁殖羽。虹膜黄色，喙黄色，腿黄绿色。

生态特征： 涉禽。常 3 ～ 5 只一起觅食；栖息于池塘、稻田、沼泽等处；主要以鱼、昆虫为食。营巢于水域附近高大树木的树梢上或竹林中，每窝产卵 2 ～ 5 枚。雏鸟晚成性。

地理分布： 分布于孟加拉国至东南亚地区。我国除新疆及西藏以外都有分布。

衡水湖自然保护区种群状况：数量较多，季节分布为夏季较多，春、秋季较少，冬季无分布。主要分布在大湖和小湖，滏阳新河、滏东排河、周边鱼塘和两河恢复区等地较少。

49. 大白鹭 *Ardea alba*

体长：820 ～ 1 020 mm；**体重：**625 ～ 1 100 g

野外识别特征：全身洁白，喙裂超过眼睛。

形态特征：大型。全身洁白，繁殖期背部蓑羽长而打开，至尾上，眼先青蓝色，喙裂超过眼睛；非繁殖期背部无蓑羽，眼先青蓝色消失。虹膜黄色，喙黑色，非繁殖期黄色，脚黑色。

生态特征：涉禽。常单只或数只活动。栖息于湖泊、池塘、河口等地，主要以鱼类、虾等甲壳动物为食。营巢于高大的树上或芦苇丛中，每窝产卵 3 ～ 6 枚，孵卵由雌雄亲鸟共同承担，孵化期 25 ～ 26 d。雏鸟晚成性。

地理分布：全球温带均有分布。我国除青藏高原外，各地皆有分布。

衡水湖自然保护区种群状况：数量较多，一年四季均可见，冬季较多，春、夏季次之，秋季较少。主要分布在滏东排河，大湖、小湖、滏阳新河、周边鱼塘和两河恢复区等地较少。

50. 小白鹭 *Egretta garzetta*

体长：520 ～ 680 mm；**体重：**330 ～ 540 g

野外识别特征：全身白色，脚黑，趾黄绿。

形态特征：中型。通体白色。繁殖期枕部有两条带状长羽，垂在头后，肩及背间生蓑羽。非繁殖期无带状飞羽。虹膜黄色，喙黑色，脚黑色，脚趾黄绿色。

生态特征：涉禽。繁殖期集群，树上筑巢；常栖息于稻田、沼泽、池塘间；主要以鱼、蛙、虾为食。每窝产卵 3 ～ 6 枚，雌雄鸟共同孵化。

地理分布：分布于非洲、欧洲南部与东部、亚洲及大洋洲。我国主要在长江以南有分布，也见于兰州、山东、北京、河北等地。

衡水湖自然保护区种群状况：数量较多，一年四季均可见，夏季较多，春、秋、冬季偶见。主要分布在滏东排河，大湖、小湖、滏阳新河、周边鱼塘和两河恢复区等地较少。

八、鸽形目

51. 山斑鸠 *Streptopelia orientalis*

体长：300 ～ 359 mm；**体重：**175 ～ 323 g

野外识别特征：颈侧有明显黑白条纹的块状斑。

形态特征：中型。上体深褐色，下体多浅粉色。颈侧有明显黑白条纹的块状斑，翼覆羽深褐色，腰灰色，尾羽近黑色，尾浅灰色。虹膜黄色，喙灰色，脚粉红色。

生态特征：攀禽。成群活动。栖息于山区和山区附近多树林地带及平原旷野处，主要以杂草种子、谷物为食。营巢于森林中树上，也在宅旁竹林、孤树或灌木丛中营巢。每窝产卵 2 枚，雌雄亲鸟轮流孵卵，孵卵期 18 ～ 19 d。雏鸟晚成性。

地理分布: 分布于亚洲中部、东部直至日本，南到印度和中南半岛。我国几乎全境分布，为留鸟。

衡水湖自然保护区种群状况：数量少，一年四季均可见，四季分布不均。分布于大小湖、滏阳新河、滏东排河、两河恢复区、周边鱼塘等地。

九、犀鸟目

52. 戴胜 *Upupa epops*

体长：245 ～ 312 mm；**体重：**55 ～ 92 g

野外识别特征：有棕色丝状羽冠，特征鲜明。

形态特征：中小型。色彩鲜明。头顶具长而端黑、可耸立的棕色丝状羽冠，头、上背、肩至下体粉棕色；两翼及尾具黑白相间的条纹。喙细长下弯。虹膜褐色，喙黑色，脚黑色。

生态特征：攀禽。喜开阔和基质松软的地面。常栖息于广阔的平原和山地。鸣声比较洪亮，三声一度。边在地面行走边鸣叫，羽冠一张一收。以昆虫及小软体动物为食。营巢于林缘或林中道路两边的天然树洞中或啄木鸟的弃洞中。通常每窝产卵 6 ～ 8 枚，雌鸟孵化，孵化期 18 d。雏鸟晚成性。

地理分布：分布于欧洲南部到非洲南部等温暖地区。几乎遍布我国境内。

衡水湖自然保护区种群状况: 数量较少，一年四季均可见，夏季较多，春、秋、冬季较少。主要分布在大湖、小湖、滏东排河，滏阳新河、两河恢复区、周边鱼塘等地较少。

十、䴙䴘目

53. 小䴙䴘 *Tachybaptus ruficollis*

体长：220 ～ 280 mm；**体重：**150 ～ 275 g

野外识别特征：最小的䴙䴘，眼先和喙裂乳白色。

形态特征：体型最小的䴙䴘。繁殖期成鸟头顶和上体黑褐色；颊部、颈部和前颈栗红色；眼先、喙裂乳白色；胸部及其他下体灰白色。冬羽头顶和上体黄褐色；颊、颈侧、前颈和身体余部灰白色。虹膜黄色，喙黑色，尖端黄色，脚灰色。具瓣状蹼。

生态特征：游禽。常单独或成对活动。常栖息在沼泽、河流、湖泊等挺水植物丛生之处，善于潜水取食。主要以小鱼、虾、水生昆虫为食。营巢于有水生植物的湖泊和水塘岸边浅水处水草丛中，巢属于浮巢。每窝产卵 4 ～ 7 枚，孵化期 19 ～ 24 d。雏鸟早成性。

地理分布：分布于欧亚大陆、非洲。在我国东部大部分地区为留鸟或旅鸟。

衡水湖自然保护区种群状况：数量多，一年四季均可见，夏、秋、冬季较多，春季较少。主要分布在滏阳新河、滏东排河、小湖，大湖、两河恢复区、周边鱼塘等地较少。

54. 凤头䴙䴘 *Podiceps cristatus*

体长：512 ～ 580 mm；**体重：**750 ～ 1 000 g

野外识别特征：颈部较长，头顶羽毛成羽冠，下体白色。

形态特征：中型。繁殖期成鸟头顶和上体棕褐色，下体白色。头顶羽毛成羽冠；耳羽和颈侧饰羽栗褐色，端部黑色成领状；喙角到眼之间有一道黑线，胁部栗色。冬羽头顶、上体灰褐色；颈侧棕褐色，余部白色。虹膜褐色，喙黄色，脚黄色。具瓣状蹼。

生态特征：游禽。常单独或小群活动。栖息于湖泊、水库等地。主要以水生植物为食。繁殖期有复杂求偶行为，雌雄个体演示具有仪式感的舞蹈。善游泳和潜泳，在水上常缩颈，游泳时头前倾。活动时频频长时间和长距离潜水。营巢于距水面不远的芦苇丛和水草丛中。通常每窝产卵 7 ～ 5 枚，孵卵由雌雄亲鸟轮流承担。雏鸟早成性。

地理分布：分布于欧洲、亚洲、非洲及大洋洲的温暖地区。我国全境分布。

衡水湖自然保护区种群状况：数量较多，一年四季均可见，春、夏、秋季较多，冬季较少。主要分布在大湖和小湖，河道、两河恢复区、周边鱼塘等地较少。

Chapter 2

HENGSHUIHU GUOJIAJI ZIRAN BAOHUQU
SHENGWU DUOYANGXING TUJI

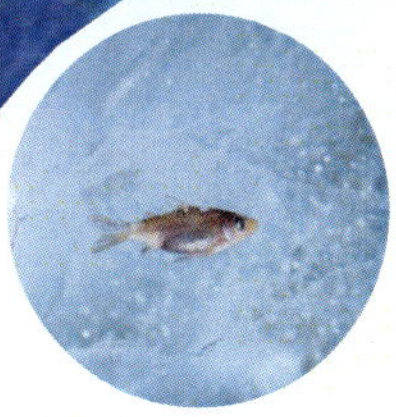

第二篇

鱼类

一、鲤科

1. 鲤 *Cyprinus carpio*

体呈纺锤形，口位于头部前端，口旁有须两对。体色青黄，尾鳍下叶红色。背鳍、臀鳍都有硬刺，最后一根刺的后缘有锯齿。栖息在水域的底层，杂食性。生长迅速，当年可长到250 g以上。生存能力强，能耐受各种不良环境。鲤鱼品种很多，有全身呈红色的红鲤，体无鲤片的革鲤、荷包鲤以及团鲤、塘鲤等。特别是黄河鲤鱼，是中国四大名鱼之一，肉质细嫩肥美。鲤鱼是我国重要养殖对象，经济价值大，而且养殖历史悠久，已有2 400余年。

2. 鲫 *Carassius auratus*

又称鲋鱼、鲫瓜子、鲫皮子、肚米鱼，一般体长15～20 cm。呈流线型（也叫梭形），体侧扁而高，体较厚，腹部圆。头短小，吻钝。无须。鳃耙长，鳃丝细长。下咽齿一行，扁片形。鳞片大。侧线微弯。背鳍长，外缘较平直。背鳍、臀鳍第3根硬刺较强，后缘有锯齿。胸鳍末端可达腹鳍起点。尾鳍深叉形。一般体背面灰黑色，腹面银灰色，各鳍条灰白色。因生长水域不同，体色深浅有差异。

3. 麦穗鱼 *Pseudorasbora parva*

体细长，腹圆，尾柄稍侧扁。头尖，略平扁。口上位。无须。下颌稍向上突起，且长于上颌，平视口形呈一字状。背鳍与臀鳍无硬刺，背鳍起点居于体正中，与臀鳍相对。背部灰褐色，体侧渐淡，腹部白色。鳞后缘暗黑。自眼后缘至尾部正中有一条黑色纹带。生殖时期雄鱼体色深黑，吻部、颊部出现珠星。雄鱼个体大，雌鱼个体小，差别明显。

4. 棒花鱼 *Abbottina rivularis*

棒花鱼体长，稍侧扁。头较短，吻短，前端圆钝。眼小，侧上位，眼间宽平。背鳍无硬刺，胸鳍圆钝，均较短。尾鳍叉形。头、背部稍黑，体侧具一不明显的纵纹，其上有 9 ～ 11 个黑点斑块，背部也具 8 ～ 11 个黑色斑块。背鳍和尾鳍具有由黑色小点组成的斑纹。背部深黄褐色，至体侧逐渐转淡，腹部为淡黄色或乳白色，背部自背鳍起点至尾基有 5 个黑色大斑。在体侧有 7 ～ 8 个黑色大斑，此外，在整个背部自头至尾不规则地散布有许多大小黑点，在背鳍、胸鳍及尾鳍上由小黑色斑点组成比较整齐的横纹数行，在生殖期体色转深，雄鱼更为明显。

5. 花䱻 *Hemibarbus maculatus*

体延长，前部略呈棒状，后部稍侧扁，腹部圆，吻钝圆，口下位，弧形，下唇两叶、狭窄，唇后沟中断，间距较宽。颌须 1 对，只达眼前缘下方。背鳍具有 1 光滑硬刺，其起点至吻端较至尾鳍基部近。腹鳍起点位于背鳍基部中点的垂直下方，臀鳍起点约位于腹鳍基和尾鳍基的中点。肛门紧靠臀鳍起点，侧线完全，前段微弯。鳔 2 室，后室长而尖细，长度为前室的 2.5 倍，腹腔膜银灰色。体背部和体侧呈灰褐色，且带有褐色小斑点，侧线上有 7 ～ 14 个大黑斑，腹部银白色。

6. 蛇鮈 *Saurogobio dabryi*

体延长，略呈圆筒形，背部稍隆起，腹部略平坦，尾柄稍侧扁。头较长，大于体高。吻突出，在鼻孔前下凹。口下位，马蹄形。唇发达，具有显著的乳突，下唇后缘游离。上下唇沟相通，上唇沟较深。口角须 1 对，其长度小于眼径。眼较大。背鳍无硬刺。侧线完整且平直。体背部及体侧上半部青灰色，腹部灰白色。体侧中轴有一条浅黑色纵带，上有 13 ～ 14 个不明显的黑斑。背部中线隐约可见 4 ～ 5 个黑斑。胸鳍、腹鳍及鳃盖边缘为黄色；背鳍、臀鳍及尾鳍为灰白色。

7. 中华鳑鲏 *Rhodeus sinensis*

体侧扁，头小。口角无须。下咽齿 1 行，齿面平滑。侧线鳞不完全，仅前 3 ～ 7 片鳞具侧线孔。生殖季节雄鱼色彩异常鲜艳，吻部及眼眶周缘具珠星。雌鱼具长的产卵管。个体小，最大体长 80 mm。中华鳑鲏属于 1 龄性成熟，其产卵一般为 200 ～ 300 粒。繁殖期为 5 月，具有领地意识。卵产于蚌的鳃瓣中。以藻类为食。

8. 䱗鱼 *Hemiculter leucisculus*

头稍尖，侧扁。吻短，吻长大于眼径。口端位，斜裂。眼中大，眼间宽而微凸，其间距大于眼径。咽头齿 3 列，齿式 5.4.2/2.4.4。体被中小圆鳞；侧线完全，在胸鳍上方急遽向下倾斜，有一显著角度，行至体之下半部，在尾柄处又折而向上至中央部位。背鳍硬刺 III，分枝软条 7；臀鳍 3（不分枝软条）+11 ～ 12（分枝软条）。体背青灰色，侧面及腹面为银白色，全身反光强，无其他任何花纹。尾鳍灰黑色，雄性在繁殖季节身体变成红蓝相间的彩色，非常漂亮。

9. 贝氏䱗 *H. bleekeri*

拥有完全腹棱，即胸鳍基部下方至肛门具腹棱，鳍上部拥有一根光滑的硬刺，头长小于体高，体侧均为银色，尾鳍边缘均为浅灰色。背缘略呈弧形较容易被肉眼观察，侧线从头部往下缓缓向下，呈深弧形。有金色纵带，但不如普通䱗明显。侧线鳞有 40 ～ 48 枚，而䱗的侧线鳞有 48 ～ 57 枚，鳞片比䱗的要更大、更容易脱落。

10. 红鳍原鲌 *Cultrichthys erythropterus*

体长而侧扁，头背面平直，头后背部隆起，尾柄短，其长短于或等于其高。腹部自胸鳍基部至肛门有明显的腹棱。口小，上位；下颌突出，向上翘，口裂和身体纵轴几乎垂直。眼大，鳞细小；背鳍短，具有强大而光滑的硬刺。侧线前端略向下弯曲，后端复向上延至尾柄正中。体背部灰褐色，体侧和腹部银白色，体侧鳞片后缘具黑色斑点；背鳍灰白色，腹鳍、臀鳍和尾鳍下叶均呈橘黄色，尤以臀鳍色最深。生殖期间雄鱼的头部和胸鳍条上出现珠星，生殖期过后消失。

11. 团头鲂 *Megalobrama amblycephala*

体侧扁而高，呈菱形。腹棱不完全，自腹鳍起点至肛门。尾柄宽而短。头小，侧扁，头长小于体高。口端位，口裂较宽，呈弧形，头宽为口宽的 2 倍以下。上下颌具狭而薄的角质。眼较大眼后头长大于眼后缘至吻端的距离。眼间宽而圆凸，眼间距大于眼径。鳃耙短小，呈片状。咽齿稍侧扁，末端尖而弯。侧线位于体侧中央，前部略呈弧形，后部平直，伸达尾鳍基。背鳍起点位于腹鳍基的后上方，背鳍末根不分枝，鳍条为光滑的硬刺，刺粗短，其长一般短于头长。胸鳍末端伸达或不达腹鳍起点。腹鳍末端不达肛门。臀鳍基长。尾鳍深叉，上下叶约等长。鳔 3 室，中室大于前室，后室小。肠长，盘曲多次，肠长为体长的 2.5 倍左右。腹膜灰黑色。体呈青灰色，腹侧银灰色，体侧鳞片中间浅色，边缘灰黑色，在体侧形成数行深浅相交的纵纹。各鳍均为灰黑色。

12. 鳊 *Parabramis pekinensis*

体甚侧扁，中部较高，略呈菱形，自胸基部下方至肛门间有一明显的皮质腹棱；头很小，口小，上颌比下颌稍长；无须；眼侧位；侧线完全；背鳍具硬刺；臀鳍长；尾鳍深分叉；体背及头部背面青灰色，带有浅绿色光泽，体侧银灰色，腹部银白色，各鳍边缘灰色，体长达 30 cm，重量可达 2 kg。

13. 草鱼 *Ctenopharyngodon idella*

体长形，前部近圆筒形，尾部侧扁，腹部圆，无腹棱。头宽，中等大，前部略平扁。吻短钝，吻长稍大于眼径。口端位，口裂宽，口宽大于口长；上颌略长于下颌；上颌骨末端伸至鼻孔的下方。唇后沟中断，间距宽。眼中大，位于头侧的前半部；眼间宽，稍凸，眼间距约为眼径的 3 倍。鳃孔宽，向前伸至前鳃盖骨后缘的下方；鳃盖膜与颊部相连；颊部较宽。鳞中大，呈圆形。侧线完全，在腹部略下弯，后延至尾柄正中。背鳍无硬刺，外缘平直，位于腹鳍的上方，起点至尾鳍基的距离较至吻端近。臀鳍位于背鳍的后下方，起点至尾鳍基的距离近于至腹鳍起点的距离，鳍条末端不伸达尾鳍基。胸鳍短，末端钝，鳍条末端至腹鳍起点的距离大于胸鳍长的 1/2。尾鳍浅分叉，上下叶约等长。鳃耙短小，数少。

14. 鲢 *Hypophthalmichthys molitrix*

体侧扁，头较大，但远不及鳙。口阔，端位，下颌稍向上斜。鳃耙特化，彼此联合成多孔的膜质片。口咽腔上部有螺形的鳃上器官。眼小，位置偏低，无须。下咽齿勺形，平扁，齿面呈羽纹状，鳞小。自喉部至肛门间有发达的皮质腹棱。胸鳍末端仅伸至腹鳍起点或稍后。体银白，鳍灰白色。

15. 鳙 *Aristichthys nobilis*

体侧扁，头极肥大。口大，端位，下颌稍向上倾斜。鳃耙细密呈页状，但不联合。口咽腔上部有螺形的鳃上器官，眼小，位置偏低，无须，下咽齿呈勺形，齿面平滑。鳞小，腹面仅腹鳍甚至肛门具皮质腹棱。胸鳍长，末端远超过腹鳍基部。体侧上半部灰黑色，腹部灰白，两侧杂有许多浅黄色及黑色的不规则小斑点。

二、鳅科

16. 泥鳅 *Misgurnus anguillicaudatus*

形体小，细长，只有三四寸。且体形圆，身短，皮下有小鳞片，颜色青黑，浑身沾满了自身的黏液，因而滑腻无法握住。前段略呈圆筒形。后部侧扁，腹部圆，头小，口小、下位，马蹄形。眼小，无眼下刺。须 5 对。鳞极其细小，圆形，埋于皮下。体背部及两侧灰黑色，全体有许多小的黑斑点，头部和各鳍上亦有许多黑色斑点，背鳍和尾鳍膜上的斑点排列成行，尾柄基部有一明显的黑斑。其他各鳍灰白色。

17. 大鳞副泥鳅 *Paramisgurnus dabryanus*

体近圆筒形，头较短。口下位，马蹄形。下唇中央有一小缺口。鼻孔靠近眼。眼下无刺。鳃孔小。头部无鳞，体鳞较泥鳅大。侧线完全。须 5 对。眼被皮膜覆盖。尾柄处皮褶棱发达，与尾鳍相连。尾柄长与高约相等。尾鳍圆形。肛门近臀鳍起点。体背部及体侧上半部灰褐色，腹面白色。体侧具许多不规则的黑色、褐色斑点。背鳍、尾鳍具黑色小点，其他各鳍灰白色。

三、鲿科

18. 黄颡鱼 *Pelteobagrus fulvidraco*

体延长，稍粗壮，吻端向背鳍上斜，后部侧扁。头略大而纵扁，头背大部裸露；口大，下位，弧形。颌齿及腭齿绒毛状，均排列呈带状。前后鼻孔相距较远，前鼻孔呈短管状。鼻须位于后鼻孔前缘，伸达或超过眼后缘；颌须1对，向后伸达或超过胸鳍基部；外侧颏须长于内侧颏须。鳃孔大，向前伸至眼中部垂直下方腹面。鳃盖膜不与鳃峡相连。鳃耙短小。背鳍较小，具骨质硬刺，其前缘光滑，后缘具弱锯齿，起点距吻端大于距脂鳍起点。脂鳍短，基部位于背鳍基后端至尾鳍基中央偏前。臀鳍基底长，起点位于脂鳍起点垂直下方之前，距尾鳍基小于距胸鳍基后端。胸鳍侧下位，骨质硬刺前缘锯齿细小而多，后缘锯齿粗壮而少。尾鳍深分叉，末端圆，上、下叶等长。活体背部黑褐色，至腹部渐浅黄色。

19. 乌苏里拟鲿 *P.ussuriensis*

身体较长，前部宽厚，后部侧扁。体表光滑无鳞，侧线完全，头扁平，头顶有皮膜覆盖，吻钝圆，口下位、横裂。前鼻孔呈短管状，与后鼻孔相距甚远。须4对，鼻须1对。背鳍刺强硬，其后缘仅具齿痕；胸鳍硬刺，后缘具锯齿。尾鳍浅凹，上片略长于下片，末端均圆钝。体背、体侧灰黄色，上部深于下部。腹部白色，背鳍、尾鳍末端为黑色。

四、鲇科

20. 鲇 *Silurus asotus*

体表多黏液，无鳞，背部苍黑色，头扁口阔，有须2对，尾圆而短，不分叉，背鳍小，臀鳍与尾鳍相连。体粗壮微扁，呈纺锤形，一般体长20～40 cm，体重150～400 g。头大，前端细尖似圆锥形，眼大位高。

五、合鳃科

21. 黄鳝 *Monopterus albus*

体细长圆柱状，呈蛇形，体长20～70 cm，最长可达1m。体前圆后部侧扁，尾尖细。头部膨大长而圆，颊部隆起。口大，端位，吻短而扁平；口开于吻端，斜裂；上颌稍凸出，唇颇发达。上下颌及口盖骨上都有细齿。眼甚小，隐于皮下，为一薄皮所覆盖。鳃裂在腹侧，左右鳃孔于腹面合而为一，呈倒“V”形。鳃膜连于鳃峡。鳃常退化，无鱼鳔这类辅助呼吸的构造，是由腹部的一个鳃孔、口腔内壁表皮与肠道来掌管呼吸。

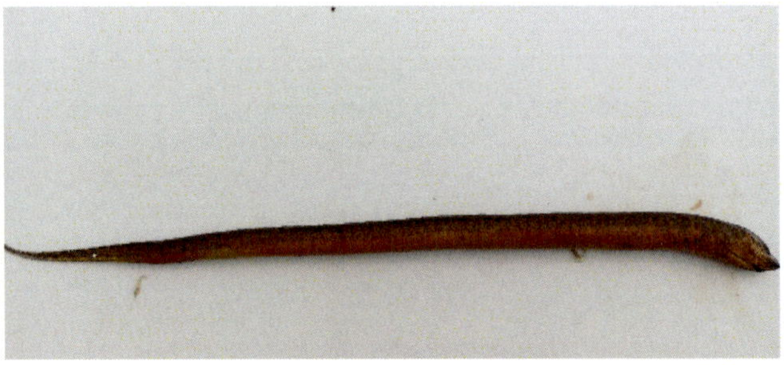

六、鳢科

22. 乌鳢 *Channa argus*

形呈长棒状。头部扁平，头大，口裂大。吻部圆形。口内齿牙丛生。偶鳍皆小，背鳍和臀鳍特长，尾鳍圆形。头部与躯干部皆被有大小相似的鳞片。侧线完整，在胸鳍的后方有弯曲。头顶部有许多感觉小孔，大鱼数目较多。体色背部灰绿色，腹部灰白，体侧有呈“八”字形排列的明显黑色条纹。头部有 3 对向后伸出的条纹。

七、攀鲈科

23. 圆尾斗鱼 *Macropodus chinensis*

体侧扁，呈长椭圆形，背腹凸出，略呈浅弧形。头侧扁。吻短凸。眼大而圆，侧上位。眶前骨下缘前部游离，具弱锯齿，后部盖于皮下。眼间距宽，微凸出。前鼻孔近上唇边缘，后鼻孔近眼前缘。口小，上位，口裂斜，下颌略凸出。上下颌牙细弱，犁骨与腭骨无牙。前鳃盖骨和下鳃盖骨下缘具有弱锯齿。鳃孔大。鳃上腔宽阔，内有迷路状鳃上器官，有辅助呼吸作用。鳃耙退化，仅为短突起状。鳃盖膜左右相连，与峡部分离。具圆鳞，眼间、头顶及体侧皆被鳞，背鳍及臀鳍基部有鳞鞘，尾基部亦被鳞。侧线退化，不明显。背鳍 1 个，起于胸鳍基后上方，基底甚长，鳍棘部与鳍条部连续，后部鳍条延长。臀鳍与背鳍同形，略长于背鳍，起点在背鳍第三鳍棘之下。胸鳍圆形，较短小。腹鳍胸位，起点略前于胸鳍起点，外侧第一鳍条延长呈丝状。尾鳍圆形。

八、塘鳢科

24. 黄黝 *Hypseleotris swinhonis*

体短小。口斜裂，下颌稍长于上颌。两颌均具细齿。眼径大于眼间距。体被栉鳞。背鳍 2 个，彼此分离。胸鳍大。腹鳍胸位，左右分离。尾鳍圆形。栖息于水体底层，为江河、湖泊中常见的小型鱼类，一般体长 40 mm 以下。黄黝雄鱼头大，嘴钝，体侧黑色斑纹较鲜艳，发情期尾柄下方出现血红色，雌鱼头小，嘴尖，色泽较暗淡，成熟后腹部丰满，于每年 4—7 月繁殖，卵依附于水草上或石头上，雄鱼有护卵行为。卵一般在 6 d 后孵化。

九、鰕虎鱼科

25. 珠鰕虎鱼 *Acentrogobius viridipunctatus*

体极粗壮，尾柄部甚侧扁。头甚大，略侧扁，背缘圆凸。吻钝。颊部凸出。舌端截形。颌齿多行，具犬齿。体被栉鳞，颊部无鳞，鳃盖及项部被有小鳞。背鳍 2 个；胸鳍宽圆，腹鳍愈合成吸盘。尾鳍圆形。体侧有一纵列约 5 个大暗斑。

26. 普栉鰕虎鱼 *Ctenogobius giurinus*

体细长，前部浑圆，后部侧扁，头平扁。吻长，口阔而大，唇厚，上下颌具数排绒毛状细齿。前鳃盖上肌肉发达。头部被鳞，胸、腹部裸露无鳞。两个背鳍不相连接，前背鳍为硬刺组成，后背鳍全是软鳍条。腹鳍在胸部合并成吸盘状。幼鱼体色微白，长至 3cm 左右开始出现色素。成鱼体色暗灰，有 4 条黑色分叉的宽斑带横跨背部，在侧面扩散成不规则的黑色小点。

十、鮨科

27. 鳜鱼 *Siniperca chuatsi*

鳜是鮨科、鳜属的鱼类。体高，侧扁，眼后背部显著隆起。头中大。吻尖凸，吻长大于眼径。眼中大，略大于眼间隔。口大，端位，斜裂。具一辅上颌骨，上颌骨后端伸达或伸越眼后缘下方，下颌凸出。上下颌前部有大齿状小齿。前鳃盖骨后缘有细锯齿，下角及下缘各具 2 小棘。鳃盖后缘有 2 扁刺。鳃孔大，鳃盖膜不与峡部相连。鳃耙棒状，上有细齿。头、体被小圆鳞，吻部和眼间无鳞。

十一、银鱼科

28. 大银鱼 *Protosalanx hyalocranius*

大银鱼，亦称黄瓜鱼、面条鱼等。体狭长，前部平扁，后部侧扁。吻尖，呈扁三角形，吻长短于眼前头宽。眼后缘至吻端距离与眼后头长约相等。口宽大，下颌长于上颌，上颌骨后伸达眼中部下方。前颌骨和上颌骨各具齿 1 行，腭骨具齿 2 行，犁骨无齿，下颌和舌上具齿 2 行。胸鳍具发达的肌肉基。性成熟时雄鱼臀鳍呈扇形，胸鳍大而尖。具鳔，一室。肠管短而直。体乳白色，活时略透明，死后发白。

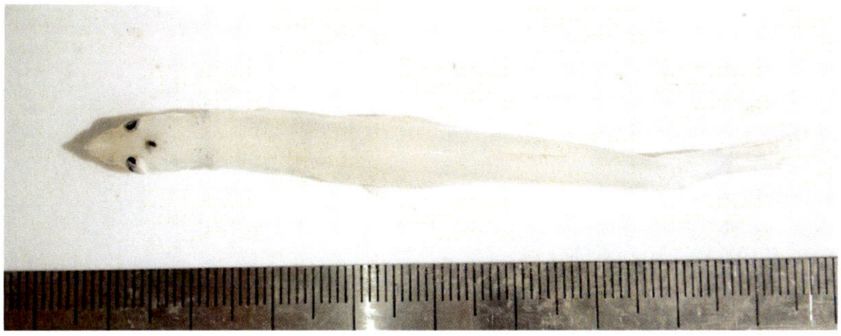

十二、鳉科

29. 青鳉 *Oryzias latipes*

鱼体延长，略侧扁，背部直平，腹部圆凸；头中大，较宽，前端平扁；眼大而高位；口小，上位，横裂，能伸缩；上颚较短于下颚，下颚具尖细齿；背鳍 1 枚，短而后位，具 6 枚软条，位于臀鳍后半上方之体背；臀鳍基底甚长，具 16 ～ 19 枚软条，雄鱼不变形为交尾器；胸鳍上位，其末端达腹鳍基底上方，具 9 ～ 10 枚软条；腹鳍腹位，未达到肛门；尾鳍截形。体被大圆鳞，无侧线，一纵列鳞约 29 枚；头部亦被鳞。体银白色，背面淡灰色，体背正中线自颈部至尾鳍基底具一暗褐色纵带；体侧自鳃盖后缘至尾鳍基底具一黑色纵线；各鳍暗色，雄鱼之腹鳍于繁殖季节变黑。体长不超过4cm。

十三、鱵科

30. 鱵 *Hemirhamphus sajori*

体细长，略呈圆柱形，背腹缘微凸，尾部渐细。体长16～24 cm，头长，前端尖，顶部及两侧面平坦，腹面较狭。口小。眼较大，与上颌尖端和鳃盖后缘的距离相等，眼间距宽而平坦。鼻孔大，位于眼的前上方。上颌尖锐，呈三角形的片状，中央微有线状隆起。下颌延长呈一扁平针状喙。牙细小，有3个牙尖，在两颌排列成一狭带。鳃孔宽，鳃盖膜分离，不与峡部相连。鳞圆形，薄而易脱落。侧线很低，位于体两侧近腹缘；侧线鳞102～112。背鳍15～17，与臀鳍相对，其起点微在臀鳍前。臀鳍16～18，与背鳍同形，臀鳍基短于背鳍基。胸鳍短宽。腹鳍小，腹位。尾鳍分叉。体银白色，背面暗绿色，体背中央自后颈起有一淡黑色线条。体侧各有一银灰纵带，头部及上下颌皆呈黑色。

Chapter 3

HENGSHUIHU GUOJIAJI ZIRAN BAOHUQU
SHENGWU DUOYANGXING TUJI

第三篇 植物

一、苔藓植物门 Bryophyta

（一）钱苔科 Ricciaceae

植物体叶状，两歧形分枝，呈放射状匍匐延伸，圆盘状，古钱形，水生类型则细长，苔丛不规则。同化组织绿色，多数营养丝为单列细胞，顶端细胞大或为乳头形，与叶状体垂直并列，在营养丝中间形成气道，叶状体表面无气孔；另外一类同化组织海绵状，由单层绿色细胞相间隔形成气室，有单型气孔。基本组织与细胞同形，无色。叶状体腹面有两种假根。腹鳞片非常发达，或不明显。颈卵器和精子器均埋陷于叶状体中，开口于叶状体背表面。孢蒴无基足和蒴柄，受精卵在叶状体中分裂成熟，球形，或孢蒴成熟后在叶状体腹面凸出成瘤状。蒴壁腐蚀后孢子散出。孢子数少，无弹丝。偶尔有与孢子同形的不育细胞。

1. 叉钱苔 *Riccia fluitans*

多年生漂浮或湿生草本。株高 1 ～ 6 cm。扁平，带状，多数密集生长，淡绿色，长 1 ～ 6 cm，宽 0.5 ～ 2 mm，多回叉状分枝。横切面呈新月形，背面表皮为单层细胞；营养组织由多数细胞连成孔网状，细胞大型，绿色。腹面疏生假根，无鳞片。雌雄同株。精子器及颈卵器都单生，包被于叶状体内。雌苞圆球形，无柄；成熟后向叶状体腹面凸出呈圆球形，外面生多数假根。孢子黄褐色，半透明，直径 75 ～ 90 μm，外壁具网状突起。生于水面者不产生孢子。

（二）丛藓科 Pottiaceae

植物体多直立而密集成丛或垫状生长。高 0.5 ～ 8 mm，色泽多暗绿、鲜绿或黄绿色，稀呈红棕色，不分枝或稀少分枝。叶披针形、卵披针形或阔舌形，干燥时多卷曲；叶边全缘或具齿，有时背卷或内卷。叶细胞圆卵形、方形或稀呈不规则形，多具粗疣或马蹄状疣，稀平滑。孢蒴卵形、椭圆形或圆柱形；无蒴齿或具单层蒴齿，齿片多狭披针形，常具粗疣，直立或旋扭。染色体数多为 13、26 及其衍生数；泛生墙藓染色体数 60，为苔藓植物中染色体的最高数。有 75 属和 1 380 种。多见于北半球，少数属种亦分布在南半球。中国有 34 属、100 余种。

2. 小墙藓 *Weisiopsis plicata*

植物体矮小。茎直立，单一或叉状分枝，高约4 mm。叶片干燥时皱缩，湿时平展，倾立，叶基特狭，叶片呈阔倒卵状舌形，先端阔，顶端圆钝，叶边全缘，平直，或略具波纹而不规则内卷，中肋细，长达叶先端渐消失；叶片上部细胞小，呈多角状圆形，壁特厚，具乳头；叶基细胞大，薄壁，平滑而透明，与上部细胞间具明显的分界线。蒴柄长约3 mm；孢蒴呈长圆柱形，干燥时往往具纵折；蒴盖直立，具喙尖；蒴齿短，线状直立，疏被细疣。

3. 墙藓 *Tortula subulata*

生长于海拔1 200 m左右林下土壤上或岩石上。植株短小，高0.5～1.5 cm，丛生，暗绿带红棕色。茎直立，单一，基部密被红棕色假根。叶干有时卷缩，有时倾立，长卵形或长椭圆状舌形，先端圆钝，具芒状长尖；叶边全缘，背卷；雌雄同株。生长于平原及山地的石灰岩和石灰墙上。我国南北各地均有分布。

（三）葫芦藓科 Funariaceae

矮小土生藓类，往往在土表疏丛生。茎直立，单生，稀分枝，多具分化中轴，其外具疏松排列的薄壁细胞形成的基本组织，外层表皮由较狭的厚壁细胞组成。茎基部丛生假根。叶多丛集于茎顶，且顶叶较大，往往呈莲座状；叶片呈卵圆形、倒卵形或长椭圆状披针形，叶质柔薄，先端急尖或渐尖，具小尖头或细尖头；叶缘平滑或有锯齿，往往具分化的狭边；中肋细薄，往往在叶尖稍下部消失，稀长达顶部或凸出叶尖；叶细胞排列疏松，呈不规则的多角形，稀呈菱形，基部细胞多呈狭长方形，细胞壁薄，平滑无疣。多数雌雄同株，生殖苞顶生，雄器苞盘状，生于主枝顶，除具多数精子器外，往往具棒槌形侧丝；雌器苞常生于侧枝上。苞叶与一般叶片同形。蒴柄细长，直立或上段弯曲；孢蒴多呈梨形或倒卵形，直立、倾立或向下弯曲；台部具多数气孔，孔为单细胞型，孔隙裂痕状，多具胚带。蒴齿双层、单层或缺如，在双齿层中，外层的齿片与内层的齿条相对排列；齿片16枚，多向右旋转，腹面及两侧均具粗横隔。蒴盖多呈半圆状平凸，稀呈喙状或不分化。蒴帽兜形，膨大具喙，稀冠形。孢子中等大小，平滑或具疣。

4. 葫芦藓 *Funaria hygrometrica*

植物体矮小，淡绿色，直立，高 1～3 cm。茎单一或从基部稀疏分枝。叶簇生茎顶，长舌形，叶端渐尖，全缘；中肋粗壮，消失于叶尖之下，叶细胞近于长方形，壁薄。雌雄同株异苞，雄苞顶生，花蕾状。雌苞则生于雄苞下的短侧枝上；蒴柄细长，黄褐色，长 2～5 cm，上部弯曲，孢蒴弯梨形，不对称，具明显台部，干时有纵沟槽；蒴齿两层；蒴帽兜形，具长喙，形似葫芦瓢状。表皮和皮层都是由薄壁细胞所组成，并不形成真正的输导组织和机械组织。

二、蕨类植物门 Pteridophyta

（一）木贼科 Equisetaceae

小型或中型蕨类，土生、湿生或浅水生。根茎长而横行，黑色，分枝，有节，节上生根，被绒毛。地上枝直立，圆柱形，绿色，有节，中空有腔，表皮常有矽质小瘤，单生或在节上有轮生的分枝；节间有纵行的脊和沟。叶鳞片状，轮生，在每个节上合生成筒状的叶鞘（鞘筒）包围在节间基部，前段分裂呈齿状（鞘齿）。孢子囊穗顶生，圆柱形或椭圆形，有的具长柄；孢子叶轮生，盾状，彼此密接，每个孢子叶下面生有 5～10 个孢子囊。孢子近球形，有 4 条弹丝，无裂缝，具薄而透明周壁，有细颗粒状纹饰。

5. 问荆 *Equisetum arvense*

小型或中型蕨类。根茎斜升，直立和横走，黑棕色，节和根密生黄棕色长毛或光滑无毛。地上枝当年枯萎。枝二型。能育枝春季先萌发，高 5～35 cm，中部直径 3～5 mm，节间长 2～6 cm，黄棕色，无轮茎分枝，脊不明显；鞘筒栗棕色或淡黄色，长约 0.8 cm，鞘齿 9～12 枚，栗棕色，长 4～7 mm，狭三角形，鞘背仅上部有一浅纵沟，孢子散后能育枝枯萎。

6. 节节草 *E. ramosissimum*

多年生草本。根茎黑褐色，生少数黄色须根。茎直立，单生或丛生，高达 70 cm，直径 1～2 mm，灰绿色，肋棱 6～20 条，粗糙，有小疣状突起 1 列；沟中气孔线 1～4 列；中部以下多分枝，分枝常

具2～5小枝。叶轮生，退化连接成筒状鞘，似漏斗状，亦具棱；鞘口随棱纹分裂成长尖三角形的裂齿，齿短，外面中心部分及基部黑褐色，先端及缘渐成膜质，常脱落。孢子囊穗紧密，矩圆形，无柄，长0.5～2 cm，有小尖头，顶生，孢子同型，具2条丝状弹丝，“十”字形着生，绕于孢子上，遇水弹开，以便繁殖。

7. 木贼 *E. hyemale*

多年生常绿草本，高30～100 cm。根状茎粗短，黑褐色，横生地下，节上生黑褐色的根。地睛茎直立，单一或仅于基部分枝，直径6～8 mm，中空，有节，表面灰绿色或黄绿色，有纵棱沟壑0～30条，粗糙。顶端淡棕色，膜质，芒状，早落，下部黑棕色，薄革质，基部的背面有3～4条纵棱，宿存或同鞘筒一起早落。孢子囊穗卵状，长1.0～1.5 cm，直径0.5～0.7 cm，顶端有小尖突，无柄。喜生于山坡林下阴湿处，易生河岸湿地、溪边，或杂草地。主产于中国东北、华北、内蒙古和长江流域各省。

（二）蘋科 Marsileaceae

叶状体对称，表面绿色，背面浅黄色或绿白色或常为紫色，近圆形、倒卵形或倒卵状椭圆形，全缘，长1.5～5 mm，宽2～3 mm，上面稍凸起或沿中线隆起，脉3条，不明显，背面垂生丝状根1条，根白色，长3～4 cm，根冠钝头，根鞘无翅。叶状体背面一侧具囊，新叶状体于囊内形成浮出，以极短的细柄与母体相连，随后脱落。雌花具弯生胚珠1枚，果实无翅，近陀螺状，种子具凸出的胚乳并具12～15条纵肋。

8. 蘋 *Marsilea quadrifolia*

叶状体对称，表面绿色，近圆形、倒卵形或倒卵状椭圆形，全缘，上面稍凸起或沿中线隆起，脉不明显，根白色，根冠钝头，根鞘无翅。叶状体背面一侧具囊，新叶状体于囊内形成浮出，以极短的细柄与母体相连，随后脱落。果实无翅，近陀螺状，种子具纵肋。

（三）槐叶苹科 Salviniaceae

一年生浮水性蕨类水生植物，本种为无根性植物，水下根状体为沉水叶，生于水田、沟塘和静水溪河内。茎细长而横走，被褐色节状毛。三叶轮生，上面二叶漂浮水面，形如槐叶，长圆形或椭圆形，长 0.8 ～ 1.4 cm，宽 5 ～ 8 mm，顶端钝圆，基部圆形或稍呈心形，全缘；叶柄长 1 mm 或近无柄。叶脉斜出，在主脉两侧有小脉 15 ～ 20 对，每条小脉上面有 5 ～ 8 束白色刚毛；叶草质，上面深绿色，下面密被棕色绒毛。下面一叶悬垂水中，细裂成线状，被细毛，形如须根，起着根的作用。孢子果 4 ～ 8 个簇生于沉水叶的基部，表面疏生成束的短毛，小孢子果表面淡黄色，大孢子果表面淡棕色。

9. 槐叶苹 *Salvinia natans*

一年生浮水性蕨类水生植物。茎细长，横走，无根，密被褐色节状短毛。叶 3 片轮生，二片漂浮水面，一片细裂如丝，在水中形成假根，密生有节的粗毛，水面叶在茎两侧紧密排列，形如槐叶，叶片长圆形或椭圆形，长 8 ～ 13 cm，宽 5 ～ 8 mm，先端圆钝头，基部园形或略呈心形，中脉明显，侧脉约 20 对，脉间有 5 ～ 9 个突起，突起上生一簇粗短毛，全缘，上面绿色，下面灰褐色，生有节的粗短毛，叶柄长约 2 mm。

三、裸子植物门 Gymnospermae

（一）柏科 Gupressaceae

属于常绿乔木或灌木。有树脂。叶对生或轮生，常鳞片状而下延，稀线形；球花小，单性同株或异株，顶生或腋生；雄球花有 3 ～ 8 对交互对生的雄蕊，每雄蕊有 2 ～ 6 个花药，花粉无气囊；雌球花由 3 ～ 16 枚交叉对生或 3 ～ 4 枚轮生的珠鳞（大孢子叶）组成，每珠鳞有一至数枚胚珠，苞鳞与珠鳞合生；球果圆球形、卵圆形或长圆形，成熟时珠鳞发育为种鳞，木质或革质，成熟时开裂，或有时浆果状，不开裂，每种鳞内面基部有种子一至多颗；种子有或无翅；子叶 2 枚，稀数枚。柏科约 22 属，南北半球各产一半；种数仅次于松科，近 150 种，几乎遍布全球，部分种类为森林的主要树种或重要的造林树种，或为园林绿化树种。代表植物：侧柏、洒金千头柏、龙柏、刺柏。

10. 侧柏 *Platycladus orientalis*

属于乔木，高达20余米，胸径1m；树皮薄，浅灰褐色，纵裂成条片；枝条向上伸展或斜展，幼树树冠卵状尖塔形，老树树冠则为广圆形；生鳞叶的小枝细，向上直展或斜展，扁平，排成一平面。叶鳞形，长1～3 mm，先端微钝，小枝中央的叶露出部分呈倒卵状菱形或斜方形，背面中间有条状腺槽，两侧的叶呈船形，先端微内曲，背部有钝脊，尖头的下方有腺点。

11. 垂枝圆柏 *Sabina chinensis*

属于乔木，高20m、胸径3.5 m，树冠圆锥形。树皮深灰色，纵裂，成条片开裂、裂成不规则的薄片脱落；幼树的枝条通常斜上伸展，形成尖塔形树冠，老树则下部大枝平展，形成广圆形的树冠；小枝通常直或稍成弧状弯曲，生鳞叶的小枝近圆柱形或近四棱形，径1～1.2 mm。叶二型，即刺叶及鳞叶；刺叶生于幼树之上，老龄树则全为鳞叶，壮龄树兼有刺叶与鳞叶。雌雄异株，稀同株，雄球花黄色，椭圆形，长2.5～3.5 mm，雄蕊5～7对，常有3～4花药。球果近圆球形，直径6～8 mm，两年成熟，熟时暗褐色，被白粉或白粉脱落，有1～4粒种子；种子卵圆形，扁，顶端钝，有棱脊及少数树脂槽；子叶2枚，出土，条形，长1.3～1.5 cm，宽约1 mm，先端锐尖，下面有两条白色气孔带，上面则不明显。

12. 圆柏 *Juniperus chinensis*

属于常绿乔木；有鳞形叶的小枝呈圆形或近方形。叶在幼树上全为刺形，随着树龄的增长刺形叶逐渐被鳞形叶代替；刺形叶3叶轮生或交互对生，长6～12 mm，斜展或近开展，下延部分明显外露，上面有两条白色气孔带；鳞形叶交互对生，排列紧密，先端钝或微尖，背部近中部有椭圆形腺体。雌雄异株。球果近圆形，直径6～8 mm，有白粉，成熟时褐色，内有1～4（多为2～3）粒种子。

13. 叉子圆柏 *J. sabina*

是匍匐灌木。枝斜向伸展，鲜枝叶揉之有臭味，一年生枝柱形，交互对生或3叶轮生，先端刺尖，中部有矩圆状腺体，交互对生，先端钝或锐尖，背面中部有椭圆形或卵形腺体。雌雄异株，稀同株，雄球花椭圆形或矩圆形，雌球花曲垂或先期直立而后俯垂。球果生于向下弯曲的小枝顶端，熟时褐色或紫蓝色或黑色，三角状球形，有种子2～3粒，种子常为卵圆形，微扁，有纵脊与树脂槽。生长于海拔1 100～2 800 m地带的多石山坡，或生于针叶林或针叶树阔叶树混交林内，或生于沙丘上。耐旱性强，可作水土保持及固沙造林树种。分布于欧洲南部至中亚和中国西北部。模式标本采自欧洲南部。

（二）松科 Pinaceae Spreng

常绿或落叶乔木，稀为灌木状；枝仅有长枝，或兼有长枝与生长缓慢的短枝，短枝通常明显，稀极度退化而不明显。叶条形或针形，基部不下延生长；条形叶扁平，稀呈四棱形，在长枝上螺旋状散生，在短枝上呈簇生状；针形叶2～5针（稀1针或多至81针）成一束，着生于极度退化的短枝顶端，基部包有叶鞘。花单性，雌雄同株；雄球花腋生或单生枝顶，或多数集生于短枝顶端，具多数螺旋状着生的雄蕊，每雄蕊具2个花药，花粉有气囊或无气囊，或具退化气囊；雌球花由多数螺旋状着生的珠鳞与苞鳞所组成，花期时珠鳞小于苞鳞，稀珠鳞较苞鳞为大，每珠鳞的腹（上）面具两枚倒生胚珠，背（下）面的苞鳞与珠鳞分离（仅基部合生），花后珠鳞增大发育成种鳞。球果直立或下垂，当年或次年稀，第三年成熟，熟时张开，稀不张开；种鳞背腹面扁平，木质或革质，宿存或熟后脱落；苞鳞与种鳞离生（仅基部合生），较长而露出或不露出，或短小而位于种鳞的基部；种鳞的腹面基部有2粒种子，种子通常上端具一膜质之翅，稀无翅或近无翅；胚具2～16枚子叶，发芽时出土或不出土。

14. 雪松 *Cedrus deodara*

常绿乔木，树冠尖塔形，大枝平展，小枝略下垂。叶针形，长8～60 cm，质硬，灰绿色或银灰色，在长枝上散生，短枝上簇生。叶针形，坚硬，淡绿色或深绿色，长2.5～5 cm，宽1～1.5 mm，上部较宽，先端锐尖，下部渐窄，常呈三棱形，稀背脊明显，叶之腹面两侧各有2～3条气孔线，背面4～6条，幼时气孔线有白粉，10—11月开花。球果翌年成熟，椭圆状卵形，熟时赤褐色。

15. 白皮松 *Pinus bungeana*

属于乔木，高可达 30 m，胸径可达 3 m；有明显的主干，枝较细长，斜展，塔形或伞形树冠；冬芽红褐色，卵圆形，无树脂。叶背及腹面两侧均有气孔线，先端尖，边缘细锯齿；叶鞘脱落。雄球花卵圆形或椭圆形，球果通常单生，成熟前淡绿色，熟时淡黄褐色，种子灰褐色，近倒卵圆形，赤褐色，4—5 月开花，第二年 10—11 月球果成熟。

（三）银杏科 Ginkgoaceae

是银杏纲银杏目下的一科植物，为落叶乔木，树干高大，分枝繁茂；枝分长枝与短枝。叶扇形，有长柄，具多数叉状并列细脉，在长枝上螺旋状排列散生，在短枝上成簇生状。球花单性，雌雄异株，生于短枝顶部的鳞片状叶的腋内，呈簇生状；雄球花具梗，柔荑花序状，雄蕊多数，螺旋状着生，排列较疏，具短梗。种子核果状，胚乳丰富。

16. 银杏 *Ginkgo biloba*

银杏为落叶大乔木。高达 40 m，胸径可达 4 m。叶扇形，有长柄，淡绿色，无毛，有多数叉状并列细脉，顶端宽 5～8 cm。球花雌雄异株，单性，生于短枝顶端的鳞片状叶的腋内，呈簇生状。4 月开花，10 月成熟，种子具长梗，下垂，常为椭圆形、长倒卵形、卵圆形或近圆球形。外种皮肉质，被白粉，熟时黄色或橙黄色。

四、被子植物门 Angiospermae

（一）杨柳科 Salicaceae

杨柳科是被子植物门、双子叶植物纲、杨柳目的一个科。全世界杨柳科共有 650 种。分为 3 属，即钻天柳属、杨属和柳属。叶乔木或直立、垫状和匍匐灌木。树皮光滑或开裂粗糙，通常味苦。单叶互生，稀对生，不分裂或浅裂，全缘；托叶鳞片状或叶状，早落或宿存。芽鳞 1 至多数，有顶芽或无顶芽；花单性，雌雄异株，罕有杂性；柔荑花序，直立或下垂，先叶开放，或与叶同时开放，稀叶后开放，花无被，苞片脱落或宿存；基部有杯状花盘或腺体，雄蕊 2 至数个，花药 2 室，纵裂，花丝分离至合生；雌蕊由 2～4（5）心皮合成，子房 1 室，侧膜胎座，胚珠多数，花柱不明显至很长，柱头 2～4 裂。蒴果 2～4（5）瓣裂。种子微小，无胚乳，基部围有多数白色丝状长毛。

17. 垂柳 *Salix babylonica*

乔木，高达 12 ～ 18 m，树冠开展而疏散。树皮灰黑色，不规则开裂；枝细，下垂，淡褐黄色、淡褐色或带紫色，无毛。芽线形，先端急尖。叶狭披针形或线状披针形，先端长渐尖，基部楔形，两面无毛或微有毛，上面绿色，下面色较淡，锯齿缘；叶柄长有短柔毛；托叶仅生在萌发枝上，斜披针形或卵圆形，边缘有齿牙。花序先叶开放，或与叶同时开放；雄花序长 1.5 ～ 2（3）cm，有短梗，轴有毛；雄蕊有 2，花丝与苞片近等长或较长，基部有长毛，花药红黄色；苞片披针形，外面有毛；雌花序有梗，基部有 3 ～ 4 小叶，轴有毛；子房椭圆形，无毛或下部稍有毛，无柄或近无柄，花柱短，柱头 2 ～ 4 深裂；苞片披针形，外面有毛。蒴果，带绿黄褐色。花期 3—4 月，果期 4—5 月。

18. 旱柳 *S. matsudana*

落叶乔木，高可达 20m。大枝斜上，树冠广圆形；树皮暗灰黑色，有裂沟；枝细长，直立或斜展，浅褐黄色或带绿色，后变褐色，无毛，幼枝有毛。芽微有短柔毛。叶披针形，先端长渐尖，基部窄圆形或楔形，上面绿色，无毛，有光泽，下面苍白色或带白色，有细腺锯齿缘，幼叶有丝状柔毛；叶柄短，在上面有长柔毛；托叶披针形或缺，边缘有细腺锯齿。花序与叶同时开放；雄花序圆柱形，有花序梗，轴有长毛；雄蕊 2，花丝基部有长毛，花药卵形，黄色；苞片卵形，黄绿色，先端钝，基部有短柔毛；雌花序较雄花序短，有 3 ～ 5 小叶生于短花序梗上，轴有长毛；子房长椭圆形，近无柄，无毛，无花柱或很短，柱头卵形，近圆裂；苞片同雄花；腺体 2，背生和腹生。果序长达 2（2.5）cm。花期 4 月，果期 4—5 月。

19. 龙爪柳 *S.matsudana*

杨柳科柳属，旱柳变种。落叶灌木或小乔木，株高可达 3m，小枝绿色或绿褐色，不规则扭曲；叶互生，线状披针形，细锯齿缘，叶背粉绿，全叶呈波状弯曲；单性异株，柔荑花序，蒴果。与原变型主要区别为枝卷曲。阳性，耐寒，生长势较弱，寿命短。湿地、旱地皆能生长，在湿润而排水良好土壤上生长最好。生长快，春至夏季为适期。

20. 馒头柳 *S. matsudana* f.*umbraculifera*

乔木，高达 18 m，胸径达 80 cm。大枝斜上，树冠半圆形，如同馒头状。树皮暗灰黑色，有裂沟；枝细长，直立或斜展，浅褐黄色或带绿色，后变褐色，无毛，幼枝有毛。芽微有短柔毛。叶先端长渐尖，基部窄圆形或楔形，上面绿色，无毛，有光泽，下面苍白色或带白色，有细腺锯齿缘，幼叶有丝状柔毛；叶柄短，在上面有长柔毛；托叶披针形或缺，边缘有细腺锯齿。

21. 毛白杨 *Populus tomentosa*

乔木，高达 30 m。树皮幼时暗灰色，壮时灰绿色，渐变为灰白色，老时基部黑灰色，纵裂，粗糙，干直或微弯，皮孔菱形散生，或 2 ～ 4 连生；叶柄上部侧扁，长 3 ～ 7 cm，顶端通常有 2（3 ～ 4）腺点；短枝叶通常较小，卵形或三角状卵形，先端渐尖，上面暗绿色有金属光泽，下面光滑，具深波状齿牙缘；叶柄稍短于叶片，侧扁，先端无腺点。雄花序长 10 ～ 14（20）cm，雄花苞片约具 10 个尖头，密生长毛，雄蕊 6 ～ 12，花药红色；雌花序长 4 ～ 7 cm，苞片褐色，尖裂，沿边缘有长毛；子房长椭圆形，柱头 2 裂，粉红色。果序长达 14 cm；蒴果圆锥形或长卵形，2 瓣裂。花期 3 月，果期 4 月。

22. 银白杨 *P. alba*

乔木，高 15 ～ 30 m。树干不直，雌株更歪斜；树冠宽阔。树皮白色至灰白色，平滑，下部常粗糙。小枝初被白色绒毛，萌条密被绒毛，圆筒形，灰绿或淡褐色。芽卵圆形，长 4 ～ 5 mm，先端渐尖，密被白绒毛，后局部或全部脱落，棕褐色，有光泽。花期 4—5 月，果期 5 月。

23. 新疆杨 *P.alba* var.*pyramidalis*

落叶乔木，高达 30 m，胸径 50 cm。窄冠，圆柱形或尖塔形，树皮灰白或青灰色，光滑少裂，基部浅裂。芽、幼枝密被白色绒毛。萌条和长枝叶掌状深裂，基部平截；短枝叶圆形，粗锯齿，侧齿近对称，基部平截。叶阔三角形或阔卵圆形，表面光滑，背面有白绒毛。仅见雄株，雄花序长达 5 cm，穗轴有微毛；苞片膜质，红褐色。

24. 小叶杨 *P.simonii*

为落叶乔木，高达 20 m，胸径 50 cm 以上。树皮幼时灰绿色，老时暗灰色，沟裂；树冠近圆形。幼树小枝及萌枝有明显棱脊，常为红褐色，后变黄褐色，老树小枝圆形，细长而密，无毛。芽细长，先端长渐尖，褐色，有黏质。叶菱状卵形、菱状椭圆形或菱状倒卵形，中部以上较宽，先端突急尖或渐尖，基部楔形、宽楔形或窄圆形，边、缘平整，细锯齿，无毛，上面淡绿色，下面灰绿或微白，无毛；叶柄圆筒形，黄绿色或带红色。雄花序长 2 ～ 7 cm，花序轴无毛，苞片细条裂，雄蕊 8 ～ 9（25）枚；雌花序长 2.5 ～ 6 cm；苞片淡绿色，裂片褐色，无毛，柱头 2 裂。果序长达 15 cm；蒴果小，2（3）瓣裂，无毛。花期 3—5 月，果期 4—6 月。

25. 沙兰杨 *P.canadensis*

乔木，树干高大微弯；树冠大而开阔，呈圆锥形；树皮灰白色或灰褐色，基部浅裂，裂纹宽而浅。芽三角状圆锥形，先端弯，具赤褐色点状黏液。叶柄侧扁，光滑，淡绿色，常带红色。只有雌株，花序长 3 ～ 8（10）cm。果序长 20 ～ 25 cm；蒴果长卵圆形。花期 3—4 月，果期 4—5 月。

26. 钻天杨 *P.nigra* var.*ltalica*

乔木，高 30 m；树冠阔椭圆形。树皮暗灰色，老时沟裂，黑褐色；树冠圆柱形。侧枝成 20° ～ 30° 开展，小枝圆形，光滑，黄褐色或淡黄褐色，嫩枝有时疏生短柔毛。芽长卵形，先端长渐尖，富黏质，赤褐色，花芽先端向外弯曲。花期 4—5 月，果期 6 月。

27. 北京杨 *P. beijingensis*

乔木，高可达 25 m。树干通直；树皮灰绿色，渐变绿灰色，光滑；皮孔圆形或长椭圆形，密集，树冠卵形或广卵形。侧枝斜上，嫩枝稍带绿色或呈红色，无棱。芽细圆锥形，先端外曲，淡褐色或暗红色，具黏质。短枝叶片卵形，长 7 ~ 9 cm，先端渐尖或长渐尖，基部圆形或广楔形至楔形，边缘有腺锯齿，叶柄侧扁，苞片淡褐色，裂片长于不裂部分，3 月开花。

28. 加杨 *P. canadensis*

落叶乔木，高 30 多米。干直，树皮粗厚，深沟裂，下部暗灰色，上部褐灰色，大枝微向上斜伸，树冠卵形；萌枝及苗茎棱角明显，小枝圆柱形，稍有棱角，无毛，稀微被短柔毛。芽大，先端反曲，初为绿色，后变为褐绿色，富黏质。单叶互生，叶三角形或三角状卵形，长枝和萌枝叶较大，一般长大于宽，先端渐尖，基部截形或宽楔形，无或有 1 ~ 2 腺体，边缘半透明，有圆锯齿，近基部较疏，具短缘毛。上暗绿色，下淡绿色，叶柄侧扁而长，带红色（苗期特明显）。花期 4 月，果期 5—6 月。

（二）榆科 Ulmaceae

落叶，木本，多具黏液细胞或黏液道；小枝无顶芽。单叶互生，常二列；羽状脉或基部三出脉；有锯齿，稀全缘；叶基常不对称；托叶早落。两性、单性或杂性，雌雄异株或同株，单生或簇生，或成聚伞花序；单被花，萼裂片 4 ~ 8，雄蕊常与花被裂片同数而对生；子房上位，通常 1 室，具 1 枚倒生胚珠。翅果、核果、坚果。

29. 榆 *Ulmus pumila*

落叶乔木，高达 25 m，胸径 1 m，在干瘠之地长成灌木状；幼树树皮平滑，灰褐色或浅灰色，大树之皮暗灰色，不规则深纵裂，粗糙；小枝无毛或有毛，淡黄灰色、淡褐灰色或灰色，稀淡褐黄色或黄色，有散生皮孔，无膨大的木栓层及凸起的木栓翅；冬芽近球形或卵圆形，芽鳞背面无毛，内层芽鳞的边缘具白色长柔毛。翅果近圆形，稀倒卵状圆形，长 1.2 ~ 2 cm，除顶端缺口柱头面被毛外，余处无毛，果核部分位于翅果的中部，上端不接近或接

近缺口，成熟前后其色与果翅相同，初淡绿色，后白黄色，宿存花被无毛，4 浅裂，裂片边缘有毛，果梗较花被为短，长 1 ～ 2 mm，被 (或稀无) 短柔毛。花果期 3—6 月 (东北较晚)。

30. 欧洲白榆 *U. laevis*

落叶乔木，在原产地高达 30 m；树皮淡褐灰色，幼时平滑，后成鳞状，老呈不规则纵裂；当年生枝被毛或几无毛；冬芽纺锤形。叶倒卵状宽椭圆形或椭圆形，中上部较宽，先端凸尖，基部明显的偏斜，边缘具重锯齿，齿端内曲，叶面无毛或叶脉凹陷处有疏毛，叶背有毛或近基部的主脉及侧脉上有疏毛，全被毛或仅上面有毛。花常自花芽抽出，稀由混合芽抽出，20 余花至 30 余花排成密集的短聚伞花序，花梗纤细，花被上部 6 ～ 9 浅裂，裂片不等长。翅果卵形或卵状椭圆形，边缘具睫毛，两面无毛，顶端缺口常微封闭，果核部分位于翅果近中部，上端微接近缺口，果梗长 1 ～ 3 cm。花果期 4—5 月。

31. 中华金叶榆 *U.pumila 'jinye'*

叶乔木，高可达 20 m 以上，树冠卵圆形或圆球形。树皮暗灰色，纵裂，粗糙。幼枝金黄色，细长，排成二列状。叶互生，卵状长椭圆形，金黄色，色泽艳丽，有自然光泽，长 2 ～ 6 cm，宽 2 ～ 3 cm，比普通白榆叶片稍短，先端尖，基部稍斜，边缘具锯齿，叶脉清晰，质感好。花簇生于上年生枝上，先叶或花叶同放。翅果近圆形，种子位于翅果中部。花期 3—4 月，果期 4—5 月。

（三）桑科 Moraceae

乔木或灌木，藤本，稀为草本，通常具乳液，有刺或无刺。单叶互生。花小，单性，集成各种花序，单被花。坚果，核果集合为各式聚花果。叶互生稀对生，全缘或具锯齿，分裂或不分裂，叶脉掌状或为羽状，有或无钟乳体；托叶 2 枚，通常早落。种子大或小，包于内果皮中；种皮膜质或不存；胚悬垂，弯或直；幼根长或短，背倚子叶紧贴；子叶褶皱，对折或扁平，叶状或增厚。

32. 葎草 *Humulus scandens*

多年生缠绕草本，茎、枝、叶柄均具倒钩刺。叶纸质，肾状五角形，掌状5～7深裂，稀为3裂，长宽7～10 cm，基部心脏形，表面粗糙，疏生糙伏毛，背面有柔毛和黄色腺体，裂片卵状三角形，边缘具锯齿；叶柄长5～10 cm。雄花小，黄绿色，圆锥花序，长15～25 cm；雌花序球果状，直径约5 mm，苞片纸质，三角形，顶端渐尖，具白色绒毛；子房为苞片包围，柱头2，伸出苞片外。瘦果成熟时露出苞片外。花期在春夏季，果期在秋季。

33. 桑 *Morus alba*

落叶乔木或灌木，高可达15 m。树体富含乳浆，树皮黄褐色。叶卵形至广卵形，叶端尖，叶基圆形或浅心脏形，边缘有粗锯齿，有时有不规则的分裂。叶面无毛，有光泽，叶背脉上有疏毛。雌雄异株，5月开花，葇荑花序。果熟期6—7月，聚花果卵圆形或圆柱形，黑紫色或白色。喜光，幼时稍耐阴。喜温暖湿润气候，耐寒。耐干旱，耐水湿能力强。

34. 无花果 *Ficus carica*

落叶灌木，高3～10 m，多分枝；树皮灰褐色，皮孔明显；小枝直立，粗壮。叶互生，厚纸质，广卵圆形，长宽近相等，10～20 cm，通常3～5裂，小裂片卵形，边缘具不规则钝齿，表面粗糙，背面密生细小钟乳体及灰色短柔毛，基部浅心形，基生侧脉3～5条，侧脉5～7对；叶柄长2～5 cm，粗壮；托叶卵状披针形，长约1 cm，红色。

（四）马兜铃科 Aristolochiaceae

草质或木质藤本、灌木或多年生草本，稀乔木；根、茎和叶常有油细胞。单叶、互生，具柄，叶片全缘或3～5裂，基部呈心形，无托叶。花两性，有花梗，单生、簇生或排成总状、聚伞状或伞房花序，顶生、腋生或生于老茎上，花色通常艳丽而有腐肉臭味。种子多数，常藏于内果皮中，胚乳丰富，胚小。

35. 北马兜铃 *Aristolochia contorta*

草质藤本，茎长达 2 m 以上，无毛，干后有纵槽纹。叶纸质，卵状心形或三角状心形，长 3 ～ 13 cm，宽 3 ～ 10 cm，顶端短尖或钝，基部心形，两侧裂片圆形，下垂或扩展，长约 1.5 cm，边全缘，上面绿色，下面浅绿色，两面均无毛；基出脉 5 ～ 7 条，邻近中脉的二侧脉平行向上，略叉开，各级叶脉在两面均明显且稍凸起；叶柄柔弱，长 2 ～ 7 cm。总状花序有花 2 ～ 8 朵或有时仅一朵生于叶腋；花序梗和花序轴极短或近无；花梗长 1 ～ 2cm，无毛，基部有小苞片；小苞片卵形，长约 1.5 cm，宽约 1 cm，具长柄。

（五）蓼科 Polygonaceae

草本稀灌木或小乔木。茎直立，平卧、攀援或缠绕，通常具膨大的节，稀膝曲，具沟槽或条棱，有时中空。叶为单叶，互生，稀对生或轮生，边缘通常全缘，有时分裂，具叶柄或近无柄；托叶通常联合成鞘状（托叶鞘），膜质，褐色或白色，顶端偏斜、截形或 2 裂，宿存或脱落。花序穗状、总状、头状或圆锥状，顶生或腋生；花较小，两性，稀单性，雌雄异株或雌雄同株，辐射对称；花梗通常具关节；花被 3 ～ 5 深裂，覆瓦状或花被片 6 成 2 轮，宿存，内花被片有时增大，背部具翅、刺或小瘤；雄蕊 6 ～ 9，稀较少或较多，花丝离生或基部贴生，花药背着，2 室，纵裂；花盘环状，腺状或缺，子房上位，1 室，心皮通常 3，稀 2 ～ 4，合生，花柱 2 ～ 3，稀 4，离生或下部合生，柱头头状、盾状或画笔状，胚珠 1，直生，极少倒生。瘦果卵形或椭圆形，具 3 棱或双凸镜状，极少具 4 棱，有时具翅或刺，包于宿存花被内或外露；胚直立或弯曲，通常偏于一侧，胚乳丰富，粉末状。

36. 萹蓼 *Polygonum aviculare*

一年生草本，高 15 ～ 50 cm。茎匍匐或斜上，基部分枝甚多，具明显的节及纵沟纹；幼枝上微有棱角。叶互生；叶柄短，亦有近于无柄者；叶片披针形至椭圆形，先端钝或尖，基部楔形，全缘，绿色，两面无毛；托鞘膜质，抱茎，下部绿色，上部透明无色，具明显脉纹，其上之多数平行脉常伸出成丝状裂片。花 6 ～ 10 朵簇生于叶腋；花梗短；萹蓄苞片及小苞片均为白色透明膜质；花被绿色，5 深裂，具白色边缘，结果后，边缘变为粉红色；雄蕊通常 8 枚，花丝短；子房长方形，花柱短，柱头 3 枚。瘦果包围于宿存花被内，仅顶端小部分外露，卵形，具 3 棱，黑褐色，具细纹及小点。花期 6—8 月，果期 9—10 月。

37. 习见蓼 *P. plebeium*

一年生草本。茎平卧，自基部分枝，长 15 ~ 40 cm，具纵棱，沿棱具小突起，通常小枝的节间比叶片短。叶狭椭圆形或倒披针形，长 0.5 ~ 1.5 cm，宽 2 ~ 4 mm，顶端钝或急尖，基部狭楔形，两面无毛，侧脉不明显；叶柄极短或近无柄；托叶鞘膜质，白色，透明，长 2.5 ~ 3 mm，顶端撕裂。花 3 ~ 6 朵，簇生于叶腋，遍布于全植株；苞片膜质；花梗中部具关节，比苞片短；花被 5 深裂；花被片长椭圆形，绿色，背部稍隆起，边缘白色或淡红色，雄蕊 5，花丝基部稍扩展，比花被短；花柱 3，稀 2，极短，柱头头状。瘦果宽卵形，具 3 锐棱或双凸镜状，黑褐色，平滑，有光泽，包于宿存花被内。花期在 5—8 月，果期在 6—9 月。

38. 柳叶刺蓼 *P.bungeanum*

茎直立或上升，高可达 90 cm，叶片披针形或狭椭圆形，顶端通常急尖，基部楔形，边缘具短缘毛；叶密生短硬伏毛；托叶鞘筒状，膜质，总状花序呈穗状，顶生或腋生，花序梗密被腺毛；苞片漏斗状，花梗粗壮，比苞片稍长，花被白色或淡红色，花被片椭圆形，瘦果近圆形，7—8 月开花，8—9 月结果。

39 西伯利亚蓼 *P .sibiricum*

多年生草本。根垂直直伸，生多数须根。茎基部平卧，高 12 ~ 35 cm，基部有匍匐茎，节上生不定根与叶。基生叶花期生存，匙状倒披针形或舌形，基部渐狭成具狭翼的长或短柄，边缘有锯齿至羽状半裂或深裂或大头羽状半裂或深裂，侧裂片 1 ~ 3 对，集中在叶片的中下部，偏斜三角形或椭圆形，顶端急尖或钝，顶裂片椭圆形、长倒卵形或长椭圆形，顶端钝或圆形，有小尖头；茎生叶少数，与基生叶同形或长椭圆形或长倒披针形，无柄或渐狭成短柄；花序分枝上或花序梗上的叶极小，卵形。头状花序 1 ~ 6 枚在茎枝顶端排成伞房花序。总苞钟状，总苞片 2 ~ 3 层，外层极短，卵形，顶端急尖，内层长，长椭圆状披针形或长披针形，顶端钝，外面顶端有小鸡冠状突起或无小鸡冠状突起。舌状小花 24 枚，黄色。瘦果褐色，似纺锤形，无毛，有 10 条高起的尖翅肋，顶端急尖成细喙，喙长 2 mm，细丝状。冠毛白色，纤细，不等长，

微糙，花果期3—5月。

40. 酸模叶蓼 *Persicaria.lapathifolia*

一年生草本，高40～90 cm。茎直立，具分枝，无毛，节部膨大。叶披针形或宽披针形，长5～15 cm，宽1～3 cm，顶端渐尖或急尖，基部楔形，上面绿色，常有一个大的黑褐色新月形斑点，两面沿中脉被短硬伏毛，全缘，边缘具粗缘毛；叶柄短，具短硬伏毛；托叶鞘筒状，长1.5～3 cm，膜质，淡褐色，无毛，具多数脉，顶端截形，无缘毛，稀具短缘毛。总状花序呈穗状，顶生或腋生，近直立，花紧密，通常由数个花穗再组成圆锥状，花序梗被腺体；苞片漏斗状，边缘具稀疏短缘毛；花被淡红色或白色，4(5)深裂，花被片椭圆形，外面两面较大，脉粗壮，顶端分叉，外弯；雄蕊通常6枚。瘦果宽卵形，双凹，长2～3 mm，黑褐色，有光泽，包于宿存花被内。花期6—8月，果期7—9月。

41. 绵毛酸模叶蓼 *P. lapathifola* var.*salicifolia*

一年生草本，是危害水稻、小麦、棉花、豆类常见的杂草。茎直立，高50～100 cm，具分枝。叶互生有柄；叶片披针形至宽披针形，叶背密被白色绵毛层，叶面上有或无黑褐色斑块和毛；托叶鞘筒状，脉纹明显。花序圆锥状；花浅红色或浅绿色。瘦果卵形。本种叶背具白色绒毛层，有别于酸模叶葵。

42. 水蓼 *P.hydropiper*

一年生草本，高20～80 cm，直立或下部伏地。茎红紫色，无毛，节常膨大，水蓼的穗状花且具须根。叶互生，披针形成椭圆状披针形，长4～9 cm，宽5～15 mm，两端渐尖，均有腺状小点，无毛或叶脉及叶缘上有小刺状毛；托鞘膜质，筒状，有短缘毛；叶柄短。穗状花序腋生或顶生，细弱下垂，下部的花间断不连；苞漏斗状，有疏生小脓点和缘毛；花具细花梗而伸出苞外，间有1～2朵花包在膨胀的托鞘内；花被4～5裂，卵形或长圆形，淡绿色或淡红色，有腺状小点；雄蕊5～8枚；雌蕊1枚，花柱2～3裂。瘦果卵形，扁平，少有3棱，长2.5 mm，表面有小点，黑色无光，包在宿存的花被内。花期7—8月。

43. 两栖蓼 *P.amphibium*

多年生湿生或挺水草本。根状茎横走。生于水中者：茎漂浮，无毛，节部生不定根。叶长圆形或椭圆形，浮于水面。总状花序呈穗状，顶生或腋生。瘦果近圆形，双凸镜状，直径 2.5 ~ 3 mm，黑色，有光泽，包于宿存花被内。花期 7—8 月，果期 8—9 月。

44. 红蓼 *P. orientalis*

一年生草本植物。茎粗壮直立，高可达 2 m，叶片宽卵形、宽椭圆形或卵状披针形，顶端渐尖，基部圆形或近心形，两面密生短柔毛，叶脉上密生长柔毛；叶柄长柔毛；托叶鞘筒状，膜质，总状花序呈穗状，顶生或腋生，花紧密，微下垂，苞片宽漏斗状，草质，绿色，花淡红色或白色；花被片椭圆形，花盘明显；瘦果近圆形，6—9 月开花，8—10 月结果。

45. 戟叶蓼 *P. thunbergii*

一年生草本。茎直立或上升，具纵棱，沿棱具倒生皮刺。叶戟形，长 4 ~ 8 cm，宽 2 ~ 4 cm，顶端渐尖，基部截形或近心形，两面疏生刺毛，中部裂片卵形或宽卵形，侧生裂片较小，卵形。叶柄长 2 ~ 5 cm，具倒生皮刺，通常具狭翅；托叶鞘膜质，边缘具叶状翅，翅近全缘，具粗缘毛。花序头状，顶生或腋生，苞片披针形，雄蕊 8 枚呈 2 轮，花柱 3，中下部合生。瘦果宽卵形。花期 7—8 月，果期 8—9 月。

46. 酸模 *Rumex acetosa*

多年生草本。茎直立，高 40 ~ 100 cm，具深沟槽，通常不分枝。基生叶和茎下部叶箭形，顶端急尖或圆钝，基部裂片急尖，全缘或微波状；茎上部叶较小，具短叶柄或无柄；托叶鞘膜质，易破裂。花序狭圆锥状，顶生，分枝稀疏；花单性，雌雄异株；花梗中部具关节；花被片 6，成 2 轮，雄花内花被片椭圆形，长约 3 mm，外花被片较小，雄蕊 6 枚；雌花内花被片果时增大，近圆形，直径 3.5 ~ 4 mm，全缘，基部心形，网脉明显，基部具极小的小瘤，外花被片椭圆形，反折。瘦果椭圆形，具3锐棱，两端尖，长约2 mm，黑褐色，有光泽。花期5—7月，果期6—8月。

47. 齿果酸模 *R.dentatus*

一年或多年生草本，高达1 m。茎直立，分枝；枝纤细，表面具沟纹，无毛。基生叶长圆形，长5～10 cm，先端钝或急尖，基部圆形或心形，边缘波状或微皱波状，两面均无毛；叶柄长1～5（8） cm；茎生叶渐小，具短柄，基部多为圆形；托叶鞘膜质，筒状。花序圆锥状，顶生，具叶；花两性，簇生于叶腋，果实稍伸长且下弯，基部具关节；雄蕊6枚，排列成3对，花丝细弱，花药基部着生；子房具棱，1室，花柱3，柱头细裂，毛刷状；花被片黄绿色，6片，成2轮，外花被片长圆形，长1～1.5 mm，内花被片果期增大，卵形，先端急尖，长约4 mm，具明显的网脉，各具一卵状长圆形小疣，边缘具3～4对，稀为5对不整齐的针状牙齿；小瘤长1.5～2 mm，先端急尖。瘦果卵状三棱形，具尖锐角棱，长约2 mm，褐色，平滑。花期4—5月，果期6月。

48. 皱叶酸模 *R. crispus*

多年生草本，直根，粗壮。茎直立，有浅沟槽，通常不分枝，无毛。根生叶有长柄；叶片披针形或长圆状披针形，长15～25 cm，宽1.5～4 cm，两面无毛，顶端和基部都渐狭，边缘有波状皱褶；茎上部叶小，有短柄；托叶鞘，铜状，膜质。花序由数个腋生的总状花序组成圆锥状，顶生狭长，长达60 cm；花两性，多数；花被片6，排成2轮，内花被片果时增大，宽卵形，顶端稍钝，基部心形，全缘或有不明显的齿，有网纹，长达5 mm，通常都有瘤状突起为卵形，大小不一；雄蕊6；柱头3，画笔状。瘦果椭圆形，有3棱，顶端尖，棱角锐利，长2 mm，褐色，有光泽。花期6—7月，果期7—8月。

49. 巴天酸模 *R. patientia*

多年生草本。根肥厚，直径可达3 cm；茎直立，粗壮，高90～150 cm，上部分枝，具深沟槽。

基生叶长圆形或长圆状披针形，长 15 ～ 30 cm，宽 5 ～ 10 cm，顶端急尖，基部圆形或近心形，边缘波状；叶柄粗壮，长 5 ～ 15 cm；茎上部叶披针形，较小，具短叶柄或近无柄；托叶鞘筒状，膜质，长 2 ～ 4 cm，易破裂。花序圆锥状，大型；花两性；花梗细弱，中下部具关节；关节果时稍膨大，外花被片长圆形，长约 1.5 mm，内花被片果时增大，宽心形，长 6 ～ 7 mm，顶端圆钝，基部深心形，边缘近全缘，具网脉，全部或一部具小瘤；小瘤长卵形，通常不能全部发育。瘦果卵形，具 3 锐棱，顶端渐尖，褐色，有光泽，长 2.5 ～ 3 mm。花期 5—6 月，果期 6—7 月。

（六）藜科 Chenopodiaceae

一年生草本、半灌木、灌木，较少为多年生草本或小乔木，茎和枝有时具关节。叶互生或对生，肉质，无托叶。花为单被花，两性，较少为杂性或单性，呈辐射对称状。花单生，簇生或穗状、圆状花序，花萼 3 ～ 5 裂，花丝钻形或条形，离生或基部合生，花药背着，在芽中内曲，2 室，外向纵裂或侧面纵裂，顶端钝或药隔突出形成附属物；花盘或有或无；雄蕊常与花被片同数而对生或较少，雌蕊有 2 ～ 3 个心皮合成，子房上位，卵形至球心，1 室 1 胚珠，基生，直立或悬垂于珠柄上；果实为胞果，很少为盖果；胞果常藏于扩大的花萼内或花苞内，通常不开裂，种子扁平。

50. 刺藜 *Teloxys aristata*

一年生草本，植物体通常呈圆锥形，高 10 ～ 40 cm，无粉，秋后常带紫红色。茎直立，圆柱形或有棱，具色条，无毛或稍有毛，有多数分枝。叶条形至狭披针形，长达 7 cm，宽约 1 cm，全缘，先端渐尖，基部收缩成短柄，中脉黄白色。复二歧式聚伞花序生于枝端及叶腋，最末端的分枝针刺状；花两性，几无柄；花被裂片 5，狭椭圆形，先端钝或骤尖，背面稍肥厚，边缘膜质，果时开展。胞果顶基扁 (底面稍凸)，圆形；果皮透明，与种子贴生。种子横生，顶基扁，周边截平或具棱。花期 8—9 月，果期 10 月。

51. 灰绿藜 *Oxybasis. glauca*

一年生草本，高 10 ～ 45 cm。茎通常由基部分枝，平铺或斜升；有暗绿色或紫红色条纹，叶互生有短柄。叶片厚，带肉质，椭圆状卵形至卵状披针形，长 2 ～ 4 cm，宽 5 ～ 20 mm，顶端急尖或钝，边缘有波状齿，基部渐狭，表面绿色，背面灰白色、密被粉粒，中脉明显；叶柄短。花簇短穗状，腋生或顶生；花被裂片 3 ～ 4 个，很少为 5 个。胞果伸出花被片，果皮薄，黄白色；种子扁圆，暗褐色。

52. 大叶藜 *Chenopodium. hybridum*

一年生草本，高 30 ～ 120 cm。茎直立、粗壮，单一或上部分枝，具淡黄色或紫色条纹，无毛。单叶互生；叶柄长 2 ～ 7 cm；叶片卵形、宽卵形或三角状卵形，长 4 ～ 15 cm，宽 2 ～ 12 cm，先端急尖或渐尖，基部微心形或近截形，边缘有不规则波状浅裂，裂片 2 ～ 3 对，不等大，无毛；上部叶较小，叶片多呈三角状戟形。疏散的大圆锥花序，顶生或腋生，花两性或兼有雌性；花被 5 裂，裂片卵形，先端钝圆，边缘膜质，背部有纵隆脊；雄蕊 5 枚。胞果薄膜质，双凸镜形，具蜂窝状的四至六角形网脉。种子椭圆形，黑色，无光泽，有明显的凹点，直径约 2 mm。花期 7—8 月，果期 8—9 月。

53. 东亚市藜 *O. micrartha*

一年生草本植物，高可达 100 cm，全株无粉，茎直立，较粗壮，叶片菱形至菱状卵形，稍肥厚，两面近同色，边缘具不整齐锯齿；花两性兼有雄蕊不发育的雌花，花序以顶生穗状圆锥花序为主；花簇由多数花密集而成；花被裂片狭倒卵形，种子横生、斜生及直立，7—10 月开花、结果。

54. 藜 *C. album*

一年生草本，高 30 ～ 150cm。茎直立，粗壮，具条棱及绿色或紫红色色条，多分枝；枝条斜升或开展。叶片菱状卵形至宽披针形，长 3 ～ 6 cm，宽 2.5 ～ 5 cm，先端急尖或微钝，基部楔形至宽楔形，上面通常无粉，有时嫩叶的上面有紫红色粉，下面多少有粉，边缘具不整齐锯齿；叶柄与叶片近等长，或为叶片长度的1/2。花两性，花簇于枝上部排列成或大或小的穗状、圆锥状或圆锥状花序；花被裂片5对，宽卵形至椭圆形，背面具纵隆脊，有粉，先端或微凹，边缘膜质；雄蕊5枚，花药伸出花被，柱头2。果皮与种子贴生。种子横生，双凸镜状，直径1.2～1.5 mm，边缘钝，黑色，有光泽，表面具浅沟纹；胚环形。花果期5—10月。

55. 小藜 *C. ficifolium*

一年生草本，高20～50 cm。茎直立，具条棱及绿色色条。叶片卵状矩圆形，长2.5～5 cm，宽1～3.5 cm，通常三浅裂；中裂片两边近平行，先端钝或急尖并具短尖头，边缘具深波状锯齿；侧裂片位于中部以下，通常各具2浅裂齿。花两性，数个团集，排列于上部的枝上形成较开展的顶生圆锥状花序；花被近球形，5深裂，裂片宽卵形，不开展，背面具微纵隆脊并有密粉；雄蕊5枚，开花时外伸；柱头2，丝形。胞果包在花被内，果皮与种子贴生。种子双凸镜状，黑色，有光泽，边缘微钝，表面具六角形细洼；胚环形。4—5月开始开花。

56. 红心藜 *C.album* var.*Centrorubrum*

一年生草本，高30～150 cm。茎直立，粗壮，具条棱及绿色或紫红色色条，多分枝；枝条斜升或开展。叶片菱状卵形至宽披针形，长3～6 cm，宽2.5～5 cm，先端急尖或微钝，基部楔形至宽楔形，上面通常无粉，有时嫩叶的上面有紫红色粉，下面多少有粉，边缘具不整齐锯齿；叶柄与叶片近等长，或为叶片长度的1/2。花两性，花簇于枝上部排列成或大或小的穗状、圆锥状或圆锥状花序；花被5裂片，宽卵形至椭圆形，背面具纵隆脊，有粉，先端或微凹，边缘膜质；雄蕊5枚，花药伸出花被，柱头2。果皮与种子贴生。种子横生，双凸镜状，直径1.2～1.5 mm，边缘钝，黑色，有光泽，表面具浅沟纹；胚环形。花果期5—10月。

57. 土荆芥 *Dysphania. ambrosioides*

一年生或多年生草本，高 50 ～ 80 cm，揉之有强烈臭气；茎直立，多分枝，具条纹，近无毛。叶互生，披针形或狭披针形，下部叶较大，长达 15 cm，宽达 5 cm，顶端渐尖，基部渐狭成短柄，边缘有不整齐的钝齿，上部叶渐小而近全缘，上面光滑无毛，下面有黄色腺点，沿脉稍被柔毛。

58. 尖头叶藜 *C. acuminatum*

一年生草本，高 20 ～ 80 cm。茎直立，具条棱及绿色色条，有时色条带紫红色，多分枝；枝斜生，较细瘦。叶片宽卵形至卵形，茎上部的叶片有时呈卵状披针形，长 2 ～ 4 cm，宽 1 ～ 3 cm，先端急尖或短渐尖，有一短尖头，基部宽楔形、圆形或近截形，上面无粉，浅绿色，下面多少有粉，灰白色，全缘并具半透明的环边；叶柄长 1.5 ～ 2.5 cm。花期 6—7 月，果期 8—9 月。

59. 西伯利亚滨藜 *Atriplex sibirica*

一年生草本植物，高可达 50 cm。茎通常自基部分枝；叶片卵状三角形或菱状卵形，边缘具疏锯齿，上面灰绿色，下面灰白色，有蜜粉；团伞花序腋生；雄花裂片宽卵形至卵形；花丝扁平，花药宽卵形至短矩圆形，雌花的苞片连合成筒状，果时鼓胀，略呈倒卵形，胞果扁平，卵形或近圆形；果皮白色，种子直立，红褐色或黄褐色，6—7 月开花，8—9 月结果。

60. 软毛虫实 *Corispermum puberulum*

一年生草本，植株高 15 ～ 35 cm，茎直立，圆柱形，直径约 3 mm，分枝多集中于茎基部，最下部分枝较长，上升，上部分枝较短，斜展。叶条形，长 2.5 ～ 4 cm，宽 3 ～ 5 mm，先端渐尖具小尖头，基部渐狭，1 脉。果核椭圆形，背部有时具少数瘤状突起或深色斑点；果喙明显，喙尖为喙长的 1/4 ～ 1/3，直立或分叉，果翅宽，为核宽的 1/2 ～ 2/3，薄，不透明，边缘具不规则细齿。花果期 7—9 月。

61. 绳虫实 *C. declinatum*

一年生草本，茎直立，高 15 ～ 50cm，通常高约 35cm，圆柱状，分枝较多，最下部者较长，上升，余者较短，斜展。叶条形，先端渐尖具小尖头，基部渐狭，1 脉。穗状花序顶生和侧生，细长，稀疏，苞片较狭，由条状披针形过渡成狭卵形，先端渐尖，基部圆楔形，1 脉，具白膜质边缘，除上部苞片较果稍宽外均较果窄。花被 1 片，稀有 3 片，近轴花被片宽椭圆形，先端全缘或齿啮状；雄蕊 1 ～ 3 枚，花丝为花被片长的 2 倍。果实无毛，倒卵状矩圆形，顶端急尖，稀近圆形，基部圆楔形，果核狭倒卵形，平滑或具瘤状突起；果翅窄或几近于无翅，全缘或具不规则的细齿。花果期 6—9 月。

62. 烛台虫实 *C. candelabrum*

一年生草本，高 6 ～ 60 cm，通常高约 30 cm，茎直立，圆柱形，果时绿色或紫红色，毛稀疏；分枝多集中于茎基部，上升，有时呈灯架状弯曲。叶条形至宽条形，先端渐尖具小尖头，基部渐狭，1 脉。

穗状花序顶生和侧生，圆柱状或棍棒状，紧密，下部花稍疏离；苞片由条状披针形至卵形和卵圆形，先端渐尖或骤尖，具白膜质边缘。花被 1 片或 3 片，近轴花被片矩圆形或宽倒卵圆形，顶端圆形具不规则细齿；雄蕊 5，较花被片长。果实矩圆状倒卵形或宽椭圆形，顶端圆形，基部近圆形或心脏形，背部凸起中央压扁，腹面扁平或凹入，被毛；果核椭圆形，顶端圆形，基部楔形，背部有时具瘤状突起；果喙粗短，喙尖为喙长的 1/3 ～ 1/2，直立或略分叉，翅明显，为核宽的 1/4 ～ 1/2，不透明，缘较薄，具不规则细齿或全缘。花果期 7—9 月。

63. 地肤 *Bassia scoparia*

一年生草本，高 50 ～ 100 cm。根略呈纺锤形。茎直立，圆柱状，淡绿色或带紫红色，有多数条棱，稍有短柔毛或下部几无毛；分枝稀疏，斜上。叶为平面叶，披针形或条状披针形，长 2 ～ 5 cm，宽 3 ～ 9 mm，无毛或稍有毛，先端短渐尖，基部渐狭入短柄，通常有 3 条明显的主脉，边缘有疏生的锈色绢状缘毛；茎上部叶较小，无柄，1 脉。胞果扁球形，果皮膜质，与种子离生。种子卵形，黑褐色，长 1.5 ～ 2 mm，稍有光泽；胚环形，胚乳块状。花期 6—9 月，果期 7—10 月。

64. 木地肤 *B. prostrata*

半灌木，高 20 ～ 80 cm。木质茎通常低矮，高不过 10 cm，有分枝，黄褐色或带黑褐色；当年枝淡黄褐色或淡红色。叶互生，稍扁平，条形，常数片集聚于腋生短枝而呈簇生状。花两性兼有雌性，通常 2 ～ 3 个团集叶腋，于当年枝的上部或分枝上集成穗状花序。胞果扁球形，果皮厚膜质，灰褐色。种子近圆形，黑褐色，直径 1 ～ 5 mm。花期 7—8 月，果期 8—9 月。

65. 碱地肤 *Kochia. scoparia* var.*sieversiana*

一年生草本，高 10 ～ 60（100）cm。茎直立，自基部分枝，枝斜生，黄绿色或稍带浅红色，枝上端密被白色柔毛，中、下部无毛，秋后植株全部变为红色。叶互生，无柄，倒披针形、披针形或条状披针形，长 2 ～ 5 cm，宽 3 ～ 5 mm，先端尖或稍钝，全缘，两面有毛或无毛。花两性或雌性，通常 1 ～ 2 朵集生于叶腋的束状密毛丛中，多数花于枝上端排列成穗状花序。花被 5 片，果实花被片背部横生出 5 个圆形或椭圆形的短翅，翅具明显脉纹，顶端边缘具钝圆齿。胞果扁球形，包于花被内。

66. 猪毛菜 *Salsola collina*

一年生草本，茎自基部分枝，枝互生，伸展，茎、枝绿色，有白色或紫红色条纹，生短硬毛或近于无毛。叶片丝状圆柱形，伸展或微弯曲，产于东北、华北、西北、内蒙古、西南及西藏、河南、山东、江苏、陕西等地。生长在村边、路边及荒芜场所。

朝鲜、蒙古、苏联、巴基斯坦也有。全草入药，能起到清热平肝、降低血压作用。种子横生或斜生，花期 7—9 月，果期 9—10 月。

67. 碱蓬 *Suaeda glauca*

一年生草本，高可达 1 m。茎直立，粗壮，圆柱状，浅绿色，有条棱，上部多分枝；枝细长，上升或斜伸。叶丝状条形，半圆柱状，通常长 1.5 ～ 5 cm，宽约 1.5 mm，灰绿色，光滑无毛，稍向上弯曲，先端微尖，基部稍收缩。花两性兼有雌性，单生或 2 ～ 5 朵团集，大多着生于叶的近基部处；两性花花被呈杯状，长 1 ～ 1.5 mm，黄绿色；雌花花被近球形，直径约 0.7 mm，较肥厚，灰绿色；花被裂片呈卵状三角形，先端钝，果时增厚，使花被略呈五角星状，干后变黑色；雄蕊 5 枚，花药宽，呈卵形至矩圆形，长约 0.9 mm；柱头 2，黑褐色，稍外弯。胞果包在花被内，果皮膜质。种子横生或斜生，双凸镜形，黑色，直径约 2 mm，周边钝或锐，表面具清晰的颗粒状点纹，稍有光泽；胚乳很少。花果期 7—9 月。

68. 翅碱蓬 *S. salsa*

一年生草本，高 20 ～ 80 cm，绿色，晚秋变红紫色。叶条形或半圆柱形，肉质，翅碱蓬长 1 ～ 3cm，宽 1 ～ 2 mm，先端尖或钝，无柄。花两性或兼有雌性，3 ～ 5 朵簇生于叶腋，构成间断穗状花序；小苞片短于花被，膜质，白色；花被半球形，花被片基部合生，果期背部增厚，基部生三角状或狭翅状突起；雄蕊 5 枚，花药呈卵形或矩圆形；柱头 2。胞果包于花被内，成熟时果皮开裂；种子横生，卵形或近圆形，两面稍压扁，长 0.8 ～ 1.5 mm，黑色，表面有光，基无点纹。

（七）苋科 Amaranthaceae

多年生草本。单叶互生或对生，常全缘；无托叶。花小，常两性，稀单性；排成穗状、头状或圆锥花序；单被花，花被 3 ～ 5 片，干膜质，每花下常有 1 枚干膜质苞片及小苞片；雄蕊常和花被片同数且对生，多为 5 枚，花丝分离或基本连合成杯状；子房上位，由 2 ～ 3 心皮组成1室，1 枚胚珠，基生胎座。果多为胞果，稀为小坚果或浆果。

69. 喜旱莲子草 *Alternanthera philoxeroides*

多年生草本植物。茎基部匍匐，管状，茎老时无毛，叶片矩圆形、矩圆状倒卵形或倒卵状披针形，顶端急尖或圆钝，具短尖，基部渐狭，两面无毛或上面有贴生毛及缘毛，叶柄无毛或微有柔毛。花密生，总花梗的头状花序，单生在叶腋，苞片及小苞片白色，苞片卵形，花被片矩圆形，白色，光亮，无毛，子房呈倒卵形，5—10月开花。

70. 鸡冠花 *Celosia cristata*

一年生直立草本，高 30 ～ 80 cm。全株无毛，粗壮。分枝少，近上部扁平，绿色或带红色，有棱纹凸起。单叶互生，具柄；叶片长 5 ～ 13 cm，宽 2 ～ 6 cm，先端渐尖或长尖，基部渐窄成柄，全缘。中部以下多花；苞片、小苞片和花被片干膜质，宿存；胞果卵形，长约 3 mm，熟时盖裂，包于宿存花被内。种子肾形，黑色，具光泽。

71. 反枝苋 *Amaranthus retroflexus*

一年生草本，高 20 ～ 80 cm，有时达 1 m 多；茎直立，粗壮，单一或分枝，淡绿色，有时具带紫色条纹，稍具钝棱，密生短柔毛。叶片菱状卵形或椭圆状卵形，长 5 ～ 12 cm，宽 2 ～ 5 cm，顶端锐尖或尖凹，有小凸尖，基部楔形，全缘或波状缘，两面及边缘有柔毛，下面毛较密；叶柄长 1.5 ～ 5.5 cm，淡绿色，有时淡紫色，有柔毛。

72. 凹头苋 *A.blitum*

一年生草本，高 10 ～ 30 cm，全体无毛；茎伏卧而上升，从基部分枝，淡绿色或紫红色。叶片卵形或菱状卵形，长 1.5 ～ 4.5 cm，宽 1 ～ 3 cm，顶端凹缺，有 1 芒尖，或微小不显，基部宽楔形，全缘或稍呈波状；叶柄长 1 ～ 3.5 cm。花成腋生花簇，直至下部叶的腋部，生在茎端和枝端者成直立穗状花序或圆锥花序；苞片及小苞片矩圆形，长不及

1 mm；花被片矩圆形或披针形，长 1.2 ～ 1.5 mm，淡绿色，顶端急尖，边缘内曲，背部有 1 隆起中脉；雄蕊比花被片稍短；柱头 3 或 2，果熟时脱落。胞果扁卵形，长 3 mm，不裂，微皱缩而近平滑，超出宿存花被片。种子环形，直径约 12 mm，黑色至黑褐色，边缘具环状边。花期 7—8 月，果期 8—9 月。

73. 皱果苋 *A. viridis*

一年生草本，高 40 ～ 80 cm，全体无毛；茎直立，有不显明棱角，稍有分枝，绿色或带紫色。叶片卵形、卵状矩圆形或卵状椭圆形，顶端尖凹或凹缺，少数圆钝，有 1 个芒尖，基部宽楔形或近截形，全缘或微呈波状缘；种子近球形，直径约 1 mm，黑色或黑褐色，具薄且锐的环状边缘。花期 6—8 月，果期 8—10 月。

74. 北美苋 *A. blitoides*

一年生草本，高 15 ～ 50 cm。茎伏卧或斜生，从基部分枝，绿白色，无毛或近无毛。叶片倒卵形、匙形、倒披针形或长圆状披针形，长 5 ～ 25 mm，宽 3 ～ 10 mm，先端钝或急尖，有凸尖，基部楔形，全缘，两面无毛，上面灰绿色，有光泽；叶柄长 5 ～ 15 mm。花单性，雌花，雄花混生，集成花簇，花簇腋生，比叶柄短；苞片及小苞片披针形，长约 3 mm，先端急尖，有芒尖；花被片通常 4，稀 5，卵状披针形至长圆状披针形，长 1 ～ 2.5 mm，淡绿色，先端稍渐尖，有芒尖；雄蕊 3；柱头 3。胞果椭圆形，长 2 mm，环状开裂，上部带淡红色，近平滑，比最长的花被片短；种子圆形，直径约 1.5 mm，黑色，稍有光泽。花期 8—9 月，果期 9—10 月。

75. 刺苋 *A. spinosus*

一年生草本，高 30 ～ 100 cm；茎直立，圆柱形或钝棱形，多分枝，有纵条纹，绿色或带紫色，无毛或稍有柔毛。叶片菱状卵形或卵状披针形，长 3 ～ 12 cm，宽 1 ～ 5.5 cm，顶端圆钝，具微凸头，基部楔形，全缘，无毛或幼时沿叶脉稍有柔毛；叶柄长 1 ～ 8 cm，无毛，在其旁有 2 根刺，刺长 5 ～ 10 mm。圆锥花序腋生及顶生，长 3 ～ 25 cm，下部顶生花穗常全部为雄花；苞片在腋生花簇及顶生花穗的基部者变成尖锐直刺，长 5 ～ 15 mm，在顶生花穗的上部者狭披针形，长 1.5 mm，顶端急尖，具凸尖，中脉绿色；小苞片狭披针形，长约 1.5 mm；花被片绿色，顶端急尖，具凸尖，边缘透明，中脉绿色或带紫色，雄花者矩圆形，长 2 ～ 2.5 mm，雌花者矩圆状匙形，长 1.5 mm；雄蕊花丝略和花被片等长或较短；柱头 3，有时 2。胞果矩圆形，长 1 ～ 1.2 mm，在中部以下呈不规则横裂，包裹在宿存花被片内。种子近球形，直径约 1 mm，黑色或带棕黑色。花果期 7—11 月。

（八）番杏科 Aizoaceae

番杏科全科为一年生或多年生草本，或为半灌木。茎直立或平卧。单叶对生、互生或假轮生，有时肥厚肉质，有时细小，全缘，稀具疏齿；托叶干膜质，先落或无。花两性，稀杂性，辐射对称，花单生、簇生或成聚伞花序；单被或异被，花被 5 片，稀 4，分离或基部合生，宿存，覆瓦状排列，花被筒与子房分离或贴生；雄蕊 3 ～ 5 枚或多数（排成多轮），周位或下位，分离或基部合生成束，外轮雄蕊有时变为花瓣状或线形，花药 2 室，纵裂；花托扩展成碗状，常有蜜腺，或在子房周围形成花盘；子房上位或下位，心皮 2、5 或多数，合生成 2 至多室，稀离生，花柱同心皮数，胚珠多数，稀单生，弯生、近倒生或基生，中轴胎座或侧膜胎座。蒴果或坚果状，有时为瘦果，常为宿存花被包围；种子具细长弯胚，包围粉质胚乳，常有假种皮。

76. 露花 *Aptenia cordifolia*

多年生常绿草本。茎斜卧，铺散，长 30 ～ 60 cm，有分枝，稍带肉质，无毛，具小颗粒状凸起。叶对生，叶片心状卵形，扁平，长 1 ～ 2 cm，宽约 1 cm，顶端急尖或圆钝具凸尖头，基部圆形，全缘；叶柄长 3 ～ 6 mm。花单个顶生或腋生，直径约 1cm；花梗长 1.2 cm；花萼长 8 mm，裂片 4 个，其中 2 个大，呈倒圆锥形，2 个小，呈线形，宿存；花瓣多数红紫色，匙形，长约 1 cm；雄蕊多数；子房下位，4 室，花柱无，柱头 4 裂。蒴果肉质，星状 4 瓣裂；种子多数。花期 7—8 月。

（九）马齿苋科 Portulacaceae

一年生或多年生草本，稀半灌木。单叶，互生或对生，全缘，常肉质；托叶干膜质或刚毛状，稀不存在。

花两性，整齐或不整齐，腋生或顶生，单生或簇生，或成聚伞花序、总状花序、圆锥花序；萼片 2 个，稀 5 个，草质或干膜质，分离或基部连合；花瓣 4 ～ 5 片，稀有更多，覆瓦状排列，分离或基部稍连合，常有鲜艳色，早落或宿存；雄蕊与花瓣同数，对生，或更多、分离或成束或与花瓣贴生，花丝线形，花药 2 室，内向纵裂；雌蕊 3 ～ 5 枚，心皮合生，子房上位或半下位，1 室，基生胎座或特立中央胎座，有弯生胚珠 1 至多粒，花柱线形，柱头 2 ～ 5 裂，形成内向的柱头面。

蒴果近膜质，盖裂或 2 ～ 3 瓣裂，稀为坚果；种子肾形或球形，多数颗，稀为 2 颗，种阜有或无，胚环绕粉质胚乳，胚乳大多丰富。

77. 马齿苋 *Portulaca oleracea*

一年生草本，全株无毛。茎平卧或斜倚，伏地铺散，多分枝，圆柱形，长 10 ～ 15 cm 淡绿色或带暗红色。茎紫红色，叶互生，有时近对生，叶片扁平，肥厚，倒卵形，似马齿状，长 1 ～ 3 cm，宽 0.6 ～ 1.5 cm，顶端圆钝或平截，有时微凹，基部楔形，全缘，上面暗绿色，下面淡绿色或带暗红色，中脉微隆起；叶柄粗短。

（十）石竹科 Caryophyllaceae

一年生或多年生草本，稀亚灌木。茎节通常膨大，具关节。单叶对生，稀互生或轮生，全缘，基部多少连合；托叶有，膜质，或缺。花辐射对称，排列成聚伞花序或聚伞圆锥花序，稀单生，少数呈总状花序、头状花序。果实为蒴果，长椭圆形、果皮壳质；种子弯生，多数或少数，微扁；种脐通常位于种子凹陷处，稀盾状着生；种皮纸质，稀表面近平滑或种皮为海绵质。

78. 麦瓶草 *Silene conoidea*

一年生草本，高 25 ～ 60 cm，全株被短腺毛。根为主根系，稍木质。茎单生，直立，不分枝。基生叶片匙形，茎生叶片长圆形或披针形，长 5 ～ 8 cm，宽 5 ～ 10 mm，基部楔形，顶端渐尖，两面被短柔毛，边缘具缘毛，中脉明显。二歧聚伞花序具数花；花直立，直径约 20 mm；花萼圆锥形，长 20 ～ 30 mm，直径 3 ～ 4.5 mm，绿色，基部脐形，果期膨大，长达 35mm，下部宽卵状。蒴果梨状，长约 15 mm，直径 6 ～ 8 mm；种子肾形，长约 1.5 mm，暗褐色。花期 5—6 月，果期 6—7 月。

79. 拟漆姑 *Spergularia salina*

一年生草本，高 10～30 cm。茎丛生，铺散，多分枝，上部密被柔毛。叶片线形，长 5～30 mm，宽 1～1.5 mm，顶端钝，具凸尖，近平滑或疏生柔毛；托叶宽三角形，长 1.5～2 mm，膜质。花集生于茎顶或叶腋，成总状聚伞花序，果时下垂；花梗稍短于萼，果时稍伸长，密被腺柔毛；萼片卵状长圆形，长 3.5 mm，宽 1.5～1.8 mm，外面被腺柔毛，具白色宽膜质边缘；花瓣淡粉紫色或白色，卵状长圆形或椭圆状卵形，长约 2 mm，顶端钝；雄蕊 5 枚；子房卵形。蒴果卵形，长 5～6 mm，3 瓣裂。种子近三角形，略扁，长 0.5～0.7 mm，表面有乳头状凸起，多数种子无翅，部分种子具翅。花期 5—7 月，果期 6—9 月。

80. 王不留行 *Vaccaria segetalis*

一年生草本，高 30～70 cm。茎直立，上部叉状分枝，节稍膨大。叶对生，粉绿色，卵状披针形或卵状椭圆形，长 2～9 cm，宽 1.5～2.5 cm，基部稍连合而抱茎。聚伞花序顶生，花梗细长；萼筒有 5 条绿色宽脉，并具 5 棱；花瓣 5，淡红色，倒卵形，先端有不整齐小齿，基部有长爪。蒴果卵形，4 齿裂，包于宿萼内。种子多数，球形，黑色。花期 4—5 月，果期 5—6 月。生于山地、路旁及田间。除华南外，全国各地均产，主产河北。采制果实成熟未裂开时割取全株，晒干，收集种子，晒至足干。生用或炒用。性状种子圆球形，直径 1.5～2 mm。表面黑色，少数红棕色，略有光泽，有细密颗粒状凸起，另有一浅色圆点状肿脐及一浅沟。质坚硬，断面灰白色，角质样。无臭，味微涩苦。

（十一）睡莲科 Nymphaeaceae

多年生水生草本，叶常二型：漂浮叶或出水叶互生，心形至盾形。花两形，辐射对称，单生花梗顶端，坚果或浆果。根茎粗壮，叶宽卵形浮于水面，花单生，花萼 5 片，金黄色，花心红色，花茎伸出水面。花期 7—8 月。浆果卵形，种子黄褐色，果熟期 8～9 月。

81. 莲 *Nelumbo nucifera*

多年生挺水草本植物。根状茎横走，粗而肥厚，节间膨大，内有纵横通气孔道，节部缢缩。叶基生，挺出水面，盾形，直径 30 ～ 90 cm，波状边缘，上面深绿色，下面浅绿色。叶柄有小刺，长 1 ～ 2 m，挺出水面。花单生，直径 10 ～ 25 cm，椭圆花瓣多数，白色或粉红色；花柄长 1 ～ 2 m。花托在果期膨大，直径 5 ～ 10 cm，海绵质。坚果椭圆形和卵圆形，长 1.5 ～ 2.0 cm，灰褐色。种子卵圆形，长 1.2 ～ 1.7cm，种皮红棕色。

82. 睡莲 *Nymphaea tertragona*

多年生浮叶型水生草本植物，根状茎肥厚，直立或匍匐。叶二型，浮水叶浮生于水面，圆形、椭圆形或卵形，先端钝圆，基部深裂成马蹄形或心脏形，叶缘波状全缘或有齿；沉水叶薄膜质，柔弱。花单生，花有大小与颜色之分，浮水或挺水开花；萼片 4 枚，花瓣、雄蕊多。果实为浆果绵质，在水中成熟，不规律开裂；种子坚硬深绿或黑褐色为胶质包裹，有假种皮。品种不同其形态特征也不同。

83. 芡实 *Euryale ferox*

一年生大型水生草本。沉水叶箭形或椭圆肾形，长 4 ～ 10 cm，两面无刺；叶柄无刺；浮水叶革质，椭圆肾形至圆形，直径 10 ～ 130 cm，盾状，有或无弯缺，全缘，下面带紫色，有短柔毛，两面在叶脉分枝处有锐刺；叶柄及花梗粗壮，长可达 25 cm，皆有硬刺。花长约 5 cm；萼片披针形，长 1 ～ 1.5 cm，内面紫色，外面密生稍弯硬刺；花瓣矩圆披针形或披针形，长 1.5 ～ 2 cm，紫红色，成数轮排列，向内渐变成雄蕊；无花柱，柱头红色，成凹入的柱头盘。浆果球形，直径 3 ～ 5 cm，暗紫红色，外面密生硬刺；种子球形，直径 10 余毫米，黑色。花期 7—8 月，果期 8—9 月。

（十二）金鱼藻科 Ceratophyllaceae

多年生沉水草本；无根；茎漂浮，有分枝。叶 4 ～ 12 轮生，硬且脆，1 ～ 4 次二叉状分歧，条形，边缘一侧有锯齿或微齿，先端有 2 刚毛；无托叶。花单性，雌雄同株，微小，单生叶腋，雌雄花异节着生，近无梗；总苞有 8 ～ 12 苞片，先端有带色毛；无花被；雄花有 10 ～ 20 雄蕊，花丝极短，花药外向，纵裂，药隔延长成着色的粗大附属物，先端有 2 ～ 3 齿；雌蕊有 1 心皮，柱头侧生，子房 1 室，有 1 个悬垂直生胚珠，具单层珠被。坚果革质，卵形或椭圆形，平滑或有疣点，边缘有或无翅，先端有长刺状宿存花柱，基部有 2 刺，有时上部还有 2 刺；种子 1 个，具单层种皮，胚乳极少或全无。

84. 金鱼藻 *Ceratophyllum demersum*

多年生沉水草本；茎长 40 ～ 150 cm，平滑，具分枝。叶 4 ～ 12 轮生，1 ～ 2 次二叉状分歧，裂片丝状，或丝状条形，长 1.5 ～ 2 cm，宽 0.1 ～ 0.5 mm，先端带白色软骨质，边缘仅一侧有数细齿。花直径约 2 mm；苞片 9 ～ 12 个，条形，长 1.5 ～ 2 mm，浅绿色，透明，先端有 3 齿及带紫色毛；雄蕊 10 ～ 16 枚，微密集；子房卵形，花柱钻状。坚果宽椭圆形，长 4 ～ 5 mm，宽约 2 mm，黑色，平滑，边缘无翅，有 3 刺，顶生刺（宿存花柱）长 8 ～ 10 mm，先端具钩，基部 2 刺向下斜伸，长 4 ～ 7 mm，先端渐细呈刺状。

（十三）毛茛科 Ranunculaceae

多年生或一年生草本，少有灌木或木质藤本。叶通常互生或基生，少数对生，单叶或复叶，通常掌状分裂，无托叶；叶脉掌状，偶尔羽状，网状连接，少有开放的两叉状分枝。花两性，少有单性，雌雄同株或雌雄异株，辐射对称，稀为两侧对称，单生或组成各种聚伞花序或总状花序。萼片下位，4 ～ 5 个，或较多，或较少，绿色，或花瓣不存在或特化成分泌器官时常较大，呈花瓣状，有颜色。花瓣存在或不存在，下位，4 ～ 5 个，或较多，常有蜜腺并常特化成分泌器官，这时常比萼片小得多，呈杯状、筒状、二唇状，基部常有囊状或筒状的。雄蕊下位，多数，有时少数，螺旋状排列，花药 2 室，纵裂。退化雄蕊有时存在。心皮分生，少有合生，多数、少数或 1 枚，在多少隆起的花托上螺旋状排列或轮生，沿花柱腹面生柱头组织，柱头不明显或明显；胚珠多数、少数至 1 个，倒生。果实为蓇葖或瘦果，少数为蒴果或浆果。种子有小的胚和丰富胚乳。

85. 黄花铁线莲 *Clematis intricata*

草质藤本。茎纤细，多分枝，有细棱，近无毛或有疏短毛。一至二回羽状复叶；小叶有柄，2～3个全裂或深裂，浅裂，中间裂片线状披针形、披针形或狭卵形，长1～4.5 cm，宽0.2～1.5 cm，顶端渐尖，基部楔形，全缘或有少数牙齿，两侧裂片较短，下部常2～3浅裂。聚伞花序腋生，通常为3花，有时单花；花序梗较粗，长1.2～3.5 cm，有时极短，疏被柔毛；中间花梗无小苞片，侧生花梗下部有2片对生的小苞片，苞片叶状，较大，全缘或2～3浅裂至全裂；萼片4，黄色，狭卵形或长圆形，顶端尖，长1.2～2.2 cm，宽4～6 mm，两面无毛，偶尔内面有极稀柔毛，外面边缘有短绒毛；花丝线形，有短柔毛，花药无毛。瘦果呈卵形至椭圆状，扁卵形，长2～3.5 mm，边缘增厚，被柔毛，宿存花柱长3.5～5 cm，被长柔毛。花期6—7月，果期8—9月。

86. 石龙芮 *Ranunculus sceleratus*

一年生草本。须根簇生。茎直立，高10～50 cm，直径2～5 mm，有时粗达1 cm，上部多分枝，具多数节，下部节上有时生根，无毛或疏生柔毛。基生叶多数；叶片肾状圆形，长1～4 cm，宽1.5～5 cm，基部心形，3深裂不达基部，裂片呈倒卵状楔形，不等地2～3裂，顶端钝圆，有粗圆齿，无毛；叶柄长3～15 cm，近无毛。茎生叶多数，下部叶与基生叶相似；上部叶较小，3全裂，裂片披针形至线形，全缘，无毛，顶端钝圆，基部扩大成膜质宽鞘抱茎。

87. 茴茴蒜 *R. chinensis*

一年生草本。须根多数簇生。茎直立粗壮，高20～70 cm，直径在5 mm以上，中空，有纵条纹，分枝多，与叶柄均密生开展的淡黄色糙毛。基生叶与下部叶有长达12 cm的叶柄，为3出复叶，叶片宽卵形至三角形，长3～8 cm，小叶2～3深裂，裂片呈倒披针状楔形，宽5～10 mm，上部有不等的粗齿或缺刻或 2 ～ 3 裂，顶端尖，两面伏生糙毛。花序有较多疏生的花，花梗贴生糙毛。聚合果长圆形，瘦果扁平。花期 5—9 月。

88. 毛茛 *R. japonicus*

多年生草本植物。须根多数簇生。茎直立，高可达 70 cm，叶片圆心形或五角形，基部心形或截形，中裂片倒卵状楔形或宽卵圆形或菱形，两面贴生柔毛，叶柄生开展柔毛。裂片披针形，有尖齿牙或再分裂；聚伞花序有多数花，疏散；花贴生柔毛；萼片椭圆形，生白柔毛；花瓣倒卵状圆形，花托短小，无毛。聚合果近球形，瘦果扁平，4—9 月为花果期。

89. 水葫芦苗 *Halerpestes cymbalaria*

多年生草本。匍匐茎细长，横走。叶多数；叶片纸质，多近圆形，或肾形、宽卵形。花葶 1 ～ 4 条，苞片线形；花小，萼片绿色，卵形，反折；花瓣 5 个，狭椭圆形，与萼片近等长，花丝长约 2 mm；花托圆柱形。聚合果椭圆球形，瘦果小而极多，斜倒卵形。花果期 5—9 月。生于盐碱性沼泽地或湖畔。广泛分布于亚洲和北美的温带。

（十四）十字花科 Cruciferae

一年生、二年生或多年生植物，常具有一种含黑芥子硫苷酸 (Myrosin) 的细胞而产生一种特殊的辛辣气味，多数是草本，很少呈亚灌木状。植株具有各式的毛，毛为单毛、分枝毛、星状毛或腺毛，也有无毛的。根有时膨大成肥厚的块根。茎直立或铺散，有时茎短缩，它的形态在本科中变化较大。叶有二型：基生叶呈旋叠状或莲座状；茎生叶通常互生，有柄或无柄，单叶全缘、有齿或分裂，基部有时抱茎或半抱茎，有时呈各式深浅不等的羽状分裂（如大头羽状分裂）或羽状复叶；通常无托叶。花整齐，两性，少有退化成单性的；花多数聚集成一总状花序，顶生或腋生，偶有单生的。种子一般较小，表面光滑或具纹理，边缘有翅或无翅，有的湿时发黏，无胚乳。

90. 荠菜 *Capsella bursa-pastoris*

高 30 ～ 40 cm，主根瘦长，白色，直下，分枝。茎直立，单一或基部分枝。基生叶丛生，挨地，莲座状、叶羽状分裂，稀全缘，上部裂片三角形，不整齐，顶片特大，叶片有毛，叶耙有翼。茎生叶呈狭披针形或披针形，顶部近呈线形，基部呈耳状抱茎，边缘有缺刻或锯齿，或近于全缘，叶两面生有单一或分枝的细柔毛，边缘疏生白色长睫毛。

91. 碎米荠 *Cardamine occulta*

一年生小草本，高 15 ～ 35 cm。茎直立或斜升，下部有时淡紫色，上部毛渐少。基生叶具叶柄，顶生小叶肾形或肾圆形；茎生叶具短柄；全部小叶两面稍有毛。总状花序生于枝顶，花小，花梗纤细；萼片绿色或淡紫色，长椭圆形，外面有疏毛；花瓣白色，倒卵形。长角果线形，稍扁，无毛；果梗纤细，直立开展。种子椭圆形，顶端有的具明显的翅。花期 2—4 月，果期 4—6 月。

92. 独行菜 *Lepidium apetalum*

一年生或二年生草本，高 5 ～ 30 cm；茎直立，有分枝，无毛或具微小头状毛。基生叶窄匙形，一回羽状浅裂或深裂，长 3 ～ 5 cm，宽 1 ～ 1.5 cm；叶柄长 1 ～ 2 cm；茎上部呈叶线形，有疏齿或全缘。总状花序在果期可延长至 5 cm；萼片早落，卵形，长约 0.8 mm，外面有柔毛；花瓣不存或退化成丝状，比萼片短；雄蕊 2 枚或 4 枚。短角果近圆形或宽椭圆形，扁平，长 2 ～ 3 mm，宽约 2 mm，顶端微缺，上部有短翅，隔膜宽不到 1mm；果梗弧形，长约 3 mm。种子椭圆形，长约 1 mm，平滑，棕红色。花果期 5—7 月。

93. 宽叶独行菜 *L. latifolium*

多年生草本，高 0.3 ～ 1.2 m。茎直立，中上部有分枝。叶呈长圆披针形或广椭圆形，先端短尖，基部呈楔形，边缘具稀锯齿，基部的叶具长柄，茎上部叶无柄，苞片状。总状花序排成圆锥状；花小，花瓣 4 个，白色。果实扁椭圆形。种子宽椭圆形，扁平，光滑。

94. 播娘蒿 *Descurainia sophia*

一年生草本植物，高可达 80 cm，叉状毛，茎生叶为多，茎直立，分枝多，叶片为 3 回羽状深裂，末端裂片呈条形或长圆形，裂片下部叶具柄，上部叶无柄。花序伞房状，萼片直立，早落，长圆条形，花瓣黄色，长圆状倒卵形，长角果圆筒状，无毛，果瓣中脉明显；种子多数，长圆形，4—5 月开花。

95. 小花糖芥 *Erysimum cheiranthoides*

基生叶呈莲座状，无柄，平铺地面，叶片长 2 ～ 4 cm，宽 1 ～ 4 mm，有 2 ～ 3 叉毛；叶柄长 7 ～ 20 mm；茎生叶呈披针形或线形，长 2 ～ 6 cm，宽 3 ～ 9 mm，顶端急尖，基部呈楔形，边缘具深波状疏齿或近全缘，两面具 3 叉毛。总状花序顶生，果期长达 17 cm；萼片呈长圆形或线形，长 2 ～ 3 mm，外面有 3 叉毛；花瓣浅黄色，长圆形，长 4 ～ 5 mm，顶端圆形或截形，下部具爪。长角果圆柱形，长 2 ～ 4 cm，宽约 1 mm，侧扁，稍有棱，具 3 叉毛；果瓣有 1 条不明显中脉；花柱长约 1mm，柱头头状；果梗粗，长 4 ～ 6 mm；种子每室 1 行，种子卵形，长约 1 mm，淡褐色。花期 5 月，果期 6 月。

96. 华北糖芥 *E.macilentum*

一年生草本，高 30 ～ 80 cm。茎直立，通常不分枝或上部分枝，被伏贴 2 ～ 3 叉状毛。基生叶及茎下部叶有明显柄，叶片呈长圆形或长圆状披针形，长 5 ～ 8 cm，宽 6 ～ 14 mm，基部渐狭，先端稍钝，边缘浅波状，有时靠近叶片基部较深裂；茎上部叶较小，无柄或近无柄，有不明显的牙齿，具伏贴 3 ～ 5 叉状毛。总状花序，分枝或不分枝，花后伸长；花梗比萼片稍长；花小，黄色；萼片呈披针形，长约 3 mm，外侧萼片较狭；花瓣线状长圆形或近长圆形，长 4 ～ 5 mm，基部渐狭成爪，先端圆形，稍钝；雄蕊 6 枚，短雄蕊基部有环状蜜腺，外侧开口，长雄蕊无蜜腺；子房无柄，花柱甚短，柱头头状，2 个浅裂。长角果线形，四棱状，长 2.5 ～ 4 cm，宽约 1 mm；果梗开展；果瓣有明显中肋，密生星状毛。种子椭圆形，长约 1 mm，棕色；子叶背倚。

97. 涩芥 *Malcolmia africana*

一年生草本，高 8 ～ 35 cm，密生单毛或叉状硬毛。茎直立或近直立，多分枝。有棱角。叶长圆形，先端圆钝，基部呈楔形，具波状齿或全缘，具柄或无柄。总状花序顶生，果期伸长；萼片呈长圆形；花瓣紫色或粉红色，具长爪。长角果线状圆柱形或近圆柱形，直立，密生短或长分叉毛，或二者间生，或具刚毛；果梗加粗，短。种子长圆形，浅棕色。物不高，分枝较多，能多结果实，利于繁殖，因此它是一种结构较简单，光合作用效率高，生长发育快，具有一定耐旱特点的中生草本植物。

98. 沼生蔊菜 *Rorippa islandica*

一年生或二年生草本，高（10）20 ～ 50 cm，光滑无毛或稀有单毛。茎直立，单一成分枝，下部常带紫色，具棱。基生叶多数，具柄；叶片具羽状深裂或大头羽裂，长圆形至狭长圆形，长 5 ～ 10 cm，宽 1 ～ 3 cm，裂片 3 ～ 7 对，边缘不规则浅裂或呈深波状，顶端裂片较大，基部耳状抱茎，有时有缘毛；茎生叶向上渐小，近无柄，叶片羽状深裂或具齿，基部耳状抱茎。总状花序顶生或腋生，果期伸长，花小，多数，黄色成淡黄色，具纤细花梗，长 3 ～ 5 mm；种子每室 2 行，多数，褐色，细小，近卵形而扁，一端微凹，表面具细网纹；子叶缘倚胚根。花期 4—7 月，果期 6—8 月。

99. 细子蔊菜 *R. cantoniensis*

二年生草本。幼苗子叶阔卵形，先端钝圆，叶基圆形，有长柄。初生叶互生。阔卵形，先端钝圆，叶基阔楔形，全缘，无明显叶脉，有长柄。茎直立或呈铺散状分枝，有时带紫红色。基生叶有柄，羽状深裂或浅裂，裂片 4 ～ 6 对，边缘具钝齿，顶端裂片较大。茎生叶无柄，羽状浅裂，基部略呈耳状抱茎，边缘有不整齐锯齿。花和子实总状花序顶生。花黄色，近无梗，单生于叶状苞片腋部。萼片宽披针形。花瓣倒卵形，稍长于萼片。种子数量极多，细小，扁卵形，红褐色，表面具网纹。花期 3—4 月，果期 4—6 月。

100. 球果蔊菜 *R. globosa*

一年生草本，高 40 ～ 100 cm。茎直立，有分枝，基部木质化，下部有毛或无毛。叶为单叶，长圆形或倒卵状披针形，茎下部叶有柄，大头羽裂或不裂，茎上部叶无柄，不分裂，长 3 ～ 9 cm，宽 1 ～ 3 cm，基部抱茎，两侧具短叶耳，先端渐尖或钝圆，边缘具不整齐的齿裂，两面有毛或无毛。总状花序顶生；花梗长 1 ～ 3 mm；花淡黄色，直径 1 mm；萼片长 1.5 ～ 2 mm，花瓣稍短于萼片；子房 2 室。花期 6 月，果期 7 月。

101. 盐芥 *E.macilentum Eutrema salsugineum*

一年生草本，高 10 ～ 35 cm，无毛。茎于基部或近中部分枝，光滑，基部常淡紫色，基生叶近莲座状，早枯，具柄，叶片呈卵形或长圆形，全缘或具不明显、不整齐小齿；茎生叶无柄，长圆状卵形，下部叶长约 1.5 cm，向上渐小，顶端急尖，基部箭形抱茎，全缘或具不明显小齿。花序花时伞房状，果时伸长成总状；花梗长 2 ～ 4 mm，萼片呈卵圆形，边缘白色膜质，花瓣白色，长圆状倒卵形，顶端钝圆。果柄丝状，斜向上展开；长角果线状，略弯曲，于果梗端内翘，使角果向上直立。种子黄色，椭圆形，花期 4—5 月。

102. 离子草 *Chorispora tenella*

一年生草本，高 15 ～ 40 cm，全株疏生头状短腺毛。茎斜上或铺散。从基部分枝。基生叶有短柄，叶片长圆形，长 3 ～ 4 cm，宽 4 ～ 6 mm；茎下部叶有深波状牙齿；茎上部叶有牙齿或近全缘，疏生头状短腺毛。总状花序稀疏而短，果期伸长；花紫色，萼片淡蓝紫色，具白色边缘，长网形，内侧萼片基部稍呈囊状，长 4 ～ 5 mm；花瓣呈狭倒卵状长圆形或长网状匙形，长 9 ～ 11 mm，基部有长爪，瓣片呈狭倒卵形，长约 4 mm；雄蕊分离，在短雄蕊的内侧基部两侧各有 1 长圆形蜜腺；子房兀柄。长角果细圆柱形，长 1.5 ～ 3 cm，直或稍弯，有横节，不开裂，但逐节脱落，先端有长喙，喙长 10 ～ 20 mm。种子扁平，有边，随节段脱落，每节段有 2 粒种子。花果期 5—8 月。

103. 花旗竿 *Dontostemon dentatus*

一年生或二年生草本，高 10 ～ 60 cm，疏生白色弯曲单毛和长毛，无腺毛。茎直立或斜生，上部分枝。叶互生，茎下部叶有柄，上部叶无柄；叶片呈长圆状披针形或长圆形，长 3 ～ 6 cm，宽 2 ～ 10 mm，两端，数个疏锯齿，两面稍有毛或无毛。总状花序顶生及上部叶腋生，果期伸长；萼片长圆形，直立，长 3 ～ 5 mm，外萼片比内萼片狭，有白色膜质边，稍有毛或近无毛；花瓣紫色或淡紫色，倒卵形，长 8 ～ 10 mm，基部有楔形爪；雄蕊 6 枚，长雄蕊花丝成对合生，花药分离，无蜜腺，短雄蕊离生，其基部每侧各有 1 个蜜腺；子房无毛，花柱短，柱头头状，具 2 个浅裂。长角果线形，无毛，长 4 ～ 5 cm，直径约 1 mm，直立或斜开展，果瓣稍隆起，有明显中脉；果梗长 3 ～ 6 mm，通常有弯曲短柔毛，稀无毛。种子圆形，长 1.5 mm，淡褐色，稍有翅，成 1 行排列；子叶背倚或缘倚。花期 6—7 月，果期 7—8 月。

104. 芝麻菜 *Eruca sativa*

一年生草本植物，高可达 90 cm；茎直立，叶片羽状分裂或不裂，顶裂片呈近圆形或短卵形，有细齿，侧裂片呈卵形或三角状卵形，上部叶无柄，总状花序有多数疏生花；花梗长柔毛；萼片呈长圆形，棕紫色，花瓣黄变白，有紫纹，短倒卵形，果瓣无毛，种子棕色，有棱角。5—6 月开花，7—8 月结果。

105. 诸葛菜 *Orychophragmus violaceus*

一年生或二年生草本，高 10 ～ 50 cm，无毛；茎单一，直立，基部或上部稍有分枝，浅绿色或带紫色。上部叶长圆形或窄卵形，长 4 ～ 9 cm，顶端急尖，基部耳状，抱茎，边缘有不整齐牙齿。花紫色、浅红色或褪成白色，直径 2 ～ 4 cm；花梗长 5 ～ 10 mm；花萼筒状，紫色，萼片长约 3 mm；花瓣宽倒卵形，长 1 ～ 1.5c m，宽 7 ～ 15 mm，密生细脉纹，爪长 3 ～ 6 mm。长角果线形，长 7 ～ 10 cm。种子呈卵形至长圆形，长约 2 mm。稍扁平，黑棕色，有纵条纹。花期 4—5 月，果期 5—6 月。

106. 遏蓝菜 *Thlaspi arvense*

一年生草本，全株无毛，高 15 ～ 40 cm，茎不分枝或少分枝。基生叶早枯萎，倒卵状矩圆形，有柄；茎生叶呈倒披针形或矩圆状披针形，长 3 ～ 6 cm，宽 5.16 mm，先端圆钝，基部箭形，抱茎，两面无毛，无柄。总状花序顶生或腋生；花小，白色；萼片 4 个，近椭圆形；花瓣 4 枚，长约 3 mm，宽约 1 mm，瓣片呈矩圆形，下部渐狭成爪。短角果近圆形或倒宽卵形，长 8 ～ 16 mm，扁平，周围有宽翅，顶端深凹缺，开裂，每室有种子 2 ～ 8 粒。种子宽卵形，棕褐色，表面有颗粒状环纹。花果期 5—7 月。

（十五）景天科 Crassulaceae

草本、半灌木或灌木，常有肥厚、肉质的茎、叶，无毛或有毛。叶不具托叶，互生、对生或轮生，常为单叶，全缘或稍有缺刻，少有为浅裂或为单数羽状复叶的。常为聚伞花序，或为伞房状、穗状、总状或圆锥状花序，有时单生。花两性，或为单性而雌雄异株，辐射对称，花各部常为 5 或其倍数，少有为 3、4、或 6 ～ 32 或其倍数；萼片自基部分离，少有在基部以上合生，宿存；花瓣分离，或多少合生；雄蕊 1 轮或 2 轮，与萼片或花瓣同数或为其 2 倍，分离，或与花瓣或花冠筒部多少合生，花丝丝状或钻形，少有变宽的，花药基生，少有为背着，内向开裂；心皮常与萼片或花瓣同数，分离或基部合生，常在基部外侧有腺状鳞片 1 枚，花柱钻形，柱头头状或不显著，胚珠倒生，有两层珠被，常多数，排成两行沿腹缝线排列，稀少数或一个的。蓇葖有膜质或革质的皮，稀为蒴果；种子小，长椭圆形，种皮有皱纹或微乳头状突起，或有沟槽，胚乳不发达或缺。

107. 大叶落地生根 *Kalanchoe daigremontiana*

多年生肉质草本，高 50 ～ 100 cm，茎单生，直立，褐色，基部木质化。叶对生或轮生，下部叶片较大，常抱茎；根深入土中即可生成新的植株，故名落地生根。粗齿部分容易割伤皮肤。复聚伞花序，顶生，多分枝，花钟形，橙红色。花期一般在每年冬季 12 月至次年 3—4 月。

108. 燕子掌 *Crassula argentea*

多年生常绿肉质亚灌木，株高一年生约为 31 cm，二年生 42 cm，三年生约为 49cm，多年生可达 2 ～ 4 m，主根短粗。茎肥厚，圆柱状，呈绿色或银灰绿色，茎基部 2 年后逐步木质化。叶对生，肥厚肉质，多汁，呈倒卵形、长圆状匙形。花开后多成五瓣，5 ～ 10 朵呈密集圆锥花序，初期为白色，淡粉红色、淡紫红色，通常 10 年后开花，花期 10 ～ 15 d。

109. 瓦松 *Orostachys fimbriata*

本品茎呈细长圆柱形，长 5 ～ 27 cm，直径 2 ～ 6 mm。表面灰棕色，具多数凸起的残留叶基，有明显的纵棱线。叶多脱落。破碎或卷曲，灰绿色。圆锥花序穗状，小花白色或粉红色，花梗长约 5 mm。体轻，质脆，易碎。气微，味酸。

110. 八宝 *Hylotelephium erythrostictum*

多年生草本。块根胡萝卜状。茎直立，高 30 ～ 70 cm，不分枝。叶对生，少有互生或 3 叶轮生，长圆形至卵状长圆形。伞房花序顶生；花密生，直径约 1cm，花梗稍短或同长；萼片 5 个，卵形，长 1.5 mm；花瓣 5 个，白色或粉红色，宽披针形，长 5 ～ 6 mm，渐尖。花期 8—10 月。

111. 景天三七 *Sedum aizoon*

多年生草本。根状茎短，粗茎高 20 ～ 50 cm，有 1 ～ 3 条茎，直立，无毛，不分枝。叶互生，狭披针形、椭圆状披针形至卵状倒披针形，长 3.5 ～ 8 cm，宽 1.2 ～ 2 cm，先端渐尖，基部楔形，边缘有不整齐的锯齿；叶坚实，近革质。聚伞花序有多花，水平分枝，平展，下托以苞叶。萼片 5 个，线形，肉质，不等长，长 3 ～ 5 mm，先端钝；花瓣 5 个，黄色，长圆形至椭圆状披针形，长 6 ～ 10 mm，有短尖；雄蕊 10 枚，较花瓣短；鳞片 5 个，近正方形，长 0.3 mm，心皮 5 个，卵状长圆形，基部合生，腹面凸出，花柱长钻形。蓇葖星芒状排列，长 7 mm；种子椭圆形，长约 1 mm。花期 6—7 月，果期 8—9 月。

（十六）蔷薇科 Rosaceae

草本、灌木或小乔木，有刺或无刺，有时呈攀援状；叶互生，常有托叶；花两性，辐射对称，颜色各种；花托多少中空，花被即着生于其周缘；萼片 4 ～ 5 个，有时具副萼；花瓣 4 ～ 5 或有时缺；雄蕊多数，周位，稀 5 枚或 10 枚；子房由 1 至多个、分离或合生的心皮所成，上位或下位；花柱分离或合生，顶生、侧生或基生；胚珠每室 1 至多颗；果为核果或聚合果，或为多数的瘦果藏于肉质或干燥的花托内，稀蒴果。

112. 朝天委陵菜 *Potentilla supina*

一年生或二年生草本。主根细长，并有稀疏侧根。茎平展，上升或直立，叉状分枝，长 20 ～ 50 cm，被疏柔毛或脱落几无毛。基生叶羽状复叶，有小叶 2 ～ 5 对，间隔 0.8 ～ 1.2 cm，连叶柄长 4 ～ 15 cm，叶柄被疏柔毛或脱落几无毛；小叶互生或对生，无柄，最上面 1 ～ 2 对小叶基部下延与叶轴合生，小叶片长圆形或倒卵状长圆形，通常长 1 ～ 2.5 cm，宽 0.5 ～ 1.5 cm，顶端圆钝或急尖，基部楔形或宽楔形，边缘有圆钝或缺刻状锯齿，两面绿色，被稀疏柔毛或脱落几无毛；茎生叶与基生叶相似，向上小叶对数逐渐减少；基生叶托叶膜质，褐色，外面被疏柔毛或几无毛，茎生叶托叶草质，绿色，全缘，有齿或分裂。

113. 委陵菜 *P. chinensis*

根粗壮，圆柱形，梢木质化。花茎直立或上升，高 20 ～ 70 cm，叶为羽状复叶，有小叶茎生叶托叶草质，绿色，边缘锐裂。伞房状聚伞花序，萼片三角卵形，花瓣黄色，宽倒卵形，顶端微凹，比萼片稍长；花柱近顶生。瘦果卵球形，深褐色，有明显皱纹。花果期 4—10 月。

114. 玫瑰 *Rosa rugosa*

蔷薇科落叶灌木，枝杆多针刺，奇数羽状复叶，小叶 5 ～ 9 个，连叶柄长 5 ～ 13 cm；小叶片椭圆形或椭圆状倒卵形，长 1.5 ～ 4.5 cm，宽 1 ～ 2.5 cm，先端急尖或圆钝，基部圆形或宽楔形，边缘有尖锐锯齿，上面深绿色，无毛，叶脉下陷，有褶皱，下面灰绿色，中脉突起，网脉明显，密被绒毛和腺毛，

有时腺毛不明显；叶柄和叶轴密被绒毛和腺毛；托叶大部贴生于叶柄，离生部分卵形，边缘有带腺锯齿，下面被绒毛。花单生于叶腋，或数朵簇生，苞片卵形，边缘有腺毛，外被绒毛；花梗长 5 ～ 225 mm，密被绒毛和腺毛；花直径 4 ～ 5.5 cm；萼片呈卵状披针形，先端尾状渐尖，常有羽状裂片而扩展成叶状，上面有稀疏柔毛，下面密被柔毛和腺毛；花瓣呈倒卵形，重瓣至半重瓣，芳香，紫红色至白色；花柱离生，被毛，稍伸出萼筒口外，比雄蕊短很多。果扁球形，直径 2 ～ 2.5 cm，砖红色，肉质，平滑，萼片宿存。花期 5—6 月，果期 8—9 月。

115. 多花蔷薇 *R. multiflora*

落叶灌木，高 1 ～ 2 m；枝细长，上升或蔓生，有皮刺。羽状复叶；小叶 5 ～ 9，倒卵状圆形至矩圆形，长 1 ～ 3 cm，宽 0.8 ～ 2 cm，先端急尖或稍钝，基部宽楔形或圆形，边缘具锐锯齿，有柔毛；叶柄和叶轴常有腺毛；托叶大部附着于叶柄上，先端裂片成披针形，边缘篦齿状分裂并有腺毛。伞房花序圆锥状，花数多；花梗有腺毛和柔毛；花白色，芳香，直径 2 ～ 3 cm；花柱伸出花托口外，结合成柱状，几与雄蕊等长，无毛。蔷薇果球形，直径约 6 mm，熟时褐红色，萼脱落。花期 4—5 月，果期 9—10 月。

116. 黄刺玫 *R. xanthina*

落叶灌木。小枝褐色或褐红色，具刺。奇数羽状复叶，小叶常 7 ～ 13 枚，近圆形或椭圆形，边缘有锯齿；托叶小，下部与叶柄连生，先端分裂成披针形裂片，边缘有腺体，近全缘。花黄色，单瓣或兰重瓣，无苞片。果近球形或倒卵圆形，紫褐色或黑褐色：直径 8 ～ 10 mm，无毛，花后萼片反折。花期 4—6 月，果期 7—8 月。

117. 山楂 *Crataegus pinnatifida*

落叶乔木，树皮粗糙，暗灰色或灰褐色；刺长 1 ～ 2 cm，有时无刺；小枝圆柱形，当年生枝紫褐色，无毛或近于无毛，疏生皮孔，老枝灰褐色；冬芽呈三角卵形，先端圆钝，无毛，紫色。叶片呈宽卵形或三角状卵形，稀菱状卵形，长 5 ～ 10 cm，宽 4 ～ 7.5 cm，先端短渐尖，基部截形至宽楔形，通常两侧各有 3 ～ 5 羽状深裂片，裂片呈卵状披针形或带形，先端短渐尖，边缘有尖锐稀疏不规则重锯齿，上面暗绿色有光泽，下面沿叶脉有疏生短柔毛或在脉腋有髯毛，侧脉 6 ～ 10 对，有的达到裂片先端，有的达到裂片分裂处；叶柄长 2 ～ 6 cm，无毛；托叶草质，镰形，边缘有锯齿。

118. 西洋梨 *Pyrua. communis*

乔木，高达 15 m，树冠广圆锥形；小枝有时具刺，叶片卵形、近圆形至椭圆形，伞形总状花序，具花 6 ～ 9 朵，苞片膜质，线状披针形，萼筒外被柔毛，萼片三角披针形，花瓣呈倒卵形，白色；果实呈倒卵形或近球形，绿色、黄色，稀带红晕，具斑点，萼片宿存。花期 4 月，果期 7—9 月。

119. 杜梨 *P. betulifolia*

落叶乔木，枝常有刺。株高 10 m，枝具刺，二年生枝条紫褐色。叶片菱状卵形至长圆卵形，幼叶上下两面均密被灰白色绒毛；叶柄被灰白色绒毛；托叶早落。伞形总状花序，有花 10 ～ 15 朵，花梗被灰白色绒毛，苞片膜质，线形，花瓣白色，雄蕊花药紫色，花柱具毛。果实近球形，褐色，有淡斑点。花期 4 月，果期 8—9 月。

120. 海棠 *Malus spectabilis*

乔木，高可达 8 m；小枝粗壮，圆柱形，幼时具短柔毛，逐渐脱落，老时红褐色或紫褐色，无毛；冬芽卵形，先端渐尖，微被柔毛，紫褐色，有数枚外露鳞片。叶片椭圆形至长椭圆形，长 5 ～ 8 cm，宽 2 ～ 3 cm，先端短渐尖或圆钝，基部宽楔形或近圆形，边缘有紧贴细锯齿；叶柄长 1.5 ～ 2 cm，具短柔毛；托叶膜质，窄披针形，先端渐尖，全缘，内面具长柔毛。花期 4—5 月，果期 8—9 月。

121. 西府海棠 *M. micromalus*

小乔木，高达 2.5 ～ 5 m，树枝直立性强；小枝细弱圆柱形，嫩时被短柔毛，老时脱落，紫红色或暗褐色，具稀疏皮孔；叶片长椭圆形或椭圆形，先端急尖或渐尖，基部楔形稀近圆形，边缘有尖锐锯齿，嫩叶被短柔毛，下面较密，老时脱落；叶柄长 2 ～ 3.5 cm；托叶膜质，线状披针形，先端渐尖，边缘有疏生腺齿，近于无毛，早落。伞形总状花序，有花 4 ～ 7 朵，集生于小枝顶端，苞片膜质，线状披针形，早落；萼筒外面密被白色长绒毛，萼片三角卵形、三角披针形至长卵形，先端急尖或渐尖，内面被白色绒毛，外面较稀疏，萼片与萼筒等长或稍长；花瓣近圆形或长椭圆形，长约 1.5 cm，基部有短爪，粉红色；雄蕊约 20 枚，花丝长短不等，比花瓣稍短；花柱 5，基部具绒毛，约与雄蕊等长。果实近球形，直径 1 ～ 1.5 cm，红色，萼洼梗洼均下陷，萼片多数脱落，少数宿存。花期 4—5 月，果期 8—9 月。

122. 紫叶李 *Prunus cerasifera* f.*atropurpurea*

灌木或小乔木，高可达 8 m；多分枝，枝条细长，小枝暗红色，无毛；叶片椭圆形、卵形或倒卵形，极稀椭圆状披针形，先端急尖，基部楔形或近圆形，边缘有圆钝锯齿，有时混有重锯齿，上面深绿色，无毛，叶柄长 6 ～ 12 mm，通常无毛或幼时微被短柔毛，无腺；托叶膜质，披针形，先端渐尖，边有带腺细锯齿，早落。花 1 朵，稀有 2 朵；无毛或微被短柔毛；花直径 2 ～ 2.5 cm；萼呈筒钟状，萼片呈长卵形，先端圆钝，边有疏浅锯齿，与萼片近等长，花瓣白色，长圆形或匙形，边缘波状，基部楔形，着生在萼筒边缘；雄蕊 25 ～ 30 枚，花丝长短不等，紧密地排成不规则 2 轮，比花瓣稍短；雌蕊 1 枚，心皮被长柔毛，柱头盘状，花柱比雄蕊稍长，基部被稀长柔毛。核果近球形或椭圆形，长宽几相等，直径 1 ～ 3 cm，黏核；核椭圆形或卵球形，先端急尖，浅褐带白色，表面平滑或粗糙或有时呈蜂窝状，背缝具沟，腹缝有时扩大具 2 侧沟。花期 4 月，果期 8 月。

123. 稠李 *Prunus padus*

落叶乔木，高可达 15m；树皮粗糙而多斑纹，老枝紫褐色或灰褐色，有浅色皮孔；叶片椭圆形、长圆形或长圆倒卵形，托叶膜质，线形，先端渐尖，边有带腺锯齿，早落。总状花序具有多花，长 7 ～ 10 cm，基部通常有 2 ～ 3 叶。核果呈卵球形，顶端有尖头。花期 4—5 月，果期 5—10 月。

124. 山桃 *Amygdalus davidiana*

桃属乔木，高可达 10m；树冠开展，小枝细长，叶片卵状披针形，先端渐尖，两面无毛，叶边锯齿；叶柄无毛，花单生，先于叶开放，花萼无毛；萼筒钟形；萼片卵形至卵状长圆形，紫色，花瓣倒卵形或近圆形，粉红色，果实近球形，淡黄色，果肉薄而干，不可食，成熟时不开裂；3—4 月开花，7—8 月结果。

125. 碧桃 *P.persica'Duplex'*

落叶小乔木，高可达 8 m，一般整形后控制在 3 ～ 4 m。树冠广卵形，树皮灰褐色。枝条红褐色，无毛。单叶椭圆状或披针形。花单生或两朵生于叶腋。花有单瓣、半重瓣和重瓣，春季先叶或与叶同时开放；花色有白、粉红、红和红白相间等色。果实形状和大小均有变异，卵形、宽椭圆形或扁圆形，直径 5 ～ 7 cm，长几与宽相等，色泽变化由淡绿白色至橙黄色，常在向阳面具红晕，外面密被短柔毛，稀无毛，腹缝明显，果梗短而深入果洼；果肉白色、浅绿白色、黄色、橙黄色或红色，多汁有香味，甜或酸甜；核大，离核或黏核，椭圆形或近圆形，两侧扁平，顶端渐尖，表面具纵、横沟纹和孔穴；种仁味苦，稀味甜。花期 3—4 月，核果呈广卵圆形，成熟期因品种而异，通常为 8—9 月。

126. 杏 *Armeniaca vulgaris*

落叶乔木。地生，植株无毛。叶互生，阔卵形或圆卵形叶子，边缘有钝锯齿；近叶柄顶端有二腺体；淡红色花单生或 2 ～ 3 个同生，白色或微红色。圆、长圆或扁圆形核果，果皮多为白色、黄色至黄红色，向阳部常具红晕和斑点；暗黄色果肉，味甜多汁；核面平滑没有斑孔，核缘厚而有沟纹。种仁多苦味或甜味。花期 3—4 月，果期 6—7 月。

127. 山杏 *A. sibirica*

灌木或小乔木，高 2 ～ 5 m；树皮暗灰色；小枝无毛，稀幼时疏生短柔毛，灰褐色或淡红褐色。叶片卵形或近圆形，长 5 ～ 10 cm，宽 4 ～ 7 cm，先端长渐尖至尾尖，基部圆形至近心形，叶缘有细钝锯齿，两面无毛，稀下面脉腋间具短柔毛；叶柄长 2 ～ 3.5 cm，无毛，有或无小腺体。花单生，直径 1.5 ～ 2 cm，先于叶开放；花梗长 1 ～ 2 mm；花萼紫红色；萼筒钟形，基部微被短柔毛或无毛；萼片长圆状椭圆形，先端尖，花后反折；花瓣近圆形或倒卵形，白色或粉红色；雄蕊与花瓣近等长；子房被短柔毛。果实扁球形，直径 1.5 ～ 2.5 cm，黄色或橘红色，有时具红晕，被短柔毛；果肉较薄而干燥，成熟时开裂，味酸涩不可食，成熟时沿腹缝线开裂；核扁球形，易与果肉分离，两侧扁，顶端圆形，基部一侧偏斜，不对称，表面较平滑，腹面宽而锐利种仁味苦。花期 3—4 月，果期 6—7 月。

128. 平枝栒子 *Cotoneaster horizontalis*

半常绿匍匐灌木，高 0.5 m 以下。小枝排成两列，幼时被糙伏毛。叶片近圆形或宽椭圆形，稀倒卵形，先端急尖，基部楔形，全缘，上面无毛，下面有稀疏伏贴柔毛；叶柄被柔毛；托叶钻形，早落。花 1 ～ 2 朵顶生或腋生，近无梗，花瓣粉红色，倒卵形，先端圆钝；雄蕊约 12 枚；子房顶端有柔毛，离生。果近球形，鲜红色。花期 5—6 月，果期 9—10 月。

（十七）豆科 Leguminosae

乔木、灌木、亚灌木或草本，直立或攀援，常有能固氮的根瘤。叶常绿或落叶，通常互生，稀对生，常为一回或二回羽状复叶，少数为掌状复叶或 3 小叶、单小叶，或单叶，罕可变为叶状柄，叶具叶柄或无；托叶有或无，有时叶状或变为棘刺。花两性，稀单性，辐射对称或两侧对称，通常排成总状花序、聚伞花序、穗状花序、头状花序或圆锥花序；花被 2 轮；萼片（3 ～）5（6），分离或连合成管，有时呈二唇形，稀退化或消失；花瓣（0 ～）5（6），常与萼片的数目相等，稀较少或无，分离或连合成具花冠裂片的管，大小有时可不等，或有时构成蝶形花冠，近轴的（adaxil）1 片称旗瓣，侧生的 2 片称翼瓣，远轴的（abaxil）2 片常合生，称龙骨瓣，遮盖住雄蕊和雌蕊；雄蕊通常 10 枚，有时 5 枚或多数（含羞草亚科），分离或连合成管，单体或二体雄蕊，花药 2 室，纵裂或有时孔裂，花粉单粒或常联成复合花粉；雌蕊通常由单心皮所组成，稀较多且离生，子房上位，1 室，基部常有柄或无，沿腹缝线具侧膜胎座，胚珠 2 至多颗，悬垂或上升，排成互生的 2 列，为横生、倒生或弯生的胚珠；花柱和柱头单一，顶生。果为荚果，形状种种，成熟后沿缝线开裂或不裂，或断裂成含单粒种子的荚节；种子通常具革质或有时膜质的种皮，生于长短不等的珠柄上，有时由珠柄形成似肉质的假种皮，胚大，内胚乳无或极薄。

129. 合欢 *Albizia julibrissin*

落叶乔木，夏季开花，头状花序，合瓣花冠，雄蕊多条，淡红色。荚果条形，扁平，不裂。高 4 ～ 15 m。树冠开展；小枝有棱角，嫩枝、花序和叶轴被绒毛或短柔毛。托叶线状披针形；头状花序于枝顶排成圆锥花序；花粉红色；花萼管状，花期 6—7 月，果期 8—10 月。

130. 紫荆 *Cercis chinensis*

从生或单生灌木，高 2 ～ 5 m；树皮和小枝灰白色。叶纸质，近圆形或三角状圆形，长 5 ～ 10 cm，宽与长相若或略短于长，先端急尖，基部浅至深心形，两面通常无毛，嫩叶绿色，仅叶柄略带紫色，叶缘膜质透明，新鲜时明显可见。花紫红色或粉红色，2 ～ 10 余朵成束，簇生于老枝和主干上，尤以主干上花束较多，越到上部幼嫩枝条则花越少，通常先于叶开放，但嫩枝或幼株上的花则与叶同时开放，花长 1 ～ 1.3 cm；花梗长 3 ～ 9 mm；龙骨瓣基部具深紫色斑纹；子房嫩绿色，花蕾时光亮无毛，后期则密被短柔毛，有胚珠 6 ～ 7 颗。花期 3—4 月，果期 8—10 月。

131. 槐 *Sophora japonica*

落叶乔木，高达 25 m；树皮灰褐色，具纵裂纹。羽状复叶长达 25 m；叶轴初被疏柔毛，叶柄基部膨大托叶形状多变，小叶 4 ～ 7 对，对生或近互生，纸质，卵状披针形或卵状长圆形，先端渐尖，具小尖头，基部宽楔形或近圆形，稍偏斜，小托叶 2 枚，钻状。圆锥花序顶生，常呈金字塔形，花梗比花萼短，小苞片 2 枚，花萼呈浅钟状，圆形或钝三角形，被灰白色短柔毛，萼管近无毛；花冠白色或淡黄色，旗瓣近圆形，长和宽约 11 mm，具短柄，有紫色脉纹，先端微缺，基部浅心形，先端浑圆，基部斜戟形，无皱褶，龙骨瓣阔卵状长圆形，与翼瓣等长，宽达 6 mm；雄蕊近分离，宿存；子房近无毛。荚果串珠状，种子卵球形，淡黄绿色，干后黑褐色。花期 6—7 月，果期 8—10 月

132. 白刺花 *Sophora davidii*

灌木或小乔木，高 1 ～ 2 m，有时 3 ～ 4 m。枝多开展，小枝初被毛，白刺花旋即脱净，不育枝末端明显变成刺，有时分叉。羽状复叶；托叶钻状，部分变成刺，疏被短柔毛，宿存；小叶 5 ～ 9 对，形态多变，一般为椭圆状卵形或倒卵状长圆形，长 10 ～ 15 mm，先端圆或微缺，常具芒尖，基部钝圆形，上面几无毛，下面中脉隆起，疏被长柔毛或近无毛。花期 3—8 月，果期 6—10 月。

133. 苦参 *S. flavescens*

草本或亚灌木，稀呈灌木状，通常高 1 m 左右，稀达 2 m。茎具纹棱，幼时疏被柔毛，后无毛。羽状复叶长达 25cm；托叶披针状线形，渐尖，长 6 ～ 8 mm；荚果长 5 ～ 10 cm，种子间稍缢缩，呈不明显串珠状，稍四棱形，疏被短柔毛或近无毛，成熟后开裂成 4 瓣，有种子 1 ～ 5 粒；种子长卵形，稍压扁，深红褐色或紫褐色。花期 6—8 月，果期 7—10 月。

134. 紫苜蓿 *Medicago sativa*

多年生草本，多分枝，高 30 ～ 100 cm。叶具 3 小叶；小叶呈倒卵形或倒披针形，长 1 ～ 2 cm，宽约 0.5 cm，先端圆，中肋稍突出，上部叶缘有锯齿，两面有白色长柔毛；小叶柄长约 1 mm，有毛；托叶披针形，先端尖，有柔毛，长约 5 mm。总状花序腋生；花萼有柔毛，萼齿狭披针形，急尖；花冠紫色，长于花萼。荚果螺旋形，有疏毛，先端有喙，有种子数粒；种子肾形，黄褐色。

135. 天蓝苜蓿 *M. lupulina*

苜蓿属多年生草本植物。高可达 60 cm，全株被柔毛或有腺毛。主根浅，须根发达。茎平卧或上升，多分枝，叶茂盛。羽状三出复叶；托叶呈卵状披针形；小叶呈倒卵形、阔倒卵形或倒心形。花序小头状，总花梗细，挺直，比叶长，密被贴伏柔毛；苞片刺毛状，甚小；花冠黄色，旗瓣近圆形。荚果肾形，表面具同心弧形脉纹，被稀疏毛，熟时变黑；有种子 1 粒。种子呈卵形，褐色，平滑。花期 7—9 月，果期 8—10 月。

136. 草木樨 *Melilotus officinalis*

二年生或一年生草本。主根深达 2 m 以下。茎直立，多分枝，高 50 ～ 120 cm，最高可达 2 m 以上；羽状三出复叶，小叶椭圆形或倒披针形，长 1 ～ 1.5cm，宽 3 ～ 6 mm，先端钝，基部楔形，叶缘有疏齿，托叶条形；总状花序腋生或顶生，长而纤细，花小，长 3 ～ 4 mm，花萼钟状，具 5 齿，花冠蝶形，黄色，旗瓣长于翼瓣。荚果卵形或近球形，长约 3.5 mm，成熟时近黑色，具网纹，含种子 1 粒。

137. 细齿草木樨 *M. dentatus*

一年生或越冬生，丛生而有主茎的豆科牧草，茎秆直立，环境条件较好时能形成较大的株丛。与草木樨（*Melilotus*）的其他种比较，以少含香豆素为优点。据分析细齿草木樨所含香豆素为干物质的 0.01% ～ 0.03%，而黄花草木樨（*M. arvensis*）为 0.84% ～ 1.22%，白花草木樨（*M. albus*）为 1.05% ～ 1.40%。细齿草木樨春季萌发早，生长期长，黄河中下游地区 8 月中旬至 9 月上旬开花，9 月中下旬种子陆续成熟，部分种子直至下霜仍不能成熟。细齿草木樨为中生植物，生长于低湿的生境，能忍耐轻盐渍化土壤。在东北西部、内蒙古中、东部见于低湿地草甸或湖滨的轻盐渍化草甸土上；在华北平原偶尔散见于村庄附近及田边、道旁；在宁夏黄河中游两岸，有时候大量出现，组成以细齿草木樨为建群种的河漫滩草甸。夏秋季节，花繁叶茂，蔚为壮观。

138. 紫穗槐 *Amorpha fruticosa*

豆科落叶灌木，高 1 ～ 4m。枝褐色、被柔毛，后变无毛，叶互生，基部有线形托叶，穗状花序密被短柔毛，花有短梗；花萼被疏毛或几无毛；旗瓣心形，紫色。荚果下垂，微弯曲，顶端具小尖，棕褐色，表面有凸起的疣状腺点。花果期 5—10 月。

139. 紫藤 *Wisteria sinensis*

落叶藤本。茎右旋，枝较粗壮，嫩枝被白色柔毛，后秃净；冬芽呈卵形。奇数羽状复叶长 15 ～ 25 cm；托叶线形，早落；荚果倒披针形，长 10 ～ 15 cm，宽 1.5 ～ 2 cm，密被绒毛，悬垂枝上不脱落，有种子 1 ～ 3 粒；种子褐色，具光泽，圆形，宽 1.5 cm，扁平。花期 4 月中旬至 5 月上旬，果期 5—8 月。

140. 刺槐 *Robinia pseudoacacia*

落叶乔木，高 10 ～ 25 m；树皮灰褐色至黑褐色，浅裂至深纵裂，稀光滑。小枝灰褐色，幼时有棱脊，微被毛，后无毛；具托叶刺，长达 2 cm；冬芽小，被毛。羽状复叶长 10 ～ 25（40）cm；叶轴上面具沟槽；花冠白色，各瓣均具瓣柄，旗瓣近圆形，长 16 mm，宽约 19 mm，先端凹缺，基部圆，反折，内有黄斑，翼瓣斜倒卵形，与旗瓣几等长，长约 16 mm，基部一侧具圆耳，龙骨瓣镰状，三角形，与翼瓣等长或稍短，前缘合生，先端钝尖；雄蕊二体，对旗瓣的 1 枚分离；花期 4—6 月，果期 8—9 月。

141. 毛花槐 *Robinia hispida*

刺槐属落叶灌木，高 1 ～ 3 m。幼枝密被紫红色硬腺毛及白色曲柔毛，二年生枝密被褐色刚毛，叶轴被刚毛及白色短曲柔毛，上有沟槽，小叶 5 ～ 7（8）对，椭圆形、卵形、阔卵形至近圆形。总状花序腋生，花 3 ～ 8 朵，苞片呈卵状披针形，花萼紫红色，斜钟形，花冠红色至玫瑰红色，花瓣具柄，旗瓣近肾形。雄蕊二体，花药椭圆形，子房近圆柱形，密布腺状突起，沿缝线微被柔毛，柱头顶生，胚珠数多，荚果呈线形，果颈短，有种子 3 ～ 5 粒。

花期 5—6 月，果期 7—10 月。

142. 米口袋 *Gueldenstaedtia multiflora*

多年生草本，主根圆锥状。分茎极缩短，叶及总花梗于分茎上丛生。托叶宿存，下面的阔三角形，上面的狭三角形，基部合生，外面密被白色长柔毛；叶在早春时长仅 2 ～ 5 cm，夏秋间可长达 15 cm，个别甚至可达 23 cm，早生叶被长柔毛，后生叶毛稀疏，甚几至无毛；叶柄具沟；小叶 7 ～ 21 片，椭圆形到长圆形，卵形到长卵形，有时披针形，顶端小叶有时为倒卵形，基部圆，先端具细尖，急尖、钝、微缺或下凹成弧形。伞形花序有 2 ～ 6 朵花；总花梗具沟，被长柔毛，花期较叶稍长，花后约与叶等长或短于叶长；苞片呈三角状线形，长 2 ～ 4 mm，花梗长 1 ～ 3.5 mm；花冠紫堇色，倒卵形，全缘，先端微缺，基部渐狭成瓣柄，斜长倒卵形，具短耳，瓣柄长 3 mm，龙骨瓣长 6 mm，宽 2 mm，倒卵形，瓣柄长 2.5 mm。花期 4 月，果期 5—6 月。

143. 少花米口袋 *G. verna*

多年生草本，主根直下，分茎具宿存托叶。叶长 2 ～ 20 cm；托叶三角形，基部合生；叶柄具沟，被白色疏柔毛；小叶 7 ～ 19 片，长椭圆形至披针形，长 0.5 ～ 2.5 cm，宽 1.5 ～ 7 mm，钝头或急尖，先端具细尖，两面被疏柔毛，有时上面无毛。伞形花序有花 2 ～ 4 朵，总花梗约与叶等长；苞片长三角形，长 2 ～ 3 mm；小苞片线形，长约为萼筒的 1/2；花萼钟状，被白色疏柔毛；萼齿披针形，上 2 萼齿约与萼筒等长，下 3 萼齿较短小，最下一片最小；花冠红紫色，旗瓣卵形，端微缺，基部渐狭成瓣柄，翼瓣瓣片倒卵形具斜截头，长 11 mm，具短耳，瓣柄长 3 mm，龙骨瓣瓣片呈倒卵形；子房呈椭圆状，密被疏柔毛，花柱无毛，内卷。荚果呈长圆筒状，被长柔毛，成熟时毛稀疏，开裂。种子呈圆肾形，不深凹点。花期 5 月，果期 6—7 月。

144. 糙叶黄耆 *Astragalus scaberrimus*

多年生草本，密被白色伏贴毛。根状茎短缩，多分枝，木质化；地上茎不明显或极短，有时伸长而匍匐。羽状复叶有 7 ～ 15 片小叶，长 5 ～ 17 cm；叶柄与叶轴等长或稍长；托叶下部与叶柄贴生，长 4 ～ 7 mm，上部呈三角形至披针形；小叶呈椭圆形或近圆形，有时呈披针形，长 7 ～ 20 mm，宽 3 ～ 8 mm，先端锐尖、渐尖，有时稍钝，基部宽楔形或近圆形，两面密被伏贴毛。总状花序生 3 ～ 5 花，排列紧密或稍稀疏；总花梗极短或长达数厘米，腋生；花梗极短；苞片呈披针形，较花梗长；花萼管状，长 7 ～ 9 mm，被细伏贴毛，萼齿呈线状披针形，与萼筒等长或稍短；花冠淡黄色或白色。花期 4—8 月，果期 5—9 月。

145. 直立黄耆 *A. adsurgens.*

多年生草本，高 20 ～ 100 cm。根较粗壮，暗褐色，有时有长主根。茎多数或数个丛生，直立或斜上，有毛或近无毛。羽状复叶有 9 ～ 25 片小叶，叶柄较叶轴短；托叶三角形，渐尖，基部稍合生或有时分离，长 3 ～ 7 mm；小叶呈长圆形、近椭圆形或狭长圆形，长 10 ～ 25（35）mm，宽 2 ～ 8 mm，基部圆形或近圆形，有时稍尖，上面疏被伏贴毛，下面较密。总状花序长圆柱状、穗状、稀近头状，生多数花，排列密集，有时较稀疏。

146. 草木樨状黄耆 *A. melilotoides*

多年生草本。主根粗壮。茎直立或斜生，高 30 ～ 50 cm，多分枝，具条棱，被白色短柔毛或近无毛。羽状复叶有 5 ～ 7 片小叶，长 1 ～ 3 cm ；叶柄与叶轴近等长。总状花序生多数花，稀疏 ；总花梗远较叶长 ；花小；苞片小，披针形，长约 1 mm。荚果宽倒卵状球形或椭圆形，先端微凹；种子 4 ～ 5 粒，肾形，暗褐色，长约 1 mm。花期 7—8 月，果期 8—9 月。

147. 甘草 *Glycyrrhiza uralensis*

多年生草本，茎直立，多分枝，高 30 ～ 120 cm，密被鳞片状腺点、刺毛状腺体及白色或褐色的绒毛。叶长 5 ～ 20 cm，托叶三角状披针形，两面密被白色短柔毛；叶柄密被褐色腺点和短柔毛；小叶 5 ～ 17 枚，卵形、长卵形或近圆形，两面均密被黄褐色腺点及短柔毛，顶端钝，具短尖，基部圆，边缘全缘或微呈波状，多少反卷。总状花序腋生，具多数花，总花梗短于叶，密生褐色的鳞片状腺点和短柔毛；苞片长圆状披针形；花萼钟状，密被黄色腺点及短柔毛，基部偏斜并膨大呈囊状；花冠紫色、白色或黄色，旗瓣呈长圆形，顶端微凹，基部具短瓣柄，翼瓣短于旗瓣，龙骨瓣短于翼瓣；子房密被刺毛状腺体。荚果弯曲呈镰刀状或呈环状，密集成球，密生瘤状突起和刺毛状腺体。种子 3 ～ 11 粒，暗绿色，圆形或肾形，长约 3 mm。花期 6—8 月，果期 7—10 月。

148. 刺果甘草 *G. pallidiflora*

多年生草本。茎直立，多分枝，高 1 ～ 1.5 m，具条棱，密被黄褐色鳞片状腺点，几无毛。叶长 6 ～ 20 cm；托叶披针形，长约 5 mm；根和根状茎无甜味。叶长 6 ～ 20 cm，叶柄无毛，总状花序腋生，花密集呈球状；花冠淡紫色、紫色或淡紫红色，果序呈椭圆状，荚果呈卵圆形，种子 2 粒，黑色，圆肾形。花期 6—7 月，果期 7—9 月。

149. 锦鸡儿 *Caragana sinica*

灌木，高 1 ～ 2 m。树皮深褐色；小枝有棱，无毛。托叶三角形，硬化成针刺，长 5 ～ 7 mm；叶轴脱落或硬化成针刺，针刺长 7 ～ 15（25）mm；花单生，花梗长约 1 cm，中部有关节；花萼钟状，长 12 ～ 14 mm，宽 6 ～ 9 mm，基部偏斜；花冠黄色，常带红色，长 2.8 ～ 3 cm，旗瓣狭倒卵形，具短瓣柄，翼瓣稍长于旗瓣，瓣柄与瓣片近等长，耳短小，龙骨瓣宽钝；子房无毛。花期 4—5 月，果期 7 月。

150. 达乌里胡枝子 *Lespedeza davurica*

草本状半灌木，高 20 ～ 60 cm。茎单一或数个簇生，通常稍斜升。羽状三出复叶，小叶呈披针状长圆形，长 1.5 ～ 3cm，宽 5 ～ 10 mm，先端圆钝，有短刺尖，基部圆形，全缘，有平伏柔毛。总状花序腋生，较叶短或与叶等长；萼筒杯状，萼齿刺具曲状；花冠蝶形，黄白色至黄色。荚果小，包于宿存萼内，倒卵形或长倒卵形，两面凸出，伏生白色柔毛。

151. 细梗胡枝子 *L. virgata*

小灌木，高 25 ～ 50 cm，有时可达 1m。羽状复叶具 3 小叶；小叶椭圆形、长圆形或卵状长圆形，总状花序腋生，通常具 3 朵稀疏的花；苞片及小苞片披针形，花萼狭钟形，旗瓣，基部有紫斑，荚果近圆形，通常不超出萼。花期 7—9 月，果期 9—10 月。

152. 鸡眼草 *Kummerowia striata*

一年生草本，常多分枝。叶为三出羽状复叶；托叶膜质，

大而宿存，通常比叶柄长。花通常 1 ～ 2 朵簇生于叶腋，稀 3 朵或更多，小苞片 4 枚生于花萼下方，其中有一枚较小；花小，旗瓣与翼瓣近等长，通常均较龙骨瓣短，正常花的花冠和雄蕊管在果时脱落，闭锁花或不发达花冠，雄蕊管和花柱在成果时与花托分离连在荚果上，至后期才脱落；雄蕊二体 (9+1)；子房有 1 胚珠。荚果扁平，具 1 节，1 种子，不开裂。

153. 长萼鸡眼草 *K. stipulacea*

一年生草本，高 7 ～ 15 cm。茎平伏，上升或直立，多分枝，茎和枝上被疏生向上的白毛，有时仅节处有毛。叶为三出羽状复叶；托叶卵形，边缘通常无毛；叶柄短；小叶纸质，倒卵形、宽倒卵形或倒卵状楔形，先端呈微凹或近截形，基部呈楔形，全缘；下面中脉及边缘有毛，侧脉多而密。花常 1 ～ 2

朵腋生；小苞片 4 个，较萼筒稍短、稍长或近等长，生于萼下，其中 1 枚很小，生于花梗关节之下，常具 1 ～ 3 条脉；花梗有毛；花萼膜质，阔钟形，5 裂，裂片宽卵形，有缘毛；花冠上部暗紫色，旗瓣椭圆形，先端微凹，下部渐狭成瓣柄，较龙骨瓣短，翼瓣狭披针形，与旗瓣近等长，龙骨瓣钝，上面有暗紫色斑点；雄蕊二体 (9+1)。荚果呈椭圆形或卵形，稍侧偏，长约 3 mm，较萼长 1.5 ～ 3 倍。花期 7—8 月，果期 8—10 月。

154. 歪头菜 *Vicia unijuga*

多年生草本，高 40 ～ 100 cm。根茎粗壮近木质，主根长达 8 ～ 9 cm，直径 2.5 cm，须根发达，表皮黑褐色。通常数茎丛生，具棱，疏被柔毛，老时渐脱落，茎基部表皮红褐色或紫褐红色。总状花序，单一稀有，分支呈圆锥状复总状花序，明显长于叶；花 8 ～ 20 朵一面向密集于花序轴上部；花萼紫色，无毛或近无毛，花冠蓝紫色、紫红色或淡蓝色，长 1 ～ 1.6cm，旗瓣呈倒提琴形。荚果呈扁、长圆形，无毛，表皮棕黄色，近革质，两端渐尖，先端具喙，成熟时腹背开裂，果瓣扭曲。种子 3 ～ 7 粒，扁圆球形，直径 0.2 ～ 0.3cm，种皮黑褐色，革质，种脐长相当于种子周长 1/4。花期 6—7 月，果期 8—9 月。

155. 三齿萼野豌豆 *V. bungei*

托叶半边箭形，长 2 ～ 3mm，具锐齿；小叶 6 ～ 10 个，长圆形或狭倒卵状长圆形，长 10 ～ 24 mm，宽 3 ～ 8 mm，先端截形或微凹，有小突尖，基部钝圆或宽楔形，下面疏被柔毛。总状花序腋生，较叶长，具 2 ～ 4 花；总花梗疏被柔毛；花生于一侧，长 20 ～ 23（27）mm；花梗被疏毛，长 2 ～ 3 mm，萼斜钟形，长 7 ～ 8mm，外面疏被柔毛，萼齿卵状披针形，最下面的齿较长，约为萼筒的 1/2；花冠蓝紫色；旗瓣披针形，长达 23 mm，先端凹；翼瓣长约 18 mm，有爪及耳；龙骨瓣长约 15 mm，有爪；子房具柄，背腹缝线上具金黄色毛，花柱上部被长柔毛。荚果稍扁平，长圆形，长 25 ～ 35 mm，宽 6 ～ 8 mm，含 3 ～ 8 粒种子。种子呈球形，直径约 3 mm。花期 4—5 月，果期 6—7 月。

156. 山野豌豆 *V. amoena*

多年生草本，高 30 ～ 100 cm，植株被疏柔毛，稀近无毛。主根粗壮，须根发达。茎具棱，多分枝，细软，斜生或攀援。偶数羽状复叶，长 5 ～ 12 cm，几无柄，顶端卷须有 2 ～ 3 个分支；托叶半箭头形，长 0.8 ～ 2 cm，边缘有 3 ～ 4 裂齿；小叶 4 ～ 7 对，互生或近对生，椭圆形至卵披针形，长 1.3 ～ 4 cm，宽 0.5 ～ 1.8cm；荚果呈长圆形，长 1.8 ～ 2.8 cm，宽 0.4 ～ 0.6 cm。两端渐尖，无毛。种子 1 ～ 6 粒，圆形，直径 0.35 ～ 0.4cm；种皮革质，深褐色，具花斑；种脐内凹，黄褐色，长相当于种子周长的 1/3。花期 4—6 月，果期 7—10 月。

157. 四籽野豌豆 *V. tetrasperma*

一年生缠绕草本，高 20 ～ 60 cm。茎纤细柔软有棱，多分支，被微柔毛。偶数羽状复叶，长 2 ～ 4 cm；顶端为卷须，托叶箭头形或半三角形，长 0.2 ～ 0.3 cm；小叶 2 ～ 6 对，长圆形或线形，长 0.6 ～ 0.7 cm，宽约 0.3 cm，先端圆，具短尖头，基部楔形。总状花序长约 3 cm，花 1 ～ 2 朵着生于花序轴先端，花甚小，仅长约 0.3 cm；花萼斜钟状，长约 0.3 cm，萼齿呈圆三角形；花冠淡蓝色或带蓝、紫白色，旗瓣呈长圆倒卵形，长约 0.6 cm，宽 0.3 cm，翼瓣与龙骨瓣近等长；子房长圆形，长 0.3 ～ 0.4 cm，宽约 0.15 cm，有柄，胚珠 4 个，花柱上部四周被毛。荚果长圆形，长 0.8 ～ 1.2 cm，宽 0.2 ～ 0.4 cm，表皮棕黄色，近革质，具网纹。种子 4 粒，扁圆形，直径约 0.2 cm，种皮褐色，种脐白色，长相当于种子周长 1/4。花期 3—6 月，果期 6—8 月。

158. 野大豆 *Glycine soja*

一年生缠绕性草本，主根细长，可达 20 cm 以上，侧根稀疏，蔓茎纤细，略带四棱形，密披浅黄色，紧贴长硬毛。叶互生，3 个小叶，总叶柄长 2 ～ 5.5 cm，被浅黄色硬毛；小叶片呈长卵状披针形，披针状长椭圆形或为卵形，长 2 ～ 6.5 cm，宽 1 ～ 3.5 cm，基部呈菱状楔形、宽楔形或近圆形，先端渐尖或少有钝状，并具短

尖头，侧生小叶片基部常偏斜，表面绿色，背面浅绿色，两面均有浅黄色紧贴硬毛，叶脉于两面稍隆起，全缘，小叶柄根短，密披棕褐色硬毛，基部具小托叶，细小而呈针状。花蝶形，淡红紫色，腋生总状花序，花萼钟状，具5裂，旗瓣近圆形，雄蕊常为10枚，单体。子房上位，1室。荚果线状长椭圆形，略弯曲，种子2～4粒。

159. 车轴草 *Galium odoratum*

短期多年生草本，生长期达5年，高10～30 cm。主根短，侧根和须根发达。茎匍匐蔓生，上部稍上升，节上生根，全株无毛。羽状三出复叶；托叶卵状披针形，膜质，基部抱茎成鞘状，离生部分锐尖；叶柄较长，长10～30 cm；小叶倒卵形至近圆形，长8～20（30）mm，宽8～16（25）mm，先端凹头至钝圆，基部楔形渐窄至小叶柄，中脉在下面隆起，侧脉约13对，与中脉作50° 展开，两面均隆起，近叶边分叉并伸达锯齿齿尖；小叶柄长1.5 mm，微被柔毛。花序球形，顶生，直径15～40 mm；总花梗甚长，比叶柄长近1倍，具花20～50（80）朵，密集；无总苞；苞片呈披针形，膜质，锥尖；花长7～12 mm；花梗比花萼稍长或等长，开花立即下垂；萼钟形，具脉纹10条，萼齿5个，披针形，稍不等长，短于萼筒，萼喉开张，无毛；花冠白色、乳黄色或淡红色，具香气。旗瓣椭圆形，比翼瓣和龙骨瓣长近1倍，龙骨瓣比翼瓣稍短；子房线状长圆形，花柱比子房略长，胚珠3～4颗。荚果呈长圆形；种子通常3粒。种子呈阔卵形。花果期5—10月。

（十八）牻牛儿苗科 Geraniaceae

草本，稀为亚灌木或灌木。叶互生或对生，叶片通常状或羽状分裂，具托叶。聚伞花序腋生或顶生，稀花单生；花两性，整齐，辐射对称或稀为两侧对称；萼片通常5个或稀为4个，覆瓦状排列；花瓣5个或稀为4个，覆瓦状排列；雄蕊10～15枚，2轮，外轮与花瓣对生，花丝基部合生或分离，花药丁字着生，纵裂；蜜腺通常5，与花瓣互生；子房上位，心皮2～3～5，通常3～5室，每室具1～2倒生胚珠，花柱与心皮同数，通常下部合生，上部分离。果实为蒴果，通常由中轴延伸成喙，稀无喙，室间开裂或稀不开裂，每果瓣具1粒种子，成熟时果瓣通常爆裂或稀不开裂，开裂的果瓣常由基部向上反卷或成螺旋状卷曲，顶部通常附着于中轴顶端。种子具微小胚乳或无胚乳，子叶折叠。

160. 老鹳草 *Geranium wilfordii*

多年生草本，高 30 ～ 50 cm。根茎直生，粗壮，具簇生纤维状细长须根，上部围以残存基生托叶。茎直立，单生，具棱槽，假二叉状分枝，被倒向短柔毛，有时上部混生开展腺毛。叶基生和茎生叶对生；托叶卵状三角形或上部为狭披针形，长 5 ～ 8 mm，宽 1 ～ 3 mm，基生叶和茎下部叶具长柄，柄长为叶片的 2 ～ 3 倍，被倒向短柔毛，茎上部叶柄渐短或近无柄；基生叶片圆肾形，长 3 ～ 5 cm，宽 4 ～ 9 cm，5 深裂达 2/3 处，裂片倒卵状楔形，下部全缘，上部不规则状齿裂，茎生叶 3 裂至 3/5 处，裂片长卵形或宽楔形，上部齿状浅裂，先端长渐尖，表面被短伏毛，背面沿脉被短糙毛。花期 6—8 月，果期 8—9 月。

161. 牻牛儿苗 *Erodium stephanianum*

一年生草本，高 10 ～ 30 cm。茎平卧或斜生，紫红色，多分枝，节上丛生毛。叶密集枝端，较下的叶分开，不规则互生，叶片细圆柱形，有时微弯，长 1 ～ 2.5 cm，直径 2 ～ 3 mm，顶端圆钝，无毛；叶柄极短或近无柄，叶腋常生一撮白色长柔毛。花单生或数朵簇生枝端，直径 2.5 ～ 4 cm，日开夜闭；总苞 8 ～ 9 片，叶状，轮生，具白色长柔毛；萼片 2 个，淡黄绿色，卵状三角形，长 5 ～ 7 mm，顶端急尖，具龙骨状凸起，两面均无毛。花期 6—9 月，果期 8—11 月。

（十九）蒺藜科 Zygophyllaceae

蒺藜科一般为灌木，也有少数是乔木或多年生草本植物，叶为两个至多数的羽状复叶，托叶成对；花两性，雄蕊花丝基部有鳞状附属物；果实为蒴果，稀为浆果或核果。本科植物多数是重要的防风固沙植物，有的品种种子可榨取工业用油或提取染料。

162. 蒺藜 *Tribulus terrestris*

一年生草本。茎平卧，无毛，被长柔毛或长硬毛，枝长 20 ～ 60 cm，偶数羽状复叶，长 1.5 ～ 5 cm；

小叶对生，3～8对，矩圆形或斜短圆形，长5～10 mm，宽2～5 mm，先端锐尖或钝，基部稍偏科，被柔毛，全缘。花腋生，花梗短于叶，花黄色；萼片5个，宿存；花瓣5片；雄蕊10枚，生于花盘基部，基部有鳞片状腺体，子房5棱，柱头5裂，每室3～4颗胚珠。果有分果瓣5个，硬，长4～6 mm，无毛或被毛，中部边缘有锐刺2枚，下部常有小锐刺2枚，其余部位常有小瘤体。花期5—8月，果期6—9月。

163. 霸王 *Zygophyllum xanthoxylon*

灌木，高50～100cm。枝弯曲，开展，皮淡灰色，木质部黄色，先端具刺尖，坚硬。叶在老枝上簇生，幼枝上对生，先端圆钝，基部渐狭，肉质，花生于老枝叶腋；萼片4个，倒卵形，绿色，长4～7 mm。蒴果近球形，每室有1粒种子。种子肾形，长6～7 mm，宽约2.5 mm。花期4—5月，果期7—8月。

（二十）远志科 Polygalaceae

草本、灌木或乔木。单叶互生，稀轮生，全缘，无托叶。花两性，左右对称。组成总状、穗状或圆锥花序；萼片5个，不等大，里面2个大，呈花瓣状；花瓣5片或3片，不等大，最下1片呈龙骨状，顶端常具流苏状附属物；雄蕊5+5，常减为3～8；花丝常合生成鞘；子房上位，2～5室，每室有胚珠1颗。蒴果、坚果或核果。

164. 远志 *Polygala tenuifolia*

多年生草本，高20～40cm。根圆柱形，长达40cm，肥厚，淡黄白色，具远志少数侧根。茎直立或斜上，丛生，上部多分枝。叶互生，狭线形或线状披针形，长1～4cm，宽1～3 mm，先端渐尖，基部渐窄，全缘，无柄或近无柄。总状花序长2～14 cm，偏侧生于小枝顶端，细弱，通常稍弯曲；花淡蓝紫色，长6 mm；种子卵形，微扁，长约 2 mm，棕黑色，密被白色细绒毛，上端有发达的种阜。花期 5—7 月，果期 7—9 月。

（二十一）大戟科 Euphorbiaceae

乔木、灌木或草本，植物体常有乳状汁液。叶互生，少有对生或轮生，单叶，稀为复叶，基部或顶端有时具有 1～2 枚腺体；托叶 2 个，着生于叶柄的基部两侧，早落或宿存，稀托叶鞘状，脱落后具环状托叶痕。花单性，雌雄同株或异株，单花或组成各式花序，穗状或圆锥状花序；萼片分离或在基部合生，覆瓦状或镊合状排列，在特化的花序中有时萼片极度退化或无；花瓣有或无；花盘环状或分裂成为腺体状，稀无花盘；花柱 3 裂，柱头 6 裂。子房上位，3 室，稀 2 或 4 室或更多或更少，每室有 1～2 颗胚珠着生于中轴胎座上，花柱与子房室同数，分离或基部连合。果为蒴果，或为浆果或核果状；种子常有显著种阜，胚乳丰富、肉质或油质，胚大而直或弯曲，子叶通常扁而宽，稀卷叠式。

165. 地锦草 *Euphorbia humifusa*

一年生草本。根纤细，常不分枝。茎匍匐，自基部以上多分枝，基部常红色或淡红色，被柔毛或疏柔毛。叶对生，矩圆形或椭圆形，先端钝圆，基部偏斜，略渐狭，边缘常于中部以上具细锯齿；叶面绿色，叶背淡绿色，有时淡红色，两面被疏柔毛；叶柄极短，长 1～2 mm。花序单生于叶腋，基部具 1～3 mm 的短柄；蒴果三棱状卵球形，长约 2 mm，直径约 2.2 mm，成熟时分裂为 3 个分果爿，花柱宿存。种子呈三棱状卵球形，长约 1.3 mm，直径约 0.9 mm，灰色，每个棱面无横沟，无种阜。花果期 5—10 月。

166. 猫眼草 *E. lunulate*

多年生草本，高达 40 cm。茎通常分枝，基部坚硬。下部叶鳞片状，早落，中上部叶狭条状披针形，长 2～5 cm，宽 2～3 mm，先端钝或具短尖，两面无毛。杯状聚伞花序顶生者通常有 4～9 伞梗，基部有轮生叶与茎上部叶同形；腋生者具伞梗 1；每伞梗再有 2～3 个分叉，各有扇状半圆形或三角状心形苞叶 1 对；总苞杯状，无毛，先端 4 裂，裂片间无片状附属物，腺体 4，新月形，黄褐色，两端有短角；雄蕊 1 枚；子房 3 室，花柱 3，分离，柱头

2 浅裂。蒴果呈扁球形，无毛；种子呈长圆形，长约 2 mm，光滑，一边有纵沟，无网纹及斑点。花期 4—6 月，果期 6—8 月。

167. 乳浆大戟 *E. esula*

多年生草本。根圆柱状，长 20 cm 以上，直径 3 ～ 5（6）mm，不分枝或分枝，常曲折，褐色或黑褐色。茎单生或丛生，单生时自基部多分枝，高 30 ～ 60 cm，直径 3 ～ 5 mm；不育枝常发自基部，较矮，有时发自叶腋。叶线形至卵形，变化极不稳定，长 2 ～ 7 cm，宽 4 ～ 7 mm，先端尖或钝尖，基部楔形至平截；无叶柄；不育枝叶常为松针状，长 2 ～ 3 cm，直径约 1mm；无柄；总苞叶 3 ～ 5 枚，与茎生叶同形；伞幅 3 ～ 5，长 2 ～ 4（5）cm；苞叶 2 枚，常为肾形，少为卵形或三角状卵形，长 4 ～ 12 mm，宽 4 ～ 10 mm，先端渐尖或近圆，基部近平截。花果期 4—10 月。

168. 铁苋菜 *Acalypha australis*

一年生草本，高 0.2 ～ 0.5 m。小枝细长，被贴毛柔毛，毛逐渐稀疏。叶膜质，长卵形、近菱状卵形或阔披针形，长 3 ～ 9 cm，宽 1 ～ 5 cm。雌雄花同序，花序腋生，稀顶生。花序梗长 0.5 ～ 3 cm，花梗长 0.5 mm。蒴果直径 4 mm，具 3 个分果爿，果皮具疏生毛和毛基变厚的小瘤体。种子近卵状，种皮平滑，假种阜细长。花果期 4—12 月。

169. 蓖麻 *Ricinus comunis*

一年生或多年生草本植物、热带或南方地区常成多年生灌木或小乔木。单叶互生，叶片呈盾状圆形。掌状分裂至叶片的 1/2 以下，圆锥花序与叶对生及顶生，下部生雄花，上部生雌花；花瓣性同株，无花瓣；雄蕊多数，花丝多分枝；花柱，深红色。蒴果球形，有软刺，成熟时开裂。花期 5—8 月，果期 7—10 月。

（二十二）鼠李科 Rhamnaceae

乔木、灌木，稀藤本，有一致的花部结构。花小，两性，稀杂性或单性异株，多为聚伞花序，枳椇属的花序轴在果期肉质膨大；花萼筒状，4～6 浅裂，镊合状排列，花瓣 5～4 枚，或缺；雄蕊 5 枚，稀 4 枚，与花瓣对生，且常为花瓣所包藏。花盘明显发育；子房上位或一部分埋藏于花盘内，3 室或 2 室稀 4 室，各有 1 颗胚珠，核果、翅果、坚果，少数属为蒴果。

170. 酸枣 *Ziziphus jujuba* var.*Spinosa*

落叶灌木或小乔木，高 1～4 m；小枝称之字形弯曲，紫褐色。酸枣树上的托叶刺有 2 种，一种直伸，长达 3 cm，另一种常弯曲。叶互生，叶片椭圆形至卵状披针形，长 1.5～3.5 cm，宽 0.6～1.2 cm，边缘有细锯齿，基部 3 出脉。花黄绿色，2～3 朵簇生于叶腋。核果小，近球形或短矩圆形，熟时红褐色，近球形或长圆形，长 0.7～1.2 cm，味酸，核两端钝。花期 6—7 月，果期 8—9 月。

（二十三）酢浆草科 Oxalidaceae

一年生或多年生草本，极少为灌木或乔木。根茎或鳞茎状块茎，通常肉质，或有地上茎。指状或羽状复叶或小叶萎缩而成单叶，基生或茎生；小叶在芽时或晚间背折而下垂，通常全缘；无托叶或有而细小。花两性，辐射对称，单花或组成近伞形花序或伞房花序，少有总状花序或聚伞花序；萼片 5，离生或基部合生，覆瓦状排列，少数为镊合状排列；花瓣 5，有时基部合生，旋转排列；雄蕊 10 枚，2 轮，5 长 5 短，外转与花瓣对生，花丝基部通常连合，有时 5 枚无药，花药 2 室，纵裂；雌蕊由 5 枚合生心皮组成，子房上位，5 室，每室有 1 至数颗胚珠，中轴胎座，花柱 5 枚，离生，宿存，柱头通常头状，有时浅裂。果为开裂的蒴果或为肉质浆果。种子通常为肉质、干燥时产生弹力的外种皮，或极少具假种皮、胚乳肉质。

171. 酢浆草 *Oxalis corniculata*

草本植物，高 10～35 cm，全株被柔毛。根茎稍肥厚。茎细弱，多分枝，直立或匍匐，匍匐茎节上生根。叶基生或茎上互生；托叶小，长圆形或卵形，边缘被密长柔毛，基部与叶柄合生，或同一植株下部托叶明显而上部托叶不明显；叶柄长 1～13 cm，基部具关节；小叶 3，无柄，倒心形，长 4～16 mm，宽 4～22 mm，先端凹入，基部宽楔形，两面被柔毛或表面无毛，沿脉被毛较密，边缘具贴伏缘毛。花果期2—9月。

（二十四）葡萄科 Vitaceae

攀援木质藤本，稀草质藤本，具有卷须，或直立灌木，无卷须。单叶、羽状或掌状复叶，互生；托叶通常小而脱落，稀大而宿存。花小，两性或杂性同株或异株，排列成伞房状多歧聚伞花序、复二歧聚伞花序或圆锥状多歧聚伞花序，4～5基数；萼呈碟形或浅杯状，萼片细小；花瓣与萼片同数，分离或凋谢时呈帽状黏合脱落；雄蕊与花瓣对生，在两性花中雄蕊发育良好，在单性花雌花中雄蕊常较小或极不发达，败育；花盘呈环状或分裂，稀极不明显；子房上位，通常2室，每室有2颗胚珠，或多室而每室有1颗胚珠，果实为浆果，有种子1至数粒。胚小，胚乳形状各异，“W”形、“T”形或呈嚼烂状。

172. 爬山虎 *Parthenocissus tricuspidata*

多年生大型落叶木质藤本植物，其形态与野葡萄藤相似。藤茎可长达18 m。夏季开花，花小，成簇不显，黄绿色或浆果紫黑色，与叶对生。表皮有皮孔，髓白色。枝条粗壮，老枝灰褐色，幼枝紫红色。枝上有卷须，卷须短，多分枝，卷须顶端及尖端有粘性吸盘，遇到物体便吸附在上面，无论是岩石、墙壁或是树木，均能吸附。花多为两性，雌雄同株，聚伞花序。花期6月，果期在9—10月。

173. 五叶地锦 *P.quinquefolia*

木质藤本。小枝圆柱形，无毛。卷须总状5～9个分枝，相隔2节间断与叶对生，卷须顶端嫩时尖细卷曲，后遇附着物扩大成吸盘。叶为掌状5小叶，小叶呈倒卵圆形、倒卵椭圆形或外侧小叶椭圆形，长5.5～15 cm，宽3～9 cm，最宽处在上部或外侧小叶最宽处在近中部，顶端短尾尖，基部楔形或阔楔形，边缘有粗锯齿，上面绿色，下面浅绿色，两面均无毛或下面脉上微被疏柔毛；侧脉5～7对，网脉两面均不明显突出；叶柄长5～14.5 cm，无毛，小叶有短柄或几无柄。花期6—7月，果期8—10月。

（二十五）苦木科 Simaroubaceae

乔木或灌木，树皮有时极苦。叶互生，稀对生，羽状复叶，稀一叶。无具腺托叶或托叶易脱落，绝无腺点。花序腋生，总状花序或圆锥花序，花小，单性异株或杂性，稀为两性，萼 3 ～ 5 裂，离生或合成，覆瓦状或镊合状排列，花瓣 3 ～ 5（7），多半分离，稀无，或合生成管，花盘球状或杯状，雄蕊与花瓣同数或 2 倍，倒 2 轮，花丝分离；子房上位，2 ～ 5 室，每室有 1 颗（中国产的种）胚珠，稀或更多，中轴胎座，心皮常基部分离，而仅由花柱或柱头连合，柱头头状，分核果或蒴果状，或翅果状，种子常单一，具胚乳或否，胚直或弯。

174. 臭椿 *Ailanthus altissima*

落叶乔木，高可达 20 m，树皮平滑而有直纹；嫩枝有髓，幼时被黄色或黄褐色柔毛，后脱落。叶为奇数羽状复叶，长 40 ～ 60 cm，叶柄长 7 ～ 13 cm，有小叶 13 ～ 27 枚；小叶对生或近对生，纸质，卵状披针形，长 7 ～ 13 cm，宽 2.5 ～ 4 cm，先端长渐尖，基部偏斜，截形或稍圆，两侧各具 1 个或 2 个粗锯齿，齿背有腺体 1 个，叶面深绿色，背面灰绿色，柔碎后具臭味。翅果长椭圆形，长 3 ～ 4.5 cm，宽 1 ～ 1.2 cm；种子位于翅的中间，扁圆形。花期 4—5 月，果期 8—10 月。

（二十六）楝科 Meliaceae

乔木或灌木。羽状复叶，稀单叶，互生，无托叶。花常两性，辐射对称，圆锥花序；花萼 4 ～ 5，基部常合生；花瓣 4 ～ 5，分离或基部合生；雄蕊 8 ～ 10 枚，花丝合生成管状；具花盘，或缺；子房上位，心皮 2 ～ 5 合生，2 ～ 5 室，每室具胚珠 1 ～ 2 颗，稀更多。蒴果、浆果或核果。本科约 50 属，1 400 余种，主要分布于热带和亚热带地区。我国有 15 属，59 种，分布于长江以南各省区。药用 10 属，20 余种。

175. 香椿 *Toona sinensis*

乔木；树皮粗糙，深褐色，片状脱落。叶具长柄，偶数羽状复叶，长 30 ～ 50 cm 或更长；小叶 16 ～ 20 片，对生或互生，纸质，卵状披针形或卵状长椭圆形，长 9 ～ 15 cm，宽 2.5 ～ 4 cm，先端尾尖，基部一侧圆形，另一侧楔形，不对称，边全缘或有疏离的小锯齿，两面均无毛，无斑点，背面常呈粉绿色，侧脉每边 18 ～ 24 条，平展，与中脉几 c

呈直角开出，背面略凸起。花期 6—8 月，果期 10—12 月。

176. 楝树 *Melia azedarach*

落叶乔木，高达 10 m；树皮灰褐色，纵裂。分枝广展，小枝有叶痕。叶为 2～3 回奇数羽状复叶，长 20～40 cm；小叶对生，卵形、椭圆形至披针形，顶生一片通常略大，长 3～7 cm，宽 2～3 cm，先端短渐尖，基部楔形或宽楔形，多少偏斜，边缘有钝锯齿，幼时被星状毛，后两面均无毛，侧脉每边 12～16 条，广展，向上斜举。花朵很小，花瓣白中透紫，在衰败的过程中，逐渐变白，四下弯曲分散。花蕊呈紫色棒状，花蕊头似喇叭口，周围呈紫色，蕊心呈黄色，布满了花粉。花期 4—5 月，果期 10—12 月。

（二十七）漆树科 Anacardiaceae

177. 火炬树 *Rhus typhina*

落叶小乔木。高达 12 m。柄下芽。小枝密生灰色茸毛。奇数羽状复叶，小叶 19～23（11～31）片，长椭圆状至披针形，长 5～13 cm，缘有锯齿，先端长渐尖，基部呈圆形或宽楔形，上面深绿色，下面苍白色，两面有茸毛，老时脱落，叶轴无翅。圆锥花序顶生、密生茸毛，花淡绿色，雌花花柱有红色刺毛。核果深红色，密生绒毛，花柱宿存、密集成火炬形。花期 6—7 月，果期 8—9 月。

178. 紫叶黄栌 *Cotinus coggygria* 'Purpureus'

落叶灌木或小乔木，树冠圆形或半圆形。小枝红紫色，髓紫红色。单叶互生，卵形至倒卵形，先端圆或微凹，叶全缘，春季呈红紫色，夏季暗紫色，秋季转为紫红色。叶及枝表面密被白色柔毛。圆锥状花序顶生于新梢，无杂色，小型，4～8 个小穗附生，每个小穗开花 4～6 朵，小花粉紫色，多数花不孕；花梗宿存，紫红色，羽毛状，长约 23 cm。果序长 5～10 cm，果实紫红色，扁状，肾形。花期 5—6 月，果期 7—8 月。

（二十八）卫矛科 Celastraceae

常绿或落叶乔木、灌木或藤本。单叶，对生或互生；托叶小或无。聚伞花序，少单生；花两性，稀单性；花被 4 ～ 5，萼宿存；雄蕊 4 ～ 5 枚，与花瓣互生；花盘肥厚；子房上位，2 ～ 5 室，与花盘分离或埋藏其内，每室胚珠 2 ～ 6（或 1）颗，花柱单一。多为蒴果，稀核果、翅果或浆果；种子多有假种皮。

179. 白杜 *Euonymus maackii*

小乔木，高达 6 m。叶卵状椭圆形、卵圆形或窄椭圆形，长 4 ～ 8 cm，宽 2 ～ 5 cm，先端长渐尖，基部阔楔形或近圆形，边缘具细锯齿，有时极深而锐利；叶柄通常细长，常为叶片的 1/4 ～ 1/3，但有时较短。聚伞花序 3 个至多个花，花序梗略扁，长 1 ～ 2 cm；花 4 数，淡白绿色或黄绿色，直径约 8 mm；小花梗长 2.5 ～ 4 mm；雄蕊花药紫红色，花丝细长，长 1 ～ 2 mm。蒴果倒圆心状，4 浅裂，长 6 ～ 8 mm，直径 9 ～ 10 mm，成熟后果皮粉红色；种子长椭圆形，长 5 ～ 6 mm，直径约 4 mm，种皮棕黄色，假种皮橙红色，全包种子，成熟后顶端常有小口。花期 5—6 月，果期 9 月。

（二十九）槭树科 Aceraceae

乔木或灌木，落叶稀常绿。冬芽具多数覆瓦状排列的鳞片，稀具 2 枚或 4 枚对生的鳞片或裸露。叶对生，具叶柄，无托叶。花序伞房状、穗状或聚伞状，由着叶的枝的几顶芽或侧芽生出。果实系小坚果常有翅又称翅果；种子无胚乳，外种皮很薄，膜质，胚倒生，子叶扁平，折叠或卷折。

180. 梣叶槭 *Acer negundo*

落叶乔木，高可达 20 m。树皮黄褐色或灰褐色。小枝圆柱形，冬芽小，鳞片呈镊合状排列。羽状复叶，小叶纸质，卵形或椭圆状披针形，叶片上面深绿色，无毛，下面淡绿色。雄花的花序聚伞状，雌花的花序总状，小枝旁边生出，花小，黄绿色，开于叶前，雌雄异株，花丝很长，子房无毛。小坚果凸起，4—5 月开花，9 月结果。

（三十）无患子科 Sapindaceae

乔木或灌木，有时为草质或木质藤本。羽状复叶或掌状复叶，很少单叶，互生，通常无托叶。聚伞圆锥花序顶生或腋生；苞片和小苞片小。果为室背开裂的蒴果，或不开裂而浆果状或核果状，全缘或深裂为分果爿，1～4室；种子每室1粒，很少2或多粒，种皮膜质至革质，很少骨质，假种皮、有或无；胚通常弯拱，无胚乳或有很薄的胚乳，子叶肥厚。

181. 栾树 *Koelreuteria paniculata*

落叶乔木或灌木；树皮厚，灰褐色至灰黑色，老时纵裂；皮孔小，灰至暗褐色；小枝具疣点，与叶轴、叶柄均被皱曲的短柔毛或无毛。叶丛生于当年生枝上，平展，一回、不完全二回或偶有为二回羽状复叶，长可达50 cm；苞片呈狭披针形，被小粗毛；花淡黄色，稍芬芳；花梗长2.5～5 mm；萼裂片呈卵形，边缘具腺状缘毛，呈啮蚀状；花瓣4枚，开花时向外反折，线状长圆形，长5～9 mm，瓣爪长1～2.5 mm，被长柔毛，瓣片基部的鳞片初时黄色，开花时橙红色，参差不齐的深裂，被疣状皱曲的毛；花期6—8月，果期9—10月。

（三十一）锦葵科 Malvaceae

草本、灌木至乔木。叶互生，单叶或分裂，叶脉通常呈掌状，具托叶。花腋生或顶生，单生、簇生、聚伞花序至圆锥花序；花两性，辐射对称；萼片3～5片，分离或合生；其下面附有总苞状的小苞片（又称副萼）3个或多数；花瓣5片，彼此分离，但与雄蕊管的基部合生；雄蕊多数，连合成一管称雄蕊柱，花药1室，花粉被刺；子房上位，2室至多室，通常以5室较多，由2～5枚或较多的心皮环绕中轴而成，花柱上部分枝或者为棒状，每室胚珠1颗至多颗，花柱与心皮同数或为其2倍。蒴果，常几枚果爿分裂，很少浆果状，种子肾形或倒卵形，被毛至光滑无毛，有胚乳。子叶扁平，折叠状或回旋状。

182. 草芙蓉 *Hibiscus moscheutos*

株高1～2 m，落叶灌木状。叶大、广卵形，叶柄、叶背密生灰色星状毛。花大，单生于叶腋，花径可达20 cm，有白、粉、红、紫等色。入冬地上部分枯萎，翌年春季萌发新枝，当年便开花。喜阳、略耐阴，宜温暖湿润气候，忌干旱，耐水湿，在水边肥沃砂质壤土中生长繁茂。花期 6—8 月。

183. 木槿 *H. syriacus*

落叶灌木，高 3 ～ 4 m，小枝密被黄色星状绒毛。叶菱形至三角状卵形，长 3 ～ 10 cm，宽 2 ～ 4 cm，具深浅不同的 3 裂或不裂，先端钝，基部楔形，边缘具不整齐齿缺，下面沿叶脉微被毛或近无毛。木槿花单生于枝端叶腋间，花萼钟形，长 14 ～ 20 mm，密被星状短绒毛，裂片 5 个，三角形；花朵色彩有纯白、淡粉红、淡紫、紫红等，花形呈钟状，有单瓣、复瓣、重瓣几种。外面疏被纤毛和星状长柔毛。蒴果卵圆形，直径约 12 mm，密被黄色星状绒毛；种子肾形，背部被黄白色长柔毛。花期 7—10 月。

184. 野西瓜苗 *H. trionum*

一年生草本，全体被有疏密不等的细软毛。茎稍柔软，直立或稍卧立。基部叶近圆形，边缘具齿裂，中间裂齿较大，中间和下部的掌状叶，3 ～ 5 个深裂，中间裂较大，裂片呈倒卵状长圆形，先端钝，边缘具羽状缺刻或大锯齿。花单生于叶腋，花梗长 2 ～ 5 cm；小苞片多数，线形，具缘毛；花萼 5 裂，膜质，上具绿色纵脉；花瓣 5 个，淡黄色，紫心；雄蕊多数，花丝相结合成筒状，包裹花柱；子房 5 室，花柱顶端 5 裂，柱头头状。蒴果圆球形，有长毛。种子成熟后黑褐色，粗糙而无毛。花期 7—9 月。

185. 苘麻 *Abutilon theophrasti*

一年生亚灌木草本，茎枝被柔毛。叶圆心形，边缘具细圆锯齿，两面均密被星状柔毛；叶柄被星状细柔毛；托叶早落。花单生于叶腋，花梗被柔毛；花萼呈杯状，裂片卵形；花黄色，花瓣呈倒卵形。蒴果半球形，种子肾形，褐色，被星状柔毛。花期 7—8 月。

186. 陆地棉 *Gossypium hirsutum*

一年生草本植物，高 0.6 ~ 1.5 m，小枝疏被长毛。叶阔卵形，基部呈心形或心状截头形，裂片呈宽三角状卵形，上面近无毛，下面疏被长柔毛；叶柄疏被柔毛；托叶卵状镰形，早落。花单生于叶腋，花梗通常较叶柄略短。蒴果卵圆形，具喙，3 ~ 4 室；种子分离，卵圆形，具白色长棉毛和灰白色不易剥离的短棉毛。花期夏秋季。

（三十二）柽柳科 Tamaricaceae

灌木、半灌木或乔木。叶小，多呈鳞片状，互生，无托叶，通常无叶柄，多具泌盐腺体。花通常集成总状花序或圆锥花序，稀单生，通常两性，整齐；花萼具 4 ~ 5 深裂，宿存；花瓣 4 ~ 5 片，分离，开花后脱落或有时宿存；下位花盘常肥厚，蜜腺状；雄蕊 4 枚、5 枚或多数，常分离，着生在花盘上，稀基部结合成束，或连合到中部成筒，花药 2 室，纵裂；雌蕊 1 枚，由 2 ~ 5 心皮构成，子房上位，1 室，侧膜胎座，稀具隔，或基底胎座；胚珠多数，稀少数，花柱短，通常 3 ~ 5，分离，有时结合。蒴果，圆锥形，室背开裂。种子多数，全面被毛或在顶端具芒柱，芒柱从基部或从一半开始被柔毛；有或无内胚乳，胚直生。

187. 柽柳 *Tamarix chinensis*

乔木或灌木，高 3 ~ 6（8）m；老枝直立，暗褐红色，光亮，幼枝稠密细弱，常开展而下垂，红紫色或暗紫红色，有光泽；嫩枝繁密纤细，悬垂。叶鲜绿色，从生木质化生长枝上生出的绿色营养枝上的叶长圆状披针形或长卵形，长 1.5 ~ 1.8 mm，稍开展，先端尖，基部背面有龙骨状隆起，常呈薄膜质；上部绿色营养枝上的叶钻形或卵状披针形，半贴生，先端渐尖而内弯，基部变窄，长 1 ~ 3 mm，背面有龙骨状突起。花期 4—9 月。

（三十三）堇菜科 Violaceae

多年生草本、半灌木或小灌木。单叶互生，少数对生，托叶小或叶状。花两性或单性，辐射对称或两侧对称，单生或组成腋生或顶生的穗状、总状或圆锥状花序，有 2 枚小苞片；萼片 5 片，宿存；花瓣 5 片，覆瓦状或旋转状，异形，下面 1 枚通常较大，基部囊状或有距；雄蕊 5 枚，分离或围绕子房成环状靠合，药隔延伸于药室顶端成膜质附属物，花丝很短或无，下方两枚雄蕊，基部有距状蜜腺；子房上位，完全被雄蕊覆盖，3～5心皮合生1室，侧膜胎座，胚珠1至多数，蒴果。

188. 紫花地丁 *Viola yedoensis*

多年生草本，属侧膜胎座目，堇菜科多年生草本，无地上茎，高4～14 cm，叶片下部呈三角状卵形或狭卵形，上部较长，呈长圆形、狭卵状披针形或长圆状卵形，花中等大，紫堇色或淡紫色，稀呈白色，喉部色较淡并带有紫色条纹;蒴果长圆形，长5～12 mm，种子卵球形，长1.8 mm，淡黄色。花果期4月中下旬至9月。

189. 早开堇菜 *V.prionantha*

多年生草本，无地上茎，花期高3～10 cm，果期高可达20cm。根状茎垂直，短而较粗壮，长4～20 mm，粗可达9 mm，上端常有上年残叶围绕。根数条，带灰白色，粗而长，通常皆由根状茎的下端发出，向下直伸，或有时近横生。叶多数，均基生；叶片在花期呈长圆状卵形、卵状披针形或狭卵形，长1～4.5 cm，宽6～20 mm，先端稍尖或钝，基部微心形、截形或宽楔形，稍下延，幼叶两侧通常向内卷折，边缘密生细圆齿，两面无毛，或被细毛，有时仅沿中脉有毛；花果期4月上中旬至9月。

（三十四）瑞香科 Thymelaeaceae

落叶或常绿灌木或小乔木，稀草本。单叶互生或对生，革质或纸质，稀草质，边缘全缘。花辐射对称，两性或单性，雌雄同株或异株，头状、穗状、总状、圆锥或伞形花序，有时单生或簇生，顶生或腋生；花萼通常为花冠状，裂片4～5枚，花瓣缺，或呈鳞片状。浆果、核果或坚果，稀为蒴果。

190. 草瑞香 *Diarthron linifolium*

一年生小草本。茎直立。叶疏生，近无柄，条形或条状披针形，全缘。花小，成顶生总状花序。花被筒状，长 4 ～ 5 mm，下部绿色，上部暗红色，顶端 4 裂。花期 7—8 月。果实卵状，黑色，有光泽，为残存的花被筒包围。

（三十五）胡颓子科 Elaeagnaceae

落叶直立灌木或小乔木，具刺；幼枝密被鳞片或星状绒毛，老枝灰黑色；冬芽小，褐色或锈色。单叶互生，对生或三叶轮生，线形或线状披针形，两端钝形，两面具鳞片或星状柔毛，成熟后上面通常无毛，无侧脉或不明显；叶柄极短，长 1 ～ 2 mm。单性花，雌雄异株；雌株花序轴发育成小枝或棘刺，雄株花序轴花后脱落；雄花先开放，生于早落苞片腋内，无花梗，花萼 2 裂，雄蕊 4 枚，2 枚与花萼裂片互生，2 枚与花萼裂片对生，花丝短，花药呈矩圆形，雌花单生叶腋，具短梗，花萼囊状，顶端 2 齿裂，子房上位，1 心皮，1 室，1 胚珠，花柱短，微伸出花外，急尖。果实为坚果，为肉质化的萼管包围，核果状，近圆形或长矩圆形，长 5 ～ 12 mm；种子 1 粒，倒卵形或椭圆形，骨质。

191. 沙枣 *Elaeagnus angustifolia*

落叶乔木或小乔木，高 5 ～ 10 m，无刺或具刺，刺长 30 ～ 40 mm，棕红色，发亮；幼枝密被银白色鳞片，老枝鳞片脱落，红棕色，光亮。叶薄纸质，矩圆状披针形至线状披针形，顶端钝尖或钝形，基部楔形，全缘，上面幼时具银白色圆形鳞片，成熟后部分脱落，带绿色，下面灰白色，密被白色鳞片，有光泽，侧脉不甚明显；叶柄纤细，银白色，果实椭圆形，粉红色，密被银白色鳞片；果肉乳白色，粉质；果梗短，粗壮，花期 5—6 月，果期 9 月。

（三十六）小二仙草科 Haloragidaceae

水生或陆生草本，有时灌木状（中国不产）。叶互生、对生或轮生，生于水中的常为篦齿状分裂；托叶缺。花小，两性或单性，腋生，单生或簇生，或成顶生的穗状花序、圆锥花序、伞房花序；萼筒与子房合生，萼片 2 ～ 4 片或缺；花瓣 2 ～ 4 片，早落，或缺；雄蕊 2 ～ 8 枚，排成 2 轮，外轮对萼分离，花药基着生；子房下位，2 ～ 4 室；柱头 2 ～ 4 裂，无柄或具短柄；胚珠与花柱同数，倒垂于其顶端。果为坚果或核果状，小形，有时有翅，不开裂，或很少瓣裂。

192. 穗状狐尾藻 *Myriophyllum spicatum*

多年生沉水植物。C4 光合植物，其适应性强，为世界广布物种。它能较快地除去水体中的氮、磷等富营养化元素，还能吸收其中的重金属元素，是一种较强的净化水体植物。同时其还可以饲养鱼、猪、鸭等。水生草本，均为沉水植物。叶对生、互生或轮生，线形至卵形，全缘或为羽状分裂。花小无柄，生于叶腋，或成穗状花序，单性，雌雄同株或异株，或杂性株。

（三十七）千屈菜科 Lythraceae

草本、灌木或乔木；枝通常四棱形，有时具棘状短枝。叶对生，稀轮生或互生，全缘，叶片下面有时具黑色腺点；托叶细小或无托叶。花两性，通常辐射对称，稀左右对称，单生或簇生，或组成顶生或腋生的穗状花序、总状花序或圆锥花序；花萼筒状或钟状，平滑或有棱，有时有距，与子房分离而包围子房，3～6 裂，很少至 16 裂，镊合状排列，裂片间有或无附属体；花瓣与萼裂片同数或无花瓣，花瓣如存在，则着生在萼筒边缘，在花芽时呈皱褶状，雄蕊通常为花瓣的倍数，有时较多或较少，着生于萼筒上，但位于花瓣的下方，花丝长短不在芽时常内折，花药 2 室，纵裂；子房上位，通常无柄，2～16 室，每室具倒生胚珠数颗，极少减少到 3 或 2 颗，着生于中轴胎座上，其轴有时不到子房顶部，花柱单生，长短不一，柱头头状，稀 2 裂。蒴果革质或膜质，2～6 室，稀 1 室，横裂、瓣裂或不规则开裂，稀不裂；种子多数，形状不一，有翅或无翅，无胚乳；子叶平坦，稀折叠。

193. 紫薇 *Lagerstroemia indica*

落叶灌木或小乔木，高可达 7 m；树皮平滑，灰色或灰褐色；枝干多扭曲，小枝纤细，叶互生或有时对生，纸质，椭圆形、阔矩圆形或倒卵形，幼时绿色至黄色，成熟时或干燥时呈紫黑色，室背开裂；种子有翅，长约 8 mm。花期 6—9 月，果期 9—12 月。

194. 大花紫薇 *L. speciosa*

紫薇属大乔木。高可达 25 m；树皮灰色，平滑；

小柱圆柱形，无毛或微被糠粃状毛。叶革质，矩圆状椭圆形或卵状椭圆形，稀披针形，顶端钝形或短尖，基部阔楔形至圆形；叶柄长 6 ～ 15 mm，粗壮。花淡红色或紫色，直径 5 cm，顶生圆锥花序长 15 ～ 25 cm；花梗长 1 ～ 1.5 cm，花轴、花梗及花萼外面均被黄褐色糠粃状的密毡毛；花萼有棱 12 条，被糠粃状毛；花瓣近圆形至矩圆状倒卵形。蒴果球形至倒卵状矩圆形；种子多数，长 10 ～ 15 mm。花期 5—7 月，果期 10—11 月。

（三十八）石榴科 Punicaceae

落叶灌木或小乔木。冬芽小形，芽鳞 2 片。叶对生及簇生，无托叶。花两性，1 ～ 5 朵生于小枝顶端或腋生；萼呈筒钟状或筒状，裂片 5 ～ 7 片，花瓣覆瓦状排列。

雄蕊具多数；子房下位或近下位，花柱 1，柱头呈头状。果实为浆果，球形，果皮肥厚革质。种子具多数，外种皮肉质，无胚乳；胚直生；子叶呈旋卷状。

195. 石榴 *Punica granatum*

落叶乔木或灌木；单叶，通常对生或簇生，无托叶。花顶生或近顶生，单生或几朵簇生或组成聚伞花序，近钟形，裂片 5 ～ 9 片，花瓣 5 ～ 9 片，多皱褶，覆瓦状排列；胚珠多数。浆果球形，顶端有宿存花萼裂片，果皮厚；种子多数，浆果近球形，果熟期 9—10 月。外种皮肉质半透明，多汁；内种皮革质。

（三十九）伞形科 Umbelliferae

一年生至多年生草本，很少是矮小的灌木（在热带与亚热带地区）。根通常真生，肉质而粗，有时为圆锥形或有分枝自根颈斜出，很少根成束、圆柱形或棒形。茎直立或匍匐上升，通常圆形，稍有棱和槽，或有钝棱，空心或有髓。叶互生，叶片通常分裂或多裂，1 回掌状分裂或 1 ～ 4 回羽状分裂的复叶，或 1 ～ 2 回三出式羽状分裂的复叶，很少为单叶；叶柄的基部有叶鞘，通常无托叶，稀为膜质。花小，两性或杂性，成顶生或腋生的复伞形花序或单伞形花序，很少为头状花序；伞形花序的基部有总苞片，全缘、齿裂、很少羽状分裂；小伞形花序的基部有小总苞片，全缘或很少羽状分裂；花萼与子房贴生，萼齿5或无；花瓣5片，在花蕾时呈覆瓦状或镊合状排列，基部窄狭，有时成爪或内卷成小囊，顶端钝圆或有内折的小舌片或顶端延长如细线；雄蕊5枚，与花瓣互生。子房下位，2室，每室有一颗倒悬的胚珠，顶部有盘状或短圆锥状的花柱基；花柱2个，直立或外曲，柱头呈头状。果实在大多数情况下是干果，通常裂成两个分生果，很少不裂，呈卵形、圆心形、长圆形至椭圆形，果实由2个背面或侧面扁压的心皮合成，成熟时2心皮从合生面分离，每个心皮有1纤细的心皮柄和果柄相连而倒悬其上，因此2个分生果又称双悬果，心皮柄顶端分裂或裂至基部，心皮的外面有5条主棱（1条背棱，2条中棱，2条侧棱），外果皮表面平滑或有毛、皮刺、瘤状突起，棱和棱之间有沟槽，有时槽处发展为次棱，而主棱不发育，很少全部主棱和次棱（共9条）都同样发育；中果皮层内的棱槽内和合生面通常有纵走的油管1至多数。胚乳软骨质，胚乳的腹面有平直、凸出或凹入的，胚小。

196. 蛇床 *Cnidium monnieri*

一年生草本植物，高10～60 cm。根圆锥状，较细长；茎直立或斜上，多分枝；下部叶具短柄，上部叶柄全部鞘状；复伞形花序直径2～3 cm；总苞片6～10个，小总苞片多数，小伞形花序具花15～20个；花瓣白色，先端具内折小舌片；花柱基略隆起；分生果呈长圆状，胚乳腹面平直。花期4—7月，果期6—10月。

（四十）报春花科 Primulaceae

多年生或一年生草本，稀为亚灌木。茎直立或匍匐，具互生、对生或轮生之叶，或无地上茎而叶全部基生，并常形成稠密的莲座丛。花单生或组成总状、伞形或穗状花序，两性，辐射对称；花萼通常5裂，稀4裂或6～9裂，宿存；花冠下部合生成短或长筒，上部通常5裂，稀4或6～9裂，仅1单种属（海乳草属 *Glaux L.*）无花冠；雄蕊多少贴生于花冠上，与花冠裂片同数而对生，极少具1轮鳞片状退化雄蕊，花丝分离或下部连合成筒；子房上位，仅1属（水茴草属 *Samolus L.*）半下位，1室；花柱单一；胚珠通常多数，生长于特立中央胎座上。蒴果通常5齿裂或瓣裂，稀盖裂；种子小，有棱角，常为盾状，种脐位于腹面的中心；胚小而直，藏于丰富的胚乳中。

197. 点地梅 *Androsace umbellata*

一年生或二年生草本。主根不明显，具多数须根。叶全部基生，叶片近圆形或卵圆形，直径5～20 mm，先端钝圆，基部浅心形至近圆形，边缘具三角状钝牙齿，两面均被贴伏的短柔毛；叶柄长 1 ～ 4 cm，被开展的柔毛。花葶通常数枚自叶丛中抽出，被白色短柔毛。伞形花序 4 ～ 15 个；苞片卵形至披针形，花梗纤细，果时伸长可达 6 cm，被柔毛并杂生短柄腺体；花萼杯状，密被短柔毛，分裂近达基部，裂片菱状卵圆形，具 3 ～ 6 纵脉，果期增大，呈星状展开；花冠白色，短于花萼，喉部黄色，裂片倒卵状长圆形，蒴果近球形，果皮白色，近膜质。花期 2—4 月，果期 5—6 月。

（四十一）白花丹科 Plumbaginaceae

双子叶植物，广布于全世界，尤于咸滩和钙质土上最盛。草本、小灌木或攀援植物，有茎或无茎；叶旋叠状或互生；花两性，辐射对称，排成穗状花序、头状花序或圆锥花序；萼基部有苞片，管状或漏斗状，5 齿裂，5 ～ 15 棱，常为膜质或干膜质；花冠通常合瓣，管状，或仅于基部合生，裂片 5 枚；雄蕊 5 枚，与花瓣对生，下位或着生于冠管上；子房上位，1 室，有胚珠 1 颗；花柱 5 个，分离或合生；果包藏于萼内，开裂或不开裂。

198. 二色补血草 *Limonium bicolor*

多年生草本植物。高可达 60 cm，全体光滑无毛。茎丛生，直立或倾斜。叶多根出；匙形或长倒卵形，基部窄狭成翅柄，近于全缘。花茎直立，多分枝，花序着生于枝端而位于一侧，或近于头状花序；萼筒漏斗状，棱上有毛，白色或淡黄色，宿存；花瓣匙形至椭圆形；雄蕊着生于花瓣基部；蒴果 5 棱，包于萼内。为盐碱地拓荒植物。

（四十二）木犀科 Oleaceae

乔木，直立或藤状灌木。叶对生，稀互生或轮生，单叶、三出复叶或羽状复叶，稀羽状分裂，全缘或具齿；无托叶；具叶柄；花萼 4 裂，有时多达 12 裂，稀无花萼；花冠 4 裂，有时多达 12 裂，浅裂、深裂至近离生，或有时在基部成对合生，稀无花冠，花蕾时呈覆瓦状或镊合状排列；雄蕊 2 枚，稀 4 枚，着生于花冠管上或花冠裂片基部，花药纵裂，花粉通常具 3 沟；子房上位，由 2 心皮组成 2 室，每室具胚珠 2 颗，有时 1 颗或多颗，胚珠下垂，稀向上，花柱单一或无花柱，柱头 2 裂或头状。果为翅果、蒴果、核果、浆果或浆果状核果；种子具 1 粒伸直的胚；具胚乳或无胚乳；子叶扁平；胚根向下或向上。染色体基数 x=11 ～ 24。

199. 洋白蜡 *Fraxinus pennsylvanica*

落叶乔木，高 10 ～ 20 m。树皮灰色，粗糙，皱裂。顶芽圆锥形，尖头，被褐色糠秕状毛。小枝红棕色，圆柱形，被黄色柔毛或秃净。圆锥花序生于上年生枝上，长 5 ～ 20 cm；花密集，雄花与两性花异株，与叶同时开放；花序梗短；花梗纤细，被短柔毛；雄花花萼小，萼齿不规则深裂，花药大，长圆形，花丝短；两性花，花萼较宽，萼齿浅裂，花柱细，柱头 2 裂。翅果狭倒披针形，长 3 ～ 5 cm，宽 0.4 ～ 0.7 cm，上中部最宽，先端钝圆或具短尖头，翅下延近坚果中部，坚果圆柱形，长 1.5 ～ 2cm，宽约 2mm，脉棱明显。花期 4 月，果期 8—10 月。

200. 美国白蜡树 *F.americana*

乔木，高达 20 余米；小枝暗灰色，幼时暗绿或淡棕色，光滑，有皮孔。叶长 20 ～ 30 cm。圆锥花序生于上年无叶的侧枝上，无毛；花萼宿存；花药矩圆形，顶端有凸尖。翅果长 3 ～ 4 cm，果实长圆筒形，翅矩圆形，狭窄不下延，顶端钝或微凹。原产于北美。中国多引种为行道及庭院树。在中国黄河流域各省和东北三省广都有引种栽培，适生于北纬 35° ～ 48°，垂直分布在海拔 1 000 m 以下平原地带，但以海拔 400 ～ 700 m 范围内生长旺盛。

201. 毡毛白蜡 *F. velutina*

木犀科白蜡属落叶乔木。染色体数 $2n=46$（92）。大约于 20 世纪初自美国引入中国。30 年生植株高达 23.5 m，胸径 64 cm，树冠阔卵圆形，冠幅 14 ～ 18 m，树干通直，树皮灰褐色，浅纵裂。小枝灰绿色，密被短绒毛；奇数羽状复叶对生，小叶 3 ～ 7（9）个，椭圆形至卵形，背面有短柔毛；雌雄异株，圆锥花序腋生，花期 4 月；翅果呈矩圆状倒卵形至椭圆形，果期 10—11 月。

202. 紫丁香 *Syringa oblata*

多年生灌木或小乔木，高可达4m，枝条粗壮无毛。叶广成卵形，通常宽度大于长度，或楔形，全缘，两面无毛。圆锥花序长6～15 cm；花萼钟状，有4齿；花冠堇紫色，端4裂展开；花药生长于花冠中部或中上部。蒴果呈长圆形，顶端尖，平滑。花期4月。体型较小。

203. 连翘 *Forsythia suspensa*

落叶灌木，是木犀科连翘属植物。连翘早春先叶开花，花开香气淡艳，满枝金黄，艳丽可爱，是早春优良观花灌木，株高可达3 m，枝干丛生，小枝黄色，拱形下垂，中空。叶对生，单叶或三小叶，卵形或卵状椭圆形，缘具齿。花冠黄色，1～3朵生于叶腋；果卵球形、卵状椭圆形或长椭圆形，先端喙状渐尖，表面疏生皮孔；果梗长0.7～1.5 cm。花期3—4月，果期7—9月。

204. 小叶女贞 *Ligustrum quihoui*

落叶灌木，高1～3 m。小枝淡棕色，圆柱形，密被微柔毛，后脱落。叶片薄革质，形状和大小变异较大，披针形、长圆状椭圆形、椭圆形、倒卵状长圆形至倒披针形或倒卵形，先端锐尖、钝或微凹，基部狭楔形至楔形，叶缘反卷，上面深绿色，下面淡绿色，常具腺点，两面无毛，稀沿中脉被微柔毛，中脉在上面凹入，下面凸起，侧脉2～6对，不明显，在上面微凹入，下面略凸起，近叶缘处网结不明显；叶柄长0～5 mm，无毛或被微柔毛。花期5—7月，果期8—11月。

205. 迎春花 *Jasminum nudiflorum*

落叶灌木丛生。株高30～100 cm。小枝细长直立或拱形下垂，呈纷披状。3小叶复叶交互对生，叶卵形至矩圆形。花单生在上年生的枝条上，先于叶开放，有清香，金黄色，外染红晕。花期2—4月。

（四十三）夹竹桃科 Apocynaceae

乔木，直立灌木或木质藤木，也有多年生草本；具乳汁或水液；无刺，稀有刺。单叶对生、轮生，稀互生，全缘，稀有细齿；羽状脉；通常无托叶或退化成腺体，稀有假托叶。花两性，辐射对称，单生或多杂组成聚伞花序，顶生或腋生；花萼裂片5枚，稀4枚，基部合生成筒状或钟状，裂片通常为双盖覆瓦状排列，基部内面通常有腺体；花冠合瓣，高脚碟状、漏斗状、坛状、钟状、盆状稀辐状，裂片5枚，稀4枚，覆瓦状排列，其基部边缘向左或向右覆盖，稀镊合状排列，花冠喉部通常有副花冠或鳞片或膜质或毛状附属体；雄蕊5枚，着生在花冠筒上或花冠喉部，内藏或伸出，花丝分离，花药长圆形或箭头状，2室，分离或互相黏合并贴生在柱头上；花粉颗粒状；花盘环状、杯状或成舌状，稀无花盘；子房上位，稀半下位，1～2室，或为2枚离生或合生心皮所组成；花柱1枚，基部合生或裂开；柱头通常环状、头状或棍棒状，顶端通常2裂；胚珠1至多颗，着生于腹面的侧膜胎座上。果为浆果、核果、蒴果或蓇葖；种子通常一端被毛，稀两端被毛或仅有膜翅或毛翅均缺，通常有胚乳及直胚。

206. 罗布麻 *Apocynum venetum*

多年生草本，高1～2 m，全株含有乳汁。茎直立，无毛。叶对生，椭圆形或长圆状披针形，基部圆形或楔形，先端钝。具有中脉延长的刺尖。边缘稍反卷，平滑无毛；叶柄短。聚伞花序生于茎端或分枝上；苞小形，膜质，披针形，先端尖；萼5裂，裂片披针形或三角状卵形，长约2 mm，被短毛：花冠粉红色或浅紫色，钟形，下部筒状，上端5裂，花冠里面基部有副花冠5；花盘边缘有蜜腺；雄蕊5枚，花药孔裂；雌蕊1枚，柱头2裂。绿色。蓇葖果长角状，熟时黄褐色，带紫晕，成熟后沿粗脉开裂，散出种子。种子多数，黄褐色，近似枣核形，顶端簇生白色细长毛。花期6—7月。果期8—9月。

207. 夹竹桃 *Nerium indicum*

常绿直立大灌木，高可达5 m，枝条灰绿色，嫩枝条具稜，被微毛，老时毛脱落。叶3～4枚轮生，叶面深绿，叶背浅绿色，中脉在叶面陷入，叶柄扁平，聚伞花序顶生，花冠深红色或粉红色，花冠为单瓣呈5裂时，其花冠为漏斗状，种子呈长圆形，花期几乎全年，夏秋为最盛；果期一般在冬、春季，栽培很少结果。

（四十四）萝藦科 Asclepiadaceae

木本，草本，具乳汁。单叶对生，全缘，叶柄顶端常具腺体。花两性，辐射对称；花萼简短，先端5列，内面基部常有腺体；花冠顶端5列，常具副花冠，着生于合蕊冠或花冠管上；雄蕊5枚，与雌蕊合生成合蕊柱；子房上位，2心皮离生；花柱2枚，顶部合生，柱头膨大，常与花药合生。蓇葖果双生，或一个不育单生。种子多数，顶端具白色丝状毛。

208. 杠柳 *Periploca sepium*

落叶蔓性灌木，长可达1.5 m。主根圆柱状，外皮灰棕色，内皮浅黄色。具乳汁，除花外，全株无毛；茎皮灰褐色；小枝通常对生，有细条纹，具皮孔。叶卵状长圆形，长5～9 cm，宽1.5～2.5 cm，顶端渐尖，基部楔形，叶面深绿色。叶背淡绿色；花期5—6月，果期7—9月。

209. 鹅绒藤 *Cynanchum chinense*

多年生草本，全株被短柔毛。根圆柱形，灰黄色。茎缠绕，多分枝。叶对生，宽三角状心形，长3～7 cm，宽3～6 cm，先端渐尖，基部心形，全缘，具长2～5 cm的叶柄。伞状聚伞花序腋生，总花梗长3～5 cm，具多花；花萼5深裂，裂片披针形，花冠白色，辐状，具5深裂，裂片为条状披针形，长4～5 mm；副花冠杯状，外轮5浅裂，裂片三角形，裂片间具5条丝状体，内轮具5条较短的丝状体；花粉每室1个，下垂；柱头近五角形。蓇葖果圆柱形，长8～12 cm；种子矩圆形，长约5 mm，黄棕色，顶端具白绢状种毛。花期6—7月，果期8—9月。

210. 地梢瓜 *C. thesioides*

直立半灌木；地下茎单轴横生；茎自基部多分枝。叶对生或近对生，线形，长3～5 cm，宽2～5 mm，叶背中脉隆起。伞形聚伞花序腋生；花萼外面被柔毛；花冠绿白色；副花冠杯状，裂片三角状披针形，渐尖，高过药隔的膜片。蓇葖纺锤形，先端渐尖，中部膨大，长5～6 cm，直径2 cm；种子扁平，暗褐色，长8 mm；种毛白色绢质，长2 cm。花期5—8月，果期8—10月。

211. 雀瓢 *C. thesioides* var.*australe*

直立半灌木；地下茎单轴横生；茎自基部多分枝。叶对生或近对生，线形，长 3 ～ 5 cm，宽 2 ～ 5 mm，叶背中脉隆起。伞形聚伞花序腋生；花萼外面被柔毛；花冠绿白色；副花冠杯状，裂片三角状披针形，渐尖，高过药隔的膜片。蓇葖纺锤形，先端渐尖，中部膨大，长 5 ～ 6 cm，直径 2 cm；种子扁平，暗褐色，长 8 mm；种毛白色绢质，长 2 cm。花期 5—8 月，果期 8—10 月。

212. 萝藦 *Metaplexis japonica*

多年生草本。成株全体含乳汁。茎缠绕，长可达 2 m 以上，幼时密被短柔毛。叶对生，卵状心形，长 5 ～ 12 cm，宽 4 ～ 7 cm，两面无毛，叶背面粉绿或灰绿色；叶具 2 ～ 5 cm 的长柄，顶端丛生腺体。子叶长椭圆形，长 1.5 cm，宽 0.7 cm，先端钝圆，叶基圆形，有明显羽状脉，全缘，具叶柄。上、下胚轴都很发达，绿色。初生叶 2 片，对生，卵形，先端急尖，叶基钝圆，具长柄，后生叶与初生叶相似。

（四十五）旋花科 Convolvulaceae

旋花科草本、亚灌木或灌木，偶为乔木（产马尔加什的 *Humbertia* 属），在干旱地区有些种类变成多刺的矮灌丛，或在寄生牵牛属 *Parasitipomoea* 为寄生植物；被各式单毛或分叉的毛；常有乳汁；具双韧维管束；有些种类地下具肉质的块根。茎缠绕或攀援，有时平卧或匍匐，偶有直立。叶互生，螺旋排列，寄生种类无叶，通常为单叶，全缘，或不同深度的掌状或羽状分裂至全裂；无托叶，有时有假托叶（为缩短的腋枝的叶）；有叶柄。花通常显著，美丽，单生于叶腋，或少花至多花组成腋生聚伞花序，有时总状，圆锥状，伞形或头状，极少为二歧蝎尾状聚伞花序。雄蕊与花冠裂片等数互生，着生花冠管基部或中部稍下，花丝丝状，有时基部稍扩大，等长或不等长；花药 2 室，内向开裂或侧向纵长开裂；花粉粒无刺或有刺。通常为蒴果，室背开裂、周裂、盖裂或不规则破裂，稀为不开裂的浆果或果应干燥坚硬呈坚果状。种子和胚珠同数，或由于不育而减少，通常呈三棱形，种皮光滑或有各式毛；胚乳小，肉质至软骨质；胚大，具宽的、褶皱或折扇状，全缘或凹头或 2 裂的子叶。

213. 藤长苗 *Calystegia pellita*

多年生草本藤长苗花朵，嫩时有毛，后变无毛。茎缠绕或爬行，少有分枝。叶披针形或长圆形，长 3 ～ 8 cm，宽 5 ～ 20 mm，顶端有小尖头，基部截形或稍呈心形而有不明显的小耳，两面都有细毛；叶柄长 5 ～ 10 mm。花单生叶腋，花柄长 2 ～ 4 cm；苞片 2，卵形，有毛；等片长圆形，近无毛；花冠漏斗状，淡红色，长 4 ～ 6 cm，5 浅裂。蒴果球形 . 种子紫黑色或黑色。花期 6—9 月。

214. 打碗花 *C. hederacea*

一年生草本，全体不被毛，植株通常矮小，高 8 ～ 30（40）cm，常自基部分枝，具细长白色的根。茎细，平卧，有细棱。基部叶片长圆形，长 2 ～ 3（5.5）cm，宽 1 ～ 2.5 cm，顶端圆，基部戟形，上部叶片 3 裂，中裂片长圆形或长圆状披针形，侧裂片近三角形，全缘或 2 ～ 3 裂，叶片基部心形或戟形；叶柄长 1 ～ 5 cm。花腋生，1 朵，花梗长于叶柄，有细棱。

215. 菟丝子 *Cuscuta chinensis*

一年生寄生草本。茎缠绕，黄色，纤细，直径约 1 mm，无叶。花序侧生，少花或多花簇生成小伞形或小团伞花序，近于无总花序梗；苞片及小苞片，鳞片状；花梗稍粗壮，长仅 1 mm；花萼杯状，中部以下连合，裂片三角状，长约 1.5 mm，顶端钝；花冠白色，壶形，长约 3 mm，裂片三角状卵形，顶端锐尖或钝，向外反折，宿存；雄蕊着生花冠裂片弯缺微下处；鳞片长圆形，边缘长流苏状；子房近球形，花柱 2，等长或不等长，柱头球形。蒴果球形，直径约 3 mm，几乎全为宿存的花冠所包围，成熟时整齐的周裂。种子 2 ～ 49 粒，淡褐色，卵形，长约 1mm，表面粗糙。

216. 金灯藤 *C. japonica*

一年生寄生缠绕草本，茎较粗壮，肉质，多分枝，无叶。花无柄或几无柄，形成穗状花序；苞片及小苞片鳞片状；花萼碗状，肉质；花冠钟状，淡红色或绿白色；子房球状，平滑，无毛。蒴果卵圆形，近基部周裂。种子 1 ～ 2 粒，光滑，褐色。花期 8 月，果期 9 月。

217. 田旋花 *Convolvulus arvensis*

多年生草质藤本，近无毛。根状茎横走。茎平卧或缠绕，有棱。叶柄长 1 ～ 2 cm；叶片戟形或箭形，长 2.5 ～ 6 cm，宽 1 ～ 3.5 cm，全缘或 3 裂，先端近圆或微尖，有小突尖头；中裂片卵状椭圆形、狭三角形、披针状椭圆形或线形；侧裂片开展或呈耳形。蒴果球形或圆锥状，无毛；种子椭圆形，无毛。花期 5—8 月，果期 7—9 月。

218. 圆叶牵牛 *Pharbitis purpurea*

一年生缠绕草本植物，叶片圆心形或宽卵状心形，基部圆，心形，顶端锐尖、骤尖或渐尖，两面疏或密被刚伏毛；花腋生，着生于花序梗顶端成伞形聚伞花序，花序梗比叶柄短或近等长，苞片线形，萼片渐尖，花冠漏斗状，紫红色、红色或白色，花冠管通常白色，花丝基部被柔毛；子房无毛，柱头头状；花盘环状。蒴果近球形，种子卵状三棱形，黑褐色或米黄色，被极短的糠秕状毛。5—10 月开花，8—11 月结果。

（四十六）紫草科 Boraginaceae

多为草本，少灌木或乔木。单叶互生。聚伞花序，两性辐射对称，子房 2 室。核果小坚果。体积从最小的勿忘草属、紫草属到直径大于 100 μm 以上。花粉粒常具 3 孔沟并同时常具 3 假沟，4 孔沟有时同时具 4 假沟，及多沟或多孔沟（聚合草属）。有的花粉粒如齿缘草属每沟具两个内孔，有的花粉粒如鹤虱属、紫草属内孔偏于沟的一端。花粉粒表面有小刺状、细网状或颗粒状雕纹。

219. 斑种草 *Bothriospermum chinense*

越年生或一年生草本。茎自基部分枝，高 10 ～ 30cm，斜升或近直立，通常多分枝，有倒贴的短糙毛。基生叶匙形或倒披针形，常皱波状。聚伞总状花序，花冠淡蓝色，喉部附属物梯形，先端 2 深裂。小坚果腹面环状突起横椭圆形。花期 4—6 月。生长于荒地，路边，丘陵草坡，田边，向阳草甸。为中国所特有物种。

220. 鹤虱 *Lappula myosotis*

呈圆柱状，细小，长 3 ～ 4 mm，直径不及 1 mm。表面黄褐色或暗褐色鹤虱，具多数纵棱。一端收缩呈细喙叶，先端扩展成灰白色圆环；另端稍尖，有着生痕迹。果皮薄，纤维性，种皮菲薄透明，子叶 2 片，类白色，稍有油性。气特异，味微苦。

221. 田紫草 *Lithospermum arvense*

一年生草本植物。株高 15 ～ 40 cm。根稍含紫色物质。茎通常单一，基部或根的上部略带淡紫色。叶狭披针形或倒卵状椭圆形，顶端圆钝，基部狭楔形。聚伞花序生于枝上部，花有短柄，花萼裂片线形，花冠白色，外面有毛，喉部无鳞片。小坚果灰白色，顶端狭，表面有瘤状突起。

222. 砂引草 *Messerschmidia sibirica*

多年生草本，高 10 ～ 30 cm，有细长的根状茎。茎单一或数条丛生，直立或斜升，通常分枝，密生糙伏毛或白色长柔毛。叶披针形、倒披针形或长圆形，长 1 ～ 5 cm，宽 6 ～ 10 mm，先端渐尖或钝，基部楔形或圆，密生糙伏毛或长柔毛，中脉明显，上面凹陷，下面突起，侧脉不明显，无柄或近无柄。花序顶生，直径 1.5 ～ 4 cm；萼片披针形，长 3 ～ 4 mm，密生向上的糙伏毛；花期 5 月，果实 7 月成熟。

223. 紫筒草 *Stenosolenium saxatile*

多年生草本，根细长，有紫色物质。茎直立或斜升，多分枝。叶倒披针状条形或披针状条形，长 1.5 ～ 3.5 cm，宽 2 ～ 4 mm。花序顶生，逐渐延长；苞片叶状；花具短梗；花萼 5 深裂。裂片条形，长约 6 mm；花冠紫色、青紫色或白色，筒细，长 6 ～ 9 mm，基部有具毛的环，裂片 5 片，比花冠筒短很多；子房 4 裂，花柱顶部 2 裂，柱头 2，头状。小坚果 4 枚，三角状卵形，长约 2 mm，有小瘤状凸起，腹面基部有短柄。花期 5—6 月，果期 6—8 月。

224. 附地菜 *Trigonotis peduncularis*

一年生草本，高 5～30 cm；茎通常自基部分枝，纤细。匙形、椭圆形或披针形的小叶互生，基部狭窄，两面均具平伏粗毛。螺旋聚伞花序，花冠蓝色，花序顶端呈旋卷状。4 枚四面体形小坚果。花期 5—6 月。

（四十七）唇形科 Labiatae

多年生至一年生草本，半灌木或灌木，极稀乔木或藤本，常具含芳香油的表皮，有柄或无柄的腺体，以及各种各样的单毛、具节毛、甚至于星状毛和树枝状毛，常具有四棱及沟槽的茎和对生或轮生的枝条。

根纤维状，稀增厚成纺锤形，极稀具小块根。偶有新枝形成具多少退化叶的气生走茎或地下匍匐茎，后者往往具肥短节间及无色叶片。叶为单叶，全缘至具有各种锯齿，浅裂至深裂，稀为复叶，对生（常交互对生），稀 3～8 枚轮生，极稀部分互生。花很少单生。花序聚伞式，通常由两个小的 3 至多花的二歧聚伞花序在节上形成明显轮状的轮伞花序（假轮）；或多分枝而过渡到成为一对单歧聚伞花序，稀仅为 3～1 花的小聚伞花序，后者形成每节双花的现象。由于主轴完全退化而形成密集的无柄花序，或主轴及侧枝均或多或少发达，苞叶退化成苞片状，而由数个至许多轮伞花序聚合成顶生或腋生的总状，穗状，圆锥状，稀头状的复合花序，稀由于花向主轴一面聚集而成背腹状（开向一面），极稀每苞叶承托一花，由于花亦互生而形成真正的总状花序。苞叶常在茎上向上逐渐过渡成苞片，每花下常又有一对纤小的小苞片（在单歧花序中则仅一片发达）；很少有不具苞片及小苞片，或苞片及小苞片趋于发达而有色，具针刺，叶状或特殊形状。

果通常裂成 4 枚果皮干燥的小坚果，稀核果状（锥花亚科 Prasioideae Brig.）而具多少坚硬的内果皮及肉质或多汁的外果皮，倒卵圆形或四棱形，光滑，具毛或有皱纹、雕纹，稀具边或顶生或周生的翅（有时背腹压扁，稀背腹分化），具小的基生果脐，稀由于侧腹面相接而形成大而显著、高度有时超过果轴一半的果脐，极稀近背面相接（具基部一背部的合生面，如薰衣草属 *Lavandula* Linn.），稀花托的小部分与小坚果分离而形成一油质体（elaiosome）（如筋骨草属 *Ajuga* Linn.、野芝麻属 *Laxnium* Linn. 及迷迭香属 *Rosmarinus* Linn.）；种子每坚果单生，直立，极稀横生而皱曲，具薄而以后常全部被吸收的种皮，基生，稀侧生。胚乳在果时无或如存在则极不发育。胚具扁平，稀凸或有折，微肉质，与果轴平行或横生的子叶；幼根短，在下面，例外的为弯曲而位于一片子叶上（即背依子叶，如黄芩属 *Scutellaria* Linn.）。

225. 夏至草 *Lagopsis supina*

多年生草本，披散于地面或上升，具圆锥形的主根。茎四棱形，具沟槽，带紫红色，密被微柔毛，常在基部分枝。叶轮廓为圆形，先端圆形，基部心形，3～5出掌状叶脉；叶柄长，基生叶扁平，上面微具沟槽。轮伞花序疏花，小苞片稍短于萼筒，弯曲，刺状，密被微柔毛。花萼管状钟形，外密被微柔毛，内面无毛。花冠白色，稀粉红色，稍伸出于萼筒；冠檐二唇形，上唇直伸，比下唇长，长圆形，全缘，下唇斜展，3浅裂，中裂片扁圆形，2侧裂片椭圆形。雄蕊4枚，着生于冠筒中部稍下，不伸出，后对较短；花药卵圆形，2室。花柱先端2浅裂。小坚果长卵形，长约1.5 mm，褐色，有鳞秕。花期3—4月，果期5—6月。

226. 益母草 *Leonurus japonicus*

一年生或二年生草本，有于其上密生须根的主根。茎直立，通常高30～120 cm，钝四棱形，微具槽，有倒向糙伏毛，在节及棱上尤为密集，在基部有时近于无毛，多分枝，或仅于茎中部以上有能育的小枝条。花序最上部的苞叶近于无柄，线形或线状披针形，长3～12 cm，宽2～8 mm，全缘或具稀少牙齿。轮伞花序，腋生，具8～15花，轮廓为圆球形，直径2～2.5 cm，多数远离而组成长穗状花序；小苞片刺状，向上伸出，基部略弯曲，比萼筒短，长约5 mm，有贴生的微柔毛；花梗无。花期通常6—9月，果期9—10月。

227. 细叶益母草 *L. sibiricus*

一年生或二年生草本，有圆锥形的主根。茎直立，高20～80 cm，钝四棱形，微具槽，有短而贴生的糙伏毛，单一，或多数从植株基部发出，不分枝，或于茎上部稀在下部分枝。茎最下部的叶早落，中部的叶轮廓为卵形，长5 cm，宽4 cm，基部宽楔形，掌状3全裂，裂片呈狭长圆状菱形，其上再羽状分裂成3裂的线状小裂片，小裂片宽1～3 mm，上面绿色，疏被糙伏毛，叶脉下陷，下面淡绿色，被疏糙伏毛及腺点，叶脉明显凸起且呈黄白色，叶柄纤细，长约 2cm，腹面具槽，背面圆形，被糙伏毛；花序最上部的苞叶轮廓近于菱形，3 全裂成狭裂片，中裂片通常再 3 裂，小裂片均为线形，宽 1 ～ 2 mm。花期 7—9 月，果期 9 月。

228. 薄荷 *Mentha canadensis*

多年生草本。根须状。茎直立，高 30 ～ 60 cm，锐四棱形，具四槽，上部被倒向微柔毛，下部仅沿棱上被微柔毛，多分枝。单叶对生，卵形或卵状矩圆形，叶绿有锯齿，两面有灰色短毛。轮伞花序，腋生，轮廓球形，具梗或无梗，被微柔毛。小坚果卵珠形，黄褐色，具小腺窝。花期 7—9 月，果期 10 月。

229. 荔枝草 *Salvia plebeia*

一年生或二年生草本；主根肥厚，向下直伸，有多数须根。茎直立，高 15 ～ 90 cm，粗壮，多分枝，被向下的灰白色疏柔毛。叶椭圆状卵圆形或椭圆状披针形，长 2 ～ 6 cm，宽 0.8 ～ 2.5 cm，先端钝或急尖，基部圆形或楔形，边缘具圆齿、牙齿或尖锯齿，上面被稀疏的微硬毛，下面被短疏柔毛，余部散布黄褐色腺点；叶柄长 4 ～ 15 mm，腹凹背凸，密被疏柔毛。花期 4—5 月，果期 6—7 月。

230. 半枝莲 *Scutellaria barbata*

多年生草本，半枝莲根茎短粗，生出簇生的须状根。茎直立，四棱形，无毛或在序轴上部疏被紧贴的小毛。叶具短柄或近无柄，疏被小毛；叶片三角状卵圆形或卵圆状披针形，先端急尖，基部宽楔形或近截形，边缘具疏浅钝齿，上面橄榄绿色，下面淡绿有时带紫色，两面沿脉上疏被紧贴的小毛或几无毛，侧脉 2 ～ 3 对，与中脉在上面凹陷下面凸起。花单生于茎或分枝上部叶腋内，苞叶下部者似叶，较小上部者更变小，椭圆形至长椭圆形，全缘，上面散布下面沿脉疏被小毛；花梗长 1 ～ 2 mm，被微柔毛，中部有一对长约 0.5 mm 具纤毛的针状小苞片。小坚果褐色，扁球形，径约 1 mm，具小疣状突起。花果期 4—7 月。

231. 水苏 *Stachys japonica*

多年生草本，高 20 ～ 80 cm，有在节上生须根的根茎。茎单一，直立，基部多少匍匐，四棱形，具槽，在棱及节上被小刚毛，余部无毛。茎叶长圆状宽披针形，长 5 ～ 10 cm，宽 1 ～ 2.3 cm，先端微急尖，基部圆形至微心形，边缘为圆齿状锯齿，上面绿色，下面灰绿色，两面均无毛，叶柄明显，长 3 ～ 17 mm，近茎基部者最长，向上渐变短；苞叶披针形，无柄，近于全缘，向上渐变小，最下部者超出轮伞花序，上部者等于或短于轮伞花序。花期 5—7 月，果期 7 月以后。

（四十八）茄科 Solanaceae

一年生至多年生草本、半灌木、灌木或小乔木；直立、匍匐、扶升或攀援；有时具皮刺，稀具棘刺。单叶全缘、不分裂或分裂，有时为羽状复叶，互生或在开花枝段上大小不等的二叶双生；无托叶。花单生，簇生或为蝎尾式、伞房式、伞状式、总状式、圆锥式聚伞花序，稀为总状花序；顶生、枝腋或叶腋生，或者腋外生；两性或稀杂性，辐射对称或稍微两侧对称，通常 5 基数、稀 4 基数。花萼通常具 5 牙齿、5 中裂或 5 深裂，稀具 2、3、4 至 10 牙齿或裂片，极稀截形而无裂片，裂片在花蕾中镊合状、外向镊合状、内向镊合状或覆瓦状排列，或者不闭合，花后几乎不增大或极度增大，果时宿存，稀自近基部周裂而仅基部宿存；花冠具短筒或长筒，辐状、漏斗状、高脚碟状、钟状或坛状，檐部 5（稀 4 ～ 7 或 10) 浅裂、中裂或深裂，裂片大小相等或不相等，在花蕾中覆瓦状、镊合状、内向镊合状排列或折合而旋转；雄蕊与花冠裂片同数而互生，伸出或不伸出于花冠，同形或异形（即花丝不等长或花药大小或形状相异）、有时其中 1 枚较短而不育或退化，插生于花冠筒上，花丝丝状或在基部扩展，花药基底着生或背面着生、直立或向内弓曲、有时靠合或合生成管状而围绕花柱，药室 2，纵缝开裂或顶孔开裂；子房通常由 2 枚心皮合生而成，2 室、有时 1 室或有不完全的假隔膜而在下部分隔成 4 室、稀 3 ～ 5（6) 室，2 心皮不位于正中线上而偏斜，花柱细瘦，具头状或 2 浅裂的柱头；中轴胎座；胚珠多颗、稀少数至 1 颗，倒生、弯生或横生。果实为多汁浆果或干浆果，或者为蒴果。种子圆盘形或肾脏形；胚乳丰富、肉质；胚弯曲成钩状、环状或螺旋状卷曲、位于周边而埋藏于胚乳中，或直而位于中轴位上。

232. 曼陀罗 *Datura stramonium*

直立木质一年生草本，在低纬度地区可长成亚灌木，高 0.5 ～ 1.5 m，全体近于平滑或在幼嫩部分被短柔毛。茎粗壮，圆柱状，淡绿色或带紫色，下部木质化。叶互生，上部呈对生状，叶片卵形或宽卵形，顶端渐尖，基部不对称楔形，有不规则波状浅裂，裂片顶端急尖，有时亦有波状牙齿，侧脉每边 3 ～ 5 条，直达裂片顶端，长 8 ～ 17 cm，宽 4 ～ 12 cm；叶柄长 3 ～ 5 cm。蒴果直立生，卵状，长 3 ～ 4.5 cm，直径 2 ～ 4 cm，表面生有坚硬针刺或有时无刺而近平滑，成熟后淡黄色，规则 4 瓣裂。种子卵圆形，稍扁，长约 4 mm，黑色。一般花期 6—10 月，果期 7—11 月。

233. 毛曼陀罗 *D. innoxia*

一年生直立草本或半灌木状，高 1 ～ 2 m，茎粗壮，下部灰白色，叶片广卵形，花单生于枝杈间或叶腋，直立或斜升；花萼圆筒状而不具棱角，花冠长漏斗状，蒴果俯垂，近球状或卵球状，种子扁肾形，褐色。花果期 6—9 月。

234. 天仙子 *Hyoscyamus niger*

二年生草本，高达 1 m，全体被黏性腺毛。根较粗壮。一年生的茎极短，茎生叶卵形或三角状卵形，顶端钝或渐尖。花在茎中部以下单生于叶腋，在茎上端则单生于苞状叶腋内而聚集成蝎尾式总状花序。蒴果包藏于宿存萼内，长卵圆状，长约 1.5 cm，直径约 1.2 cm。种子近圆盘形，直径约 1 mm，淡黄棕色。夏季开花、结果。

235. 枸杞 *Lycium chinense*

落叶或常绿灌木，有刺或无刺；叶互生，常成丛，小而狭；花淡绿色至青紫色，腋生，单生或成束；萼钟状，2 ～ 5 齿裂，裂片花后不甚增大；花冠漏斗状，稀筒状或近钟状，檐 5 裂，很少 4 裂，裂片基部常有显著的耳片，冠筒喉部扩大，雄蕊 5 枚，着生于冠筒的中部或中部以下，花丝基部常有毛环，药室纵裂；子房 2 室，柱头 2 浅裂，胚珠多数或少数；果为一浆果，有种子数至多颗，通常大红色。

236. 宁夏枸杞 *Lycium. barbarum*

灌木，或栽培因人工整枝而成大灌木，高 0.8 ～ 2 m，栽培时茎粗直径达 10 ～ 20 cm；分枝细密，野生时多开展而略斜生或弓曲。叶互生或簇生，披针形或长椭圆状披针形，顶端短渐尖或急尖，基部楔形。花在长枝上 1 ～ 2 朵生于叶腋，在短枝上 2 ～ 6 朵同叶簇生；花梗长 1 ～ 2 cm，向顶端渐增粗。浆果红色或在栽培类型中也有橙色，果皮肉质，多汁液。种子常 20 余粒，略呈肾脏形，扁压，棕黄色，长约 2 mm。花果期较长，一般从 5 月到 10 月边开花边结果。

237. 龙葵 *Solanum nigrum*

一年生直立草本植物，高 0.25 ～ 1 m，茎无棱或棱不明显，绿色或紫色，近无毛或被微柔毛。叶卵形，长 2.5 ～ 10 cm，宽 1.5 ～ 5.5 cm，先端短尖，基部楔形至阔楔形而下延至叶柄，全缘或每边具不规则的波状粗齿，光滑或两面均被稀疏短柔毛，叶脉每边 5 ～ 6 条，叶柄长 1 ～ 2 cm。浆果球形，直径约 8 mm，熟时黑色。种子多数，近卵形，直径 1.5 ～ 2 mm，两侧压扁。

238. 青杞 *S. septemlobum*

草本或半灌木。茎直立，具棱，基部木质化，被白色弯曲短柔毛或近无毛。叶互生，卵形，先端钝，基部楔形，5～7 裂，稀上部近全缘，裂片常卵状长圆形至披针形，全缘或具尖齿，两面均被短疏柔毛，叶脉及叶缘较密，叶柄被短柔毛。二歧聚伞花序，顶生或腋外生，微被柔毛或近无毛；花梗纤细，近无毛；花萼杯状，5 裂，裂片三角形，外面被疏柔毛；花冠辐状，蓝紫色，5 裂，裂片长圆形，雄蕊 5 枚，花药长圆形，淡黄色，长为花丝的 1 倍；子房卵形，花柱丝状，柱头头状。浆果近球形，熟后红色；种子扁圆形。花期 6—8 月，果期 7—9 月。

239. 酸浆 *Physalis alkekengi*

多年生直立草本植物，株高 50 ～ 80 cm，地上茎常不分枝，有纵棱，茎节膨大，幼茎被有较密的柔毛。根状茎白色，横卧地下，多分枝，节部有不定根。叶互生，每节生有 1 ～ 2 片叶，叶有短柄，长 1 ～ 3 cm，叶片卵形，长 6 ～ 9 cm，宽 5 ～ 7 cm，先端渐尖，基部宽楔形，边缘有不整齐的粗锯齿或呈波状，无毛。花 5 基数，单生于叶腋内，每株 5 ～ 10 朵。花期 5—9 月，果期 6—10 月。

（四十九）玄参科 Scrophulariaceae

草本、灌木或少有乔木。叶互生、下部对生而上部互生、或全对生、或轮生，无托叶。花序总状、穗状或聚伞状，常合成圆锥花序，向心或更多离心。花常不整齐；萼下位，常宿存，5 少有 4 基数；花冠 4 ～ 5 裂，裂片多少不等或作二唇形；雄蕊常 4 枚，而有 1 枚退化，少有 2 ～ 5 枚或更多，药 1 ～ 2 室，药室分离或多少汇合；花盘常存在，环状，杯状或小而似腺；子房 2 室，极少仅有 1 室；花柱简单，柱头头状或 2 裂或 2 片状；胚珠多数，少有各室 2 颗，倒生或横生。果为蒴果，少有浆果状，具生于 1 游离的中轴上或着生于果爿边缘的胎座上；种子细小，有时具翅或有网状种皮，脐点侧生或在腹面，胚乳肉质或缺少；胚伸直或弯曲。

240. 柳穿鱼 *Linaria vulgaris*

柳穿鱼属多年生草本植物，植株高可达 80 cm，茎叶无毛。茎直立，叶通常多数而互生，常单脉，总状花序，花期短而花密集，苞片条形至狭披针形，超过花梗；花萼裂片披针形，外面无毛，内面多少被腺毛；花冠黄色，蒴果卵球状，种子盘状，边缘有宽翅，6—9 月开花。

241. 通泉草 *Mazus japonicus*

为通泉草属的一年生草本植物。高 3 ～ 30 cm，无毛或疏生短柔毛。总状花序生于茎、枝顶端，常在近基部即生花，伸长或上部成束状，通常 3 ～ 20 朵，花稀疏；花萼钟状；花冠白色、紫色或蓝色。蒴果球形；种子小而多数，黄色。花果期 4—10 月。

242. 弹刀子菜 *M. stachydifolius*

多年生草本，高10～50 cm。粗壮，全株被白色长柔毛。根状茎短；茎直立，稀上升，圆柱形，不分枝或基部分枝，老时基部木质化。基生叶匙形，有短柄，常早枯；茎生叶对生，上部的常互生，无柄；叶片长椭圆形至倒卵状披针形；纸质，长2～7 cm，以茎中部的量大，边缘具锯齿。花期4—6月，果期7—9月。

243. 地黄 *Rehmannia glutinosa*

多年生草本植物，高可达30 cm，根茎肉质，鲜时黄色，在栽培条件下，茎紫红色。直径可达5.5 cm，叶片卵形至长椭圆形，叶脉在上面凹陷，花在茎顶部略排列成总状花序，花冠外紫红色，内黄紫色，药室矩圆形，蒴果卵形至长卵形，花果期4—7月。

244. 毛泡桐 *Paulownia tomentosa*

乔木，高达20 m，树冠宽大伞形，树皮褐灰色；小枝有明显皮孔，幼时常具黏质短腺毛。叶片心脏形，长达40 cm，顶端锐尖头。花序枝的侧枝不发达，长约中央主枝之半或稍短，故花序为金字塔形或狭圆锥形，长一般在50 cm以下。蒴果卵圆形，幼时密生黏质腺毛，长3～4.5cm，宿萼不反卷，果皮厚约1 mm；种子连翅长2.5～4 mm。花期4—5月，果期8—9月。

（五十）芝麻科 Pedaliaceae

一年生草本，稀灌木，具腺毛。叶对生，最上的有时互生，单叶，全缘或浅裂，无托叶。花出于叶腋，单生或聚伞花序（常具3花），柄的基部，具1～2个特殊腺体（变形的花），两性，萼片5枚，基部结合，花冠常广筒形，5裂，稍二唇形，雄蕊4枚，二强，着生于花冠（后方第5枚退化为假雄蕊），花药2室，纵裂，花粉粒扁球形或近长球形，具3孔沟，或具3孔，更多的具多沟或散孔。子房上位，2室，或因假隔膜隔成4室，中轴胎座，每室有1颗至多颗倒生胚珠，花柱细长，柱头2。蒴果室背裂开，或坚果，种子平滑，胚乳薄肉质，胚直伸。

245. 芝麻 *Sesamum indicum*

一年生直立草本。高 60 ～ 150 cm，分枝或不分枝，中空或具有白色髓部，微有毛。叶矩圆形或卵形，下部叶常掌状 3 裂，中部叶有齿缺，上部叶近全缘；叶柄长 1 ～ 5 cm。花单生或 2 ～ 3 朵同生于叶腋内。花萼裂片披针形，被柔毛。花冠筒状，白色而常有紫红色或黄色的彩晕。雄蕊 4 枚，内藏。子房上位，4 室，被柔毛。蒴果矩圆形，有纵棱，直立，被毛，分裂至中部或至基部。种子有黑白之分。花期夏末秋初。

246. 茶菱 *Trapella sinensis*

多年生水生草本。根状茎横走。茎绿色，长达 60 cm。叶对生，表面无毛，背面淡紫红色；沉水叶三角状圆形至心形，长 1.5 ～ 3 cm，宽 2.2 ～ 3.5 cm，顶端钝尖，基部呈浅心形；叶柄长 1.5 cm。果实圆柱形，直径 1.5 ～ 2 cm，不裂，有翅，在宿花花萼下有 5 根细长针刺，其中 3 根长 4 ～ 7 cm，顶端卷曲，2 根钻刺状，长达 2.5 cm。花果期 6—9 月。

（五十一）狸藻科 Lentibulariaceae

一年生或多年生食虫草本，陆生、附生或水生。茎及分枝常变态成根状茎、匍匐枝、叶器（foliarorgans）和假根（rhizoids）。仅捕虫堇属（*Pinguicula*）和旋刺草属（*Genlisea*）具叶，其余无真叶而具叶器。托叶不存在。除捕虫堇属外均有捕虫囊。花单生或排成总状花序；花序梗直立，稀缠绕。花两性，虫媒或闭花受精。花萼 2 裂、4 裂或 5 裂，裂片镊合状或覆瓦状排列，宿存并常于花后增大。花冠合生，左右对称，檐部二唇形，上唇全缘或 2（3）裂，下唇全缘或 2 ～ 3（6）裂，裂片覆瓦状排列，筒部粗短，基部下延成囊状、圆柱状、狭圆锥状或钻形的距。雄蕊 2 枚，着生于花冠筒下（前）方的基部，与花冠的裂片互生；花丝线形，常弯曲；花药背着，2 药室极叉开，于顶端汇合或近分离。退化雄蕊和花盘均不存在。雌蕊 1 枚，由 2 个心皮构成；子房上位，1 室，特立中央胎座或基底胎座；胚珠 2 颗至多颗，倒生，基部略嵌入胎座，具单珠被和一囊伏于珠孔端开口的珠被绒毡层，薄珠心；花柱短或不存在；柱头不等 2 裂，上唇较小至消失。蒴果球形、卵球形或椭圆球形，室背开裂或兼室间开裂，有时周裂或不规则开裂，稀不裂。种子多数至少数，稀单生，细小，椭圆球形、卵球形、球形长球形、圆柱形、盘状或双凸镜状；无胚乳；种皮具网状突起、疣突、棘刺或倒刺毛，稀平滑或具扁平的糙毛。

247. 狸藻 *Utricularia vulgaris*

多年生水生食虫草本。茎较粗，呈绳索状，多分枝。叶互生，呈二回羽状分裂，裂片呈线形，长 2 ～ 4 cm，边缘具刺状齿，小羽片下生有捕虫囊，卵形，具短梗。花葶长 15 ～ 25 cm，疏生花 7 ～ 11 朵，花梗长 1 ～ 1.5 cm；苞片和鳞片卵形，顶端钝尖，透明，膜质，长 3 ～ 5 mm；花萼 2 裂，上裂片宽披针形，锐尖，下裂片宽卵形，顶端 2 浅裂；花冠黄色，唇形，上唇宽卵形，下唇较长，顶端 3 浅裂；雄蕊 2 枚；子房 1 室，柱头圆形，膜质。蒴果球形，直径约 5 mm，外面有宿存萼包围；种子多数，六角柱形。花果期 6—8 月。

（五十二）紫葳科 *Bignoniaceae*

乔木、灌木或木质藤本，稀为草本；常具有各式卷须及气生根。叶对生、互生或轮生，单叶或羽叶复叶，稀掌状复叶；顶生小叶或叶轴有时呈卷须状，卷须顶端有时变为钩状或为吸盘而攀援他物；无托叶或具叶状假托叶；叶柄基部或脉腋处常有腺体。花两性，左右对称，通常大而美丽，组成顶生、腋生的聚伞花序、圆锥花序、总状花序或总状式簇生，稀老茎生花（*Mayodendrom*）；苞片及小苞片存在或早落。花萼钟状、筒状，平截，或具 2 ～ 5 齿，或具钻状腺齿。花冠合瓣，钟状或漏斗状，常二唇形，5 裂，裂片覆瓦状或镊合状排列。能育雄蕊通常 4 枚，具 1 枚后方退化雄蕊，有时能育雄蕊 2 枚，具或木具 3 枚退化雄蕊，稀 5 枚雄蕊均能育，着生于花冠筒上。花盘存在，环状，肉质。子房上位，2 室稀 1 室，或因隔膜发达而成 4 室；中轴胎座或侧膜胎座；胚珠多数，叠生；花柱丝状，柱头呈唇形。蒴果，室间或室背开裂，形状各异，光滑或具刺，通常下垂，稀为肉质不开裂；隔膜各式，圆柱状、板状增厚，稀为十字形（横切面），与果瓣平行或垂直。种子通常具翅或两端有束毛，薄膜质，极多数，无胚乳。

248. 角蒿 *Incarvillea sinensis*

一年生至多年生草本植物，具分枝的茎，高可达 80 cm；根近木质而分枝。叶片互生，不聚生于茎的基部，形态多变异，小叶不规则细裂，末回裂片线状披针形，顶生总状花序，疏散，小苞片绿色，线形，花萼钟状，绿色带紫红色，长和宽均约 5 mm，萼齿钻状，花冠淡玫瑰色或粉红色，有时带紫色，5—9 月开花，10—11 月结果。

249. 凌霄 *Campsis grandiflora*

落叶攀援藤本，茎木质，表皮脱落，枯褐色，以气生根攀附于他物之上。叶对生，为奇数羽状复叶顶生疏散的短圆锥花序。花萼钟状，花冠内面鲜红色，外面橙黄色。雄蕊着生于花冠筒近基部，花丝线形，细长。花药黄色，个字形着生。花柱线形，柱头扁平。蒴果顶端钝。花期 5—8 月。

（五十三）忍冬科 Caprifoliaceae

灌木或木质藤本，有时为小乔木或小灌木，叶对生，很少为奇数羽状复叶（接骨木属），无托叶或具叶柄间托叶，花序聚伞状，常具发达的小苞片。花两性，花冠合瓣，辐状、筒状、高脚碟状、漏斗状或钟状，有时花冠两唇形，子房下位，每室含胚珠。果实为肉质浆果、核果、蒴果、瘦果或坚果。

250. 华北忍冬 *Lonicera tatarinowii*

落叶灌木，高可达 2 m；幼枝、叶柄和总花梗均无毛。冬芽宿存、顶尖的外鳞片。叶片矩圆状披针形或矩圆形，面无毛，下面除中脉外有灰白色细绒毛，总花梗纤细，苞片三角状披针形，无毛；杯状小苞有缘毛；萼齿三角状披针形，不等形，比萼筒短；花冠黑紫色，唇形，中裂较短，下唇舌状；雄蕊生于花冠喉部，花丝无毛或仅基部有柔毛；花柱有短毛。果实红色，近圆形，种子褐色，矩圆形或近圆形，5—6 月开花，8—9 月果实成熟

251. 金银花 *L. japonica*

多年生半常绿缠绕及匍匐茎的灌木。小枝细长，中空，藤为褐色至赤褐色。卵形叶子对生，枝叶均密生柔毛和腺毛。夏季开花，苞片叶状，唇形花有淡香，外面有柔毛和腺毛，雄蕊和花柱均伸出花冠，花成对生于叶腋，花色初为白色，渐变为黄色，黄白相映，球形浆果，熟时黑色。果实圆形，直径 6～7 mm，熟时蓝黑色，有光泽；种子卵圆形或椭圆形，褐色，长约 3 mm，中部有 1 凸起的脊，两侧有浅的横沟纹。花期 4—6 月（秋季亦常开花），果熟期 10—11 月。

（五十四）列当科 Orobanchaceae

寄生草本，无叶绿素，或只有少许叶绿素。叶鳞形，互生。花单生于叶腋或苞腋，常集成顶生总状或穗状花序，两性，萼 2 ～ 5 裂，花冠 5 裂，二唇形，裂片覆瓦状排列。雄蕊 4 枚，2 强，着生花冠上，雌蕊由 2（稀 3）心皮结合而成，子房上位，常 1 室，有多颗倒生胚珠，蒴果室背裂开。有 13 属 180 种。主产于北温带欧亚大陆，少数产于美洲及热带地区。以列当属为最大，含 140 种。

252. 列当 *Orobanche coerulescens*

全株密被蛛丝状长绵毛。茎直立，不分枝，列当具明显的条纹，基部常稍膨大。叶干后黄褐色，生于茎下部的较密生或多年生寄生草本，上部的渐变稀疏，卵状披针形，长 1.5 ～ 2 cm，宽 5 ～ 7 mm，连同苞片和花萼外面及边缘密被蛛丝状长绵毛。花期 4—7 月，果期 7—9 月。

（五十五）车前科 Plantaginaceae

一年生、二年生或多年生草本，稀为小灌木，陆生、沼生，稀为水生。根为直根系或须根系。茎通常变态成紧缩的根茎，根茎通常直立，少数具直立和节间明显的地上茎。叶螺旋状互生，通常排成莲座状，或于地上茎上互生、对生或轮生。

253. 平车前 *Plantago depressa*

一年生或二年生草本。直根长，具多数侧根，多少肉质。根茎短。叶基生呈莲座状，平卧、斜展或直立；叶片纸质，椭圆形、椭圆状披针形或卵状披针形，长 3 ～ 12 cm，宽 1 ～ 3.5 cm，先端急尖或微钝，边缘具浅波状钝齿、不规则锯齿或牙齿，基部宽楔形至狭楔形，下延至叶柄，脉 5 ～ 7 条，上面略凹陷，于背面明显隆起，两面疏生白色短柔毛；叶柄长 2 ～ 6 cm，基部扩大成鞘状。蒴果卵状椭圆形至圆锥状卵形，长 4 ～ 5 mm，于基部上方周裂。种子 4 ～ 5 粒，椭圆形，腹面平坦，长 1.2 ～ 1.8 mm，黄褐色至黑色；子叶背腹向排列。花期 5—7 月，果期 7—9 月。

254. 车前 *P. asiatica*

多年生草本，连花茎高达 50 cm，具须根。叶根生，具长柄，几与叶片等长或长于叶片，基部扩大；叶片卵形或椭圆形，长 4 ～ 12 cm，宽 2 ～ 7 cm，先端尖或钝，基部狭窄成长柄，全缘或呈不规则波状浅齿，通常有 5 ～ 7 条弧形脉。花茎数个，高 12 ～ 50 cm，具棱角，有疏毛；穗状花序为花茎的 2/5 ～ 1/2；花淡绿色，每花有宿存苞片 1 枚，三角形；花萼 4 枚，基部稍合生，椭圆形或卵圆形，宿存；花冠小，胶质，花冠管卵形，先端 4 裂，裂片三角形，向外反卷；种子 4 ～ 8 粒或 9 粒，近椭圆形，黑褐色。花期 6—9 月，果期 7—10 月。

（五十六）茜草科 Rubiaceae

多为木本，少数为草本。叶对生，很少 3 枚轮生，通常全缘，具托叶。本科的共同解剖构造有：气孔常分布于叶片的下面，为 2 至多个辅助细胞所伴随，这些细胞平均列于孔口的旁边；叶片无腺毛；茎的维管束为单一并生型。早期的分类系统（克朗奎斯特分类法）将茜草科分类在茜草目内，濒危种。

255. 猪殃殃 *Galium a parine*

多枝、蔓生或攀援状草本，通常高 30 ～ 90 cm ；茎有 4 棱角；棱上、叶缘、叶脉上均有倒生的小刺毛。叶纸质或近膜质，6 ～ 8 片轮生，稀为 4 ～ 5 片，带状倒披针形或长圆状倒披针形，长 1 ～ 5.5 cm，宽 1 ～ 7 mm，顶端有针状凸花尖头，基部渐狭，两面常有紧贴的刺状毛，常萎软状，干时常卷缩，果干燥，有 1 个或 2 个近球状的分果爿，直径达 5.5 mm，肿胀，密被钩毛，果柄直，长可达 2.5 cm，较粗，每一片有 1 粒平凸的种子。花期 3—7 月，果期 4—11 月。

256. 茜草 *Rubia cordifolia*

草质攀援藤木，长通常 1.5 ～ 3.5 m；根状茎和其节上的须根均红色；茎数至多条，从根状茎的节上发出，细长，方柱形，有 4 棱，棱上生倒生皮刺，中部以上多分枝。叶通常 4 片轮生，纸质，披针形或长圆状披针形，长 0.7 ～ 3.5 cm，顶端渐尖，有时钝尖，基部心形，边缘有齿状皮刺，两面粗糙，脉上有微小皮刺；基出脉 3 条，极少外侧有 1 对很小的基出脉。果球形，直径通常 4 ～ 5 mm，成熟时橘黄色。花期 8—9 月，果期 10—11 月。

（五十七）葫芦科 Cucurbitaceae

草质藤本，具卷须，茎常具纵沟。单叶互生，掌状浅裂至深裂，有时为复叶，具柄，无托叶，叶缘有锯齿稀全缘。花单性同株或异株，稀两性；雄花：花萼辐状、管状或钟状，5 裂，花冠插生萼管檐部，基部合生或完全分离，5 裂，裂片全缘或流苏状，雄蕊（3～）5 枚，插生萼筒或檐部，花丝分离或合生呈柱状，花药分离或靠合，纵向开裂；雌花：花萼与花冠同雄花，有或无退化雄蕊，子房下位，稀半下位，常由 3 心皮组成，稀 4～5 心皮，侧膜胎座，胚珠多颗，极少 1 颗胚珠，花柱单一或顶部 3 裂，柱头膨大，2 裂或流苏状。不开裂肉质浆果，或果皮木质或纸质干果，成熟后盖裂或 3 片纵裂，1～3 室。

种子多数，稀少粒或至 1 粒，扁，种皮具各种纹饰，无胚乳，胚直，胚根短，子叶大而扁，常富含油脂。

257. 栝楼 *Trichosanthes kirilowii*

栝楼属多年生攀援草本，长可达 10 m。根状茎肥厚，圆柱状，外皮黄色。茎多分枝，无毛；叶互生，近圆形或心形，雌雄异株；雄花数朵总状花序，少有单生，花冠裂片倒卵形，雌花单生，子房卵形，果实近球形，熟时橙红色。花果期 7—11 月。

（五十八）菊科 Compositae

草本、亚灌木或灌木，稀为乔木。有时有乳汁管或树脂道。叶通常互生，稀对生或轮生，全缘或具齿或分裂，无托叶，或有时叶柄基部扩大成托叶状。

花两性或单性，极少有单性异株，整齐或左右对称，五基数，少数或多数密集成头状花序或为短穗状花序，为 1 层或多层总苞片组成的总苞所围绕；头状花序单生或数个至多数排列成总状、聚伞状、伞房状或圆锥状；花序托平或凸起，具窝孔或无窝孔，无毛或有毛；具托片或无托片；萼片不发育，通常形成鳞片状、刚毛状或毛状的冠毛；花冠常辐射对称，管状，或左右对称，两唇形，或舌状，头状花序，盘状或辐射状，有同形的小花，全部为管状花或舌状花，或有异形小花，即外围为雌花，舌状，中央为两性的管状花。

雄蕊 4～5 个，着生于花冠管上，花药内向，合生成筒状，基部钝，锐尖，戟形或具尾；花柱上端两裂，花柱分枝上端有附器或无附器；子房下位，合生心皮 2 枚，1 室，具 1 颗直立的胚珠；果为不开裂的瘦果；种子无胚乳，具 2 个，稀 1 个子叶。

258. 黄花蒿 *Artemisia annua*

一年生草本；植株有浓烈的挥发性香气。根单生，垂直，狭纺锤形；茎单生，高 100 ～ 200 cm，基部直径可达 1 cm，有纵棱，幼时绿色，后变褐色或红褐色，多分枝；茎、枝、叶两面及总苞片背面无毛或初时背面微有极稀疏短柔毛，后脱落无毛。纸质，绿色；茎下部叶宽卵形或三角状卵形，长 3 ～ 7 cm，宽 2 ～ 6 cm，绿色，两面具细小脱落性的白色腺点及细小凹点，3 ～ 4 回栉齿状羽状深裂，每侧有裂片 5 ～ 8（10）枚，裂片长椭圆状卵形，再次分裂，小裂片边缘具多枚栉齿状三角形或长三角形的深裂齿，裂齿长 1 ～ 2 mm，宽 0.5 ～ 1 mm，中肋明显，在叶面上稍隆起，中轴两侧有狭翅而无小栉齿，稀上部有数枚小栉齿，叶柄长 1 ～ 2 cm，基部有半抱茎的假托叶；中部叶 2 ～ 3 回栉齿状的羽状深裂，小裂片栉齿状三角形。瘦果小，椭圆状卵形，略扁。花果期 8—11 月。

259. 艾 *A. argyi*

多年生草本或略呈半灌木状植物，植株有浓烈香气。主根明显，略粗长，直径达 1.5 cm，侧根多；常有横卧地下根状茎及营养枝。茎单生或少数，高 80 ～ 150（250）cm，有明显纵棱，褐色或灰黄褐色，基部稍木质化，上部草质，并有少数短的分枝，枝长 3 ～ 5 cm；茎、枝均被灰色蛛丝状柔毛。瘦果长卵形或长圆形。花果期 7—10 月。

260. 野艾蒿 *A. lavandulaefolia*

多年生草本，主根稍明显，侧根多；根状茎稍粗，直径 4 ～ 6 mm，常匍地，有细而短的营养枝。茎少数，成小丛，稀少单生，高 50 ～ 120 cm，具纵棱，分枝多，长 5 ～ 10 cm，斜向上伸展；茎、枝被灰白色蛛丝状短柔毛。瘦果呈长卵形或倒卵形。花果期 8—10 月。

261. 冷蒿 *A. frigida*

多年生草本，有时略呈半灌木状。主根细长或粗，木质化，侧根多；根状茎粗短或略细，有多条营养枝，并密生营养叶。茎直立，数枚或多数常与营养枝共组成疏松或稍密集的小丛，稀单生，基部多少木质化，上部分枝，枝短，稀略长，斜向上，或不分枝；茎、枝、叶及总苞片背面密被淡灰黄色或灰白色、稍带绢质的短绒毛，后茎上毛稍脱落。花果期 7—10 月。

262. 茵陈蒿 *A. capillaris*

半灌木状草本，植株有浓烈的香气。主根明显木质，垂直或斜向下伸长；根茎直径 5 ～ 8 mm，直立，稀少斜上展或横卧，常有细的营养枝。茎单生或少数，高 40 ～ 120 cm 或更长，红褐色或褐色，有不明显的纵棱，基部木质，上部分枝多，向上斜伸展；茎、枝初时密生灰白色或灰黄色绢质柔毛，后渐稀疏或脱落无毛。营养枝端有密集叶丛，基生叶密集着生，常成莲座状；花果期 7—10 月。

263. 牡蒿 *A. japonica*

多年生草本；植株有香气。主根稍明显，侧根多，常有块根；根状茎稍粗短，直立或斜向上，直径 3 ～ 8 mm，常有若干条营养枝。茎单生或少数，高 50 ～ 130 cm，有纵棱，紫褐色或褐色，上半部分枝，枝长 5 ～ 15（20）cm，通常贴向茎或斜向上生长。花果期 7—10 月。

264. 南牡蒿 *A. eriopoda*

多年生草本，高 30 ～ 70 cm。主根明显，粗短，有侧根；根状茎稍粗短，肥厚。茎直立，单生或数个丛生，近无毛，基部常密被绒毛，上部或下部常生花序枝。叶片宽 2 ～ 5 cm，通常羽状深裂，裂片 5 ～ 7 个，宽倒卵形，基部楔形，先端又掌状分裂，有时匙形而边缘有齿或浅裂；上部叶三裂或不裂，裂片条形；全部叶上面无毛，下面被微柔毛。头状花序小，多数，

卵球形或近球形，直径 1 ～ 1.5 mm，下垂，在茎顶或枝端排成复总状花序；无梗或有短梗，有条形苞叶；总苞卵形，长约 2 mm；总苞片 3 ～ 4 层，无毛，外层卵形，背面绿色，边缘稍膜质，内层长圆形，边缘宽膜质；雌花 4 ～ 8 朵，花冠狭管状，花柱伸出，先端 2 叉；两性花 6 ～ 10 朵，不孕育。瘦果小，长圆形。花果期 6—11 月。

265. 青蒿 *A. apiacea*

一年生草本；植株有香气。主根单一，垂直，侧根少。茎单生，高 30 ～ 150 cm，上部多分枝，幼时绿色，有纵纹，下部稍木质化，纤细，无毛。叶两面青绿色或淡绿色，无毛；基生叶与茎下部叶三回栉齿状羽状分裂，有长叶柄，花期叶凋谢；两性花 30 ～ 40 朵，孕育或中间若干朵不孕育，花冠呈管状，花药呈线形，上端附属物尖，长三角形，基部圆钝，花柱与花冠等长或略长于花冠，顶端 2 叉，叉端呈截形，有睫毛。瘦果呈长圆形至椭圆形。花果期 6—9 月。

266. 猪毛蒿 *A. scoparia*

多年生草本或近一、二年生草本；植株有浓烈的香气。主根单一，狭纺锤形、垂直，半木质或木质化；根状茎粗短，直立，半木质或木质，常有细的营养枝，枝上密生叶。茎通常单生，稀 2 ～ 3 枚，高 40 ～ 90（130）cm，红褐色或褐色，有纵纹；常自下部开始分枝，枝长 10 ～ 20 cm 或更长，下部分枝开展，上部枝多斜上展；茎、枝幼时被灰白色或灰黄色绢质柔毛，以后脱落。基生叶与营养枝叶两面被灰白色绢质柔毛。瘦果呈倒卵形或长圆形，褐色。花果期 7—10 月。

267. 阿尔泰紫菀 *Aster altaicus*

多年生草本。有横走或垂直的根。茎直立，高 20 ～ 60 cm，稀达 100 cm，有分枝，被腺点和毛。叶互生；下部叶条形或长圆状披针形、倒披针形或近匙形，长 2.5 ～ 6 cm，稀达 10 cm，宽 0.7 ～ 1.5 cm，全缘或有疏浅齿，两面或下面被粗毛或细毛，常有腺点，上部叶渐小，条形。头状花序，直径 2 ～ 3.5 cm，稀 4 cm，生于枝端排成伞房状；总苞呈半球形，直径 0.8 ～ 1.8 cm，总苞片 2 ～ 3 层，近等长或外层稍短，长圆状披针形或条形，草质，被毛，常有腺，边缘膜质；舌状花，约 20 个，舌片浅蓝，长条形，长 10 ～ 15 mm，宽 1.5 ～ 2.5 mm。花果期 5—9 月。

268. 紫菀 *A. tataricus*

多年生草本，根状茎斜生。茎直立，高 40 ～ 50 cm，粗壮，基部有纤维状枯叶残片且常有不定根，有棱及沟，被疏粗毛，有疏生的叶。基部叶在花期枯落，长圆状或椭圆状匙形，下半部呈渐狭成长柄，柄长 20 ～ 50 cm，宽 3 ～ 13 cm，顶端尖或渐尖，边缘有具小尖头的圆齿或浅齿。瘦果呈倒卵状长圆形，紫褐色，长 2.5 ～ 3 mm，两面各有 1 或少有 3 脉，上部被疏粗毛。冠毛白色或红色，长 6 mm，有多数不等长的糙毛。花期 7—9 月，果期 8—10 月。

269. 小花鬼针草 *Bidens parviflora*

一年生草本。茎高 20 ～ 90 cm，下部圆柱形，有纵条纹，中上部常为钝四方形，无毛或被稀疏短柔毛。叶对生，具柄，柄长 2 ～ 3 cm，背面微凸或扁平，腹面有沟槽，槽内及边缘有疏柔毛，叶片长 6 ～ 10 cm，2 ～ 3 回羽状分裂，第一次分裂深达中肋，裂片再次羽状分裂，小裂片具 1 ～ 2 个粗齿或再作第三回羽裂，最后一次裂片呈条形或条状披针形，宽约 2 mm，先端锐尖，边缘稍向上反卷，上面被短柔毛，下面无毛或沿叶脉被稀疏柔毛，上部叶互生，二回或一回羽状分裂。

270. 狼把草 *B. tripartita*

一年生草本。茎直立，高 30 ～ 80 cm，有时可达 90 cm；叶对生，无毛，叶柄有狭翅，中部叶通常呈羽状，3 ～ 5 裂，顶端裂片较大，椭圆形或长椭圆状披针形，边缘有锯齿；上部叶有 3 深裂或不裂。头状花序顶生或腋生，直径 1 ～ 3 cm；总苞片多数，外层倒披针形，叶状，长 1 ～ 4 cm，有睫毛；花黄色，全为两性管状花。瘦果扁平，倒卵状楔形，边缘有倒刺毛，顶端有芒刺 2 个，少有 3 ～ 4 个，两侧有倒刺毛。

271. 鬼针草 *B. bipinnata*

一年生草本，茎直立，钝四棱形。茎下部叶较小，很少为具小叶的羽状复叶，两侧小叶椭圆形或卵状椭圆形。头状花序直径 8 ～ 9 mm。总苞基部被短柔毛，条状匙形，上部稍宽。无舌状花，盘花筒状，冠檐 5 齿裂。瘦果黑色，条形，略扁，具棱，上部具稀疏瘤状突起及刚毛，顶端芒刺 3 ～ 4 个，具倒刺毛。花期 8—9 月，果期 9—11 月。

272. 刺儿菜 *Cirsium setosum*

多年生草本，茎直立，高 30 ～ 80 cm，基部直径 3 ～ 5 mm，有时可达 1 cm，上部有分枝，花序分枝无毛或有薄绒毛。叶互生，基生叶花时凋落，下部和中部叶呈椭圆形或椭圆状披针形，长 7 ～ 10 cm，宽 1.5 ～ 2.2 cm，表面绿色，背面淡绿色，两面有疏密不等的白色蛛丝状毛，顶端短尖或钝，基部窄狭或钝圆，近全缘或有疏锯齿，无叶柄。

273. 小蓬草 *Conyza canadensis*

一年生草本，根纺锤状，具纤维状根。茎直立，高 50 ～ 100 cm 或更高，圆柱状，多少具棱，有条纹，被疏长硬毛，上部多分枝。叶密集，基部叶花期常枯萎，下部叶倒披针形，长 6 ～ 10 cm，宽 1 ～ 1.5 cm，顶端尖或渐尖，基部渐狭成柄，边缘具疏锯齿或全缘，中部和上部叶较小，线状披针形或线形，近无柄或无柄，全缘或少有 1 ～ 2 个齿，两面或仅上面被疏短毛边缘常被上弯的硬缘毛。花期 5—9 月。

274. 鳢肠 *Eclipta prostrata*

一年生草本。茎直立，斜升或平卧，高达 60 cm，通常自基部分枝，被贴生糙毛。叶长圆状披针形或披针形，无柄或有极短的柄，顶端尖或渐尖，边缘有细锯齿或有时仅波状，两面被密硬糙毛。头状花序，直径 6 ～ 8 mm，有长 2 ～ 4 cm 的细花序梗；总苞球状钟形，总苞片绿色，草质，5 ～ 6 个排成 2 层，长圆形或长圆状披针形，外层较内层稍短，背面及边缘被白色短伏毛；外围的雌花 2 层。花期 6—9 月。

275. 黄顶菊 *Flaveria bidentis*

一年生草本植物。株高 20 ～ 100 cm，最高的可达到 3 m 左右。茎直立、紫色，茎上带短绒毛。叶子交互对生，长椭圆形，叶边缘有稀疏而整齐的锯齿，基部生 3 条平行叶脉。主茎及侧枝顶端上头状花序聚集成蝎尾状聚伞花序，花冠鲜艳，花鲜黄色，非常醒目。花果期夏季至秋季。

276. 泥胡菜 *Hemisteptia lyrata*

一年生草本，高 30 ～ 100 cm。茎单生，很少簇生，通常纤细，被稀疏蛛丝毛，上部常分枝，少有不分枝的。基生叶长椭圆形或倒披针形，花期通常枯萎；中下部茎叶与基生叶同形，长 4 ～ 15 cm 或更长，宽 1.5 ～ 5 cm 或更宽，全部叶大头羽状深裂或几全裂，侧裂片 2 ～ 6 对，通常 4 ～ 6 对，极少为 1 对，倒卵形、长椭圆形、匙形、倒披针形或披针形，向基部的侧裂片渐小，顶裂片大，长菱形、三角形或卵形，全部裂片呈边缘三角形锯齿或重锯齿，侧裂片边缘具稀锯齿，最下部侧裂片通常无锯齿。头状花序在茎枝顶端排成疏松伞房花序，少有植株仅含 1 个头状花序而单生茎顶的。花果期 3—8 月。

277. 旋覆花 *Inula japonica*

茎具纵棱，绿色或微带紫红色。叶互生，椭圆形、椭圆状披针形或窄长椭圆形，长 6 ～ 10 cm，宽 1 ～ 2.5 cm，先端尖，基部稍狭，有时呈小耳、半抱茎，全缘或具细锯齿，上面绿色，疏被糙毛，下面淡绿色，密被糙伏毛。头状花序，直径 3 ～ 4 cm，排成疏散伞房花序，雄蕊 5 枚，聚药，花丝分离而短，雌蕊 1 枚，花柱呈线形，柱头 2 裂。瘦果呈长椭圆形，被白色硬毛，冠毛白色。花期 7—10 月，果期 8—11 月。生长于山坡、路旁、田边或水旁湿地。

278. 蓼子朴 *I. salsoloides*

亚灌木，茎基部有密集长分枝，中部以上有较短分枝状长粗毛，后上部常脱毛；叶披针状或长圆状线形，全缘，基部心形或有小耳，半抱茎，稍肉质，上面无毛，下面有腺及短毛；头状花序，单生枝端；总苞倒卵圆形，总苞片 4 ～ 5 层，线状卵圆形或长圆状披针形，干膜质，基部稍革质，黄绿色，背面无毛；舌状花较总苞长半倍，舌片浅黄色，椭圆状线形；管状花花冠上部窄漏斗状；冠毛白色，与管状花药等长，有约 70 细毛；瘦果，有多数细沟，被腺和疏粗毛，上端有较长毛；花期 5—8 月，果期 7—9 月。

279. 苦菜 *Lxeridium sonchifolia*

多年生草本，高 10 ～ 30 cm，全体无毛。茎少数或多数簇生，直立或斜生。基生叶呈莲座状，条状披针形、倒披针形或条形，长 7 ～ 20 cm，宽 0.5 ～ 2 cm，先端尖或钝，基部渐狭成柄，全缘或疏具小牙齿，或呈不规则分裂，灰绿色。头状花序顶生，花冠黄色。

280. 苦荬菜 *Ixeridium. polycephala*

一年生草本，茎无毛；基生叶线形或线状披针形，基部渐窄成柄；中下部茎生叶呈披针形或线形，基部呈箭头状半抱茎；舌状小花黄色，稀白色；瘦果长椭圆形，顶端喙细丝状；花果期 3—6 月。

281. 抱茎苦荬菜 *Ixeridium. sonchifolia*

多年生草本，具白色乳汁，光滑。根细圆锥状，长约 10 cm，淡黄色。茎高 30 ～ 60 cm，上部多分枝。基部叶具短柄，倒长圆形，长 3 ～ 7 cm，宽 1.5 ～ 2 cm，先端钝圆或急尖，基部楔形下延，边缘具齿或不整齐羽状深裂，叶脉羽状；中部叶无柄，中下部叶线状披针形，上部叶卵状长圆形，长 3 ～ 6 cm，宽 0.6 ～ 2 cm，先端渐狭成长尾尖，基部变宽成耳形抱茎，全缘，具齿或羽状深裂。花期 4—5 月，果期 5—6 月。

282. 全叶马兰 *Kalimeris integrifolia*

多年生草本，有长纺锤状直根。茎直立，单生或数个丛生，被细硬毛，中部以上有近直立的帚状分枝。下部叶在花期枯萎；中部叶多而密，条状披针形、倒披针形或矩圆形，顶端钝或渐尖，常有小尖头，基部渐狭无柄，全缘，边缘稍反卷；上部叶较小，条形；全部叶下面灰绿，两面密被粉状短绒毛；中脉在下面凸起。头状花序单生枝端且排成疏散房状。总苞半球形，总苞片 3 层，覆瓦状排列，外层近条形，内层矩圆状披针形，顶端尖，上部单质，有短粗毛及腺点。舌状花 1 层，20 余个，有毛；舌片淡紫色，管状花有毛。瘦果呈倒卵形，浅褐色，扁，有浅色边肋，或一面有肋而果呈三棱形，上部有短毛及腺。冠毛带褐色，不等长，弱而易脱落。花期 6—10 月，果期 7—11 月。

283. 蒙山莴苣 *Lactuca tatarica*

多年生草本。高 10 ～ 70 cm，具长根状茎。根圆锥形，棕褐色。茎直立，单生或数个丛生，具纵棱，不分枝或上部分枝。春季只具基生叶，初夏抽出花葶并开花。基生叶与茎下部叶灰绿色，稍肉质，长椭圆形、矩圆形或披针形，中下部渐狭成具翅的短叶柄，柄基半抱茎；叶片具不规则的羽状或倒羽状浅裂或深裂，侧裂片三角形，边缘具细小的刺齿，茎中部叶少分裂或全缘，茎上部叶较小，披针形或条状披针形，无柄，有时全缘。茎顶为展开的圆锥花序，上生多数头状花序，梗不等长；总苞片3层，带紫红色，边缘狭膜质，花全为舌状，两性，紫色或淡紫色。瘦果长椭圆形，灰色或黑色，不压扁或稍压扁，具5～7条纵肋，冠毛单毛状，白色。花果期6—9月。

284. 风毛菊 *Saussure japonica*

茎直立，粗壮，具纵棱，疏被细毛和腺毛。基生叶具长柄，叶片呈长椭圆形，通常呈羽状深裂，顶生裂片长椭圆状披针形，狭长椭圆形，两面均被细毛和腺毛；茎生叶由下至上渐小，椭圆形或线状披针形，羽状分裂或全缘，基部有时下延成翅状。头状花序密集成伞房状；总苞筒状，外被蛛丝状毛，总苞片外层较短小，顶端圆钝，中层和内层呈线形，顶端具膜质圆形的附片，背面和顶端通常紫红色；花呈管状，紫红色，顶端5裂。瘦果呈长椭圆形，外层较短，糙毛状，内层羽毛状。花期6—8月。

285. 细叶鸦葱 *Scorzonera albicaulis*

多年生草本，高5～20 cm。根垂直直伸，有串珠状变粗的球形块根。茎直立。基生叶多数，狭线形或丝状线形，茎生叶互生，常对生或几对生或有时3枚轮生，与基生叶同形并被同样的毛被。总苞狭圆柱状，总苞片约4层，外层卵形，中层长椭圆形或长椭圆状披针形，内层长椭圆形，外层者顶端急尖，内层者顶端钝或圆形，全部总苞片外面被尘状短柔毛。舌状小花黄色。瘦果呈圆柱状，长约8 mm，无毛，无脊瘤。冠毛白色，大部为羽毛状，羽枝纤细，蛛丝毛状，上部为细锯齿状。花果期4—7月。

286. 鸦葱 *S. austriaca*

多年生草本，高10～20 cm，植株无毛。根粗，直立，根茎处常分枝形成地下直立或斜上升的根状茎，分枝或不分枝，外被深褐色的残存叶柄所成粗纤维。茎单生或数个丛生，直立或外倾。头状花序单生茎端。总苞圆柱状，直径1～2 cm。总苞片约5层，外层呈三角形或卵状三角形，长6～8 mm，宽约6.5 mm，中层偏斜披针形或长椭圆形，长 1.6 ～ 2.1 cm，宽 5 ～ 7 mm，内层呈线状长椭圆形，长 2 ～ 2.5 cm，宽 3 ～ 4 mm。花果期 4—7 月。

287. 蒙古鸦葱 *S. mongolica*

多年生草本，高 5 ～ 35 cm。根垂直直伸，圆柱状。茎多数，直立或铺散，上部有分枝，分枝少数，全部茎枝灰绿色，光滑，无毛；茎基部被褐色或淡黄色的鞘状残遗。基生叶呈长椭圆形或长椭圆状披针形或线状披针形，长 2 ～ 10 cm，宽 0.4 ～ 1.1 cm，顶端渐尖，基部渐狭成长或短柄，柄基鞘状扩大；全部总苞片外面无毛或被蛛丝状柔毛。舌状小花黄色，偶见白色。瘦果呈圆柱状，长 5 ～ 7 mm，淡黄色，有多数高起纵肋，无脊瘤，顶端被稀疏柔毛，成熟瘦果常无毛。冠毛白色，长 2.2 cm，羽毛状，羽枝蛛丝毛状，纤细，仅顶端微锯齿状。花果期 4—8 月。

288. 苣荬菜 *Sonchus brachyotus*

多年生草本，全株有乳汁。茎直立，高 30 ～ 80 cm。地下根状茎匍匐，多数须根著生。地上茎少分支，直立，平滑。多数叶互生，披针形或长圆状披针形。长 8 ～ 20 cm，宽 2 ～ 5 cm，先端钝，基部耳状抱茎，边缘有疏缺刻或浅裂，缺刻及裂片都具尖齿；基生叶具短柄，茎生叶无柄。头状花序顶生，单一或呈伞房状，直径 2 ～ 4 cm，总苞钟形；花全为舌状花，鲜黄色；雄蕊 5 枚，花药合生；雌蕊 1 枚，子房下位，花柱纤细，柱头 2 裂，花柱与柱头都有白色腺毛。瘦果，有棱，侧扁，具纵肋，先端具多层白色冠毛。冠毛细软。花期 7 月至翌年 3 月。果期 8—10 月至翌年 4 月。

289. 蒲公英 *Taraxacum mongolicum*

多年生草本植物。根圆锥状，表面棕褐色，皱缩，叶边缘有时具波状齿或羽状深裂，基部渐狭成叶柄，叶柄及主脉常带红紫色，花葶上部紫红色，密被蛛丝状白色长柔毛；头状花序，总苞钟状，瘦果暗褐色，长冠毛白色。花果期 4—10 月。

290. 华蒲公英 *T.sinicum*

多年生草本。根茎部有褐色残存叶基。叶倒卵状披针形或狭披针形，稀线状披针形，边缘叶羽状浅裂或全缘，具波状齿，内层叶倒向羽状深裂，顶裂片较大，长三角形或戟状三角形，每侧裂片 3～7 片，狭披针形或线状披针形，全缘或具小齿，平展或倒向，两面无毛，叶柄和下面叶脉常紫色。花葶 1 至数个，长于叶，顶端被蛛丝状毛或近无毛；头状花序，总苞小，淡绿色；总苞片 3 层，先端淡紫色，无增厚，亦无角状突起，或有时有轻微增厚；外层总苞片卵状披针形，有窄或宽的白色膜质边缘；内层总苞片披针形，长于外层总苞片的 2 倍；舌状花黄色，稀白色，边缘花舌片背面有紫色条纹。瘦果倒卵状披针形，淡褐色。花果期 6—8 月。

291. 碱菀 *Tripolium vulgare*

茎高 30～50 cm，有时达 80 cm，单生或数个丛生于根茎上，下部常带红色，无毛，上部有多少开展的分枝。基部叶在花期枯萎，下部叶条状或矩圆状披针形，顶端尖，全缘或有具小尖头的疏锯齿；中部叶渐狭，无柄，上部叶渐小，苞叶状；全部叶无毛，肉质。头状花序排成伞房状，有长花序梗。总苞近管状，花后钟状，直径约 7 mm。总苞片 2～3 层，疏覆瓦状排列，绿色，边缘常红色，干后膜质，无毛，外层披针形或卵圆形，顶端钝，内层狭矩圆形，长约 7 mm。舌状花 1 层，管部长 3.5～4 mm；管状花长 8～9 mm，管部长 4～5 mm，裂片长 1.5～2 mm。瘦果长 2.5～3 mm，扁，有边肋，两面各有 1 脉，被疏毛。花果期 8—12 月。

292. 苍耳 *Xanthium sibiricum*

一年生草本植物，高可达 90 cm。根纺锤状，茎下部圆柱形，上部有纵沟，叶片三角状卵形或心形，近全缘，边缘有不规则的粗锯齿，上面绿色，下面苍白色，被糙伏毛；雄性的头状花序球形，总苞片呈长圆状披针形，花托柱状，托片倒披针形，花冠钟形，花药长圆状线形；雌性的头状花序椭圆形，外层总苞片小，披针形，喙坚硬，锥形，瘦果呈倒卵形。7—8 月开花，9—10 月结果。

293. 野菊 *Chrysanthemum indicum*

多年生草本，高 0.25 ～ 1 m，有地下长或短匍匐茎。茎直立或铺散，分枝或仅在茎顶有伞房状花序分枝。茎枝被稀疏的毛，上部及花序枝上的毛稍多或较多。基生叶和下部叶花期脱落。中部茎叶呈卵形、长卵形或椭圆状卵形，长 3 ～ 7（10）cm，宽 2 ～ 4（7）cm，羽状半裂、浅裂或分裂不明显而边缘有浅锯齿。基部截形或稍心形或宽楔形，叶柄长 1 ～ 2 cm，柄基无耳或有分裂的叶耳。两面同色或几同色，淡绿色，或干后两面呈橄榄色，有稀疏的短柔毛，或下面的毛稍多。花期 6—11 月。

294. 飞廉 *Carduus nutans*

二年生或多年生草本。茎单生或簇生，茎枝疏被蛛丝毛和长毛。中下部茎生叶呈长卵形或披针形，长（5）10 ～ 40 cm，羽状半裂或深裂，侧裂片 5 ～ 7 对，斜三角形或三角状卵形，两面同色，两面沿脉被长毛。头状花序下垂或下倾，单生茎枝顶端；总苞钟状或宽钟状，直径 4 ～ 7 cm，总苞片多层，向内层渐长，无毛或疏被蛛丝状毛，最外层呈长三角形，宽 4 ～ 4.5 mm, 中层及内层三角状披针形，长椭圆形或椭圆状披针形，宽约 5 mm，最内层苞片宽线形或线状披针形，宽 2 ～ 3 mm。小花紫色。瘦果灰黄色，楔形，稍扁，有多数浅褐色纵纹及横纹，果缘全缘；冠毛白色，锯齿状。花果期 6—10 月。

（五十九）香蒲科 Typhaceae

多年生沼生、水生或湿生草本。根状茎横走，须根多。地上茎直立，粗壮或细弱。叶二列，互生；鞘状叶很短，基生，先端尖；条形叶直立，或斜上，全缘，边缘微向上隆起，先端钝圆至渐尖，中部以下腹面渐凹，背面平突至龙骨状凸起，横切面呈新月形、半圆形或三角形；叶脉平行，中脉背面隆起或否；叶鞘长，边缘膜质，抱茎，或松散。花单性，雌雄同株，花序穗状；雄花序生于上部至顶端，花期时比雌花序粗壮，花序轴具柔毛，或无毛；雌性花序位于下部，与雄花序紧密相接，或相互远离；苞片叶状，着生于雌雄花序基部，亦见于雄花序中；雄花无被，通常由 1 ～ 3 枚雄蕊组成，花药矩圆形或条形，2 室，纵裂，花粉粒单体，或四合体，纹饰多样；雌花无被，具小苞片，或无，子房柄基部至下部具白色丝状毛；孕性雌花柱头单侧，条形、披针形、匙形，子房上位，1 室，胚珠 1 颗，倒生；不孕雌花柱头不发育，无花柱，子房柄不等长、果实纺锤形、椭圆形，果皮膜质，透明，或灰褐色，具条形或圆形斑点。种子椭圆形，褐色或黄褐色，光滑或具突起，含 1 颗肉质或粉状的内胚乳，胚轴直，胚根肥厚。

295. 蒲草 *Typha angustifolia*

多年生水生或沼生草本。根状茎乳白色。地上茎粗壮，向上渐细，高 1.3～2 m。叶片条形，长 40～70 cm，宽 0.4～0.9 cm，光滑无毛，上部扁平，下部腹面微凹，背面逐渐隆起呈凸形，横切面呈半圆形，细胞间隙大，海绵状；叶鞘抱茎。花果期 5—8 月。

296. 小香蒲 *T. minima*

多年生沼生或水生草本。根状茎姜黄色或黄褐色，先端乳白色。地上茎直立，细弱，矮小。叶通常基生，鞘状，无叶片，如叶片存在，叶鞘边缘膜质，叶耳向上伸展。雌雄花序远离；叶状苞片明显宽于叶片。雄花无被，雄蕊通常 1 枚单生，花药长 1.5 mm，花粉粒成四合体，纹饰颗粒状；雌花具小苞片；花柱长约 0.5 mm，子房长 0.8～1 mm；白色丝状毛先端膨大呈圆形，着生于子房柄基部，或向上延伸，与不孕雌花及小苞片近等长，均短于柱头。小坚果呈椭圆形，纵裂，果皮膜质。种子黄褐色，椭圆形。花果期 5—8 月。

297. 达香蒲 *T. davidiana*

多年生沼生草本植物。根茎白色，横走。茎直立，高 1～1.5 m。叶窄线形，宽 2～3.5 mm，下部鞘状，具膜质边缘。肉穗花序，顶生，雌花序与雄花序间隔一段距离，雄花序在上，长 8～11cm；雌花序在下，长 3～5 cm，直径 0.5～0.8 mm；雌花有小苞片，子房无柄；柱头线形，弯曲。花期 6—7 月，果期 7—8 月。

（六十）眼子菜科 Potamogetonaceae

沼生、淡水生、咸水生或海水生，一年生或多年生草本。具根茎匍匐茎，节上生须根和直立茎，稀无根茎。叶沉水、浮水或挺水，或两型，兼具沉水叶与浮水叶，互生或基生，稀对生或轮生；叶片形态各异，具柄或鞘，或柄鞘皆无；托叶有或无，膜质或草质，鞘状抱茎，开放型，极少呈封闭的套管状。花序顶生或腋生，多呈简单的穗状或聚伞花序，稀为复聚伞花序或复穗状花序，极少为单顶花序，开花时花序挺出水面、漂浮水面，或没于水中，花后皆沉没水中；传粉途径包括风媒、水表传粉、水媒或闭花受精；花小或极简化，辐射对称或两侧对称，3、2 或 4 基数；两性或单性；花被有或无；雄蕊 1 ～ 6 枚，通常无花丝，花药呈长圆形、肾形或近球形，外向，1 ～ 2 室，纵裂，有时雄蕊背部连生，药隔很宽或伸长，或极为退化；花粉粒呈圆形或椭圆形，稀线形或弓曲形；雌蕊具心皮 1 ～ 4 枚或多枚，离生或近离生，稀合生；花柱短粗，或无，柱头盘状、头状、毛刷状或丝状，每子房室含胚珠 1 颗，稀多枚，弯生或直生。果实多为小核果状或小坚果状，常卵圆形，略偏斜而侧扁，顶端具喙，稀为纵裂的蒴果。种子无胚乳；胚通常弯曲，稀直立，具 1 枚弯曲或扭卷的子叶和发达的下胚轴。

298. 眼子菜 *Potamogeton distinctus*

多年生水生草本。根茎白色，直径 1.5 ～ 2 mm，多分枝，顶端具纺锤状休眠芽体，节处生须根；茎圆柱形，直径 1.5 ～ 2 mm，通常不分枝。浮水叶革质，披针形、宽披针形至卵状披针形，长 2 ～ 10 cm，宽 1 ～ 4 cm，先端尖或钝圆，基部钝圆或有时近楔形，具 5 ～ 20 cm 长的柄；叶脉多条，顶端连接。花果期在 5 ～ 10 月。

299. 穿叶眼子菜 *P. perfoliatus*

多年生沉水草本，具发达的根茎。根茎白色，节处生有须根。茎圆柱形，上部多分枝。叶卵形、卵状披针形或卵状圆形，无柄，先端钝圆，基部心形，呈耳状抱茎，边缘波状，常具极细微的齿；基出 3 脉或 5 脉，弧形，顶端连接，次级脉细弱；托叶膜质，无色，长 3 ～ 7 mm，早落。穗状花序顶生，具花 4 ～ 7 轮，密集或稍密集；花序梗与茎近等粗，长 2 ～ 4 cm；花小，被片 4 个，淡绿色或绿色；雌蕊 4 枚，离生。果实呈倒卵形，长 3 ～ 5 mm，顶端具短喙，背部 3 脊，中脊稍锐，侧脊不明显。花果期 5—10 月。

300. 马来眼子菜 *P. malaianus*

多年生沉水草本。根茎发达，白色，节处生有须根。茎圆柱形，直径约 2 mm，不分枝或具少数分枝，节间长可达 10 cm 多。果实呈倒卵形，长约 3 mm，两侧稍扁，背部明显 3 脊，中脊狭翅状，侧脊锐。花果期 6—10 月。

301. 小眼子菜 *P.pusillus*

沉水草本，无根茎。茎椭圆柱形或近圆柱形，纤细，具分枝，近基部常匍匐地面，并于节处生出稀疏而纤长的白色须根，茎节无腺体，或偶见小而不明显的腺体，叶线形，无柄，先端渐尖，全缘；叶脉 1 或 3 条，中脉明显，两侧伴有通气组织所形成的细纹，侧脉不出现或不明显；托叶为无色透明的膜质，与叶离生，长 0.5 ～ 1.2cm，合生成套管状而抱茎（或至少在幼时合生为套管状），常早落；休眠芽腋生，呈纤细的纺锤状，下面具 2 或 3 枚伸展的小苞叶。穗状花序顶生，具花 2 ～ 3 轮，间断排列；花序梗与茎相似或稍粗于茎；花小，被片 4 枚，绿色；雌蕊 4 枚。果实斜倒卵形，顶端具 1 稍向后弯的短喙，龙骨脊钝圆。花果期 5—10 月。

302. 菹草 *P. crispus*

多年生沉水草本植物。生于池塘、湖泊、溪流中，静水池塘或沟渠较多，水体多呈微酸至中性。茎扁圆形，具有分枝。叶披针形，先端钝圆，叶缘波状并具锯齿。具叶托，无叶柄。花序穗状。秋季发芽，冬春生长，4—5 月开花结果，夏季 6 月后逐渐衰退腐烂，同时形成鳞枝（冬芽）以度过不适环境。冬芽坚硬，边缘具有齿，形如松果，在水温适宜时在开始萌发生长。叶条形，无柄。花果期 4 － 7 月。

（六十一）茨藻科 Najadaceae

一年生沉水性草本，茎细多分枝。叶互生，对生或轮生，常线形，有齿，基部有鞘。花单性，单生叶腋，雄花花梗基部通常有鞘状苞，花被透明，仅一雄蕊，花药 1 或 4 室，雌花有一雌蕊，裸出，或有膜质花被状物，子房上位，柱头 2 ～ 3 枚，线形。果实呈坚果状。种子 1 粒，胚直生，无胚乳。染色体基数 *x*=6,7。仅一个 1 属（茨藻属），约 50 种，广布于全球淡水或咸水中，中国约有 4 种，分布于各地。

303. 大茨藻 *Najas marina*

一年生沉水草本。植株多汁，叶近对生和3叶假轮生，无柄；叶片线状披针形，叶鞘宽圆形，全缘或上部具稀疏的细锯齿，花黄绿色，单生于叶腋；花粉粒椭圆形；雌花无被，裸露；雌蕊椭圆形；花柱圆柱形，种皮质硬，易碎；外种皮细胞多边形，排列不规则。花果期9—11月。

304. 小茨藻 *N. minor*

一年生沉水草木。茎圆柱形，光滑无齿，分枝多，呈二叉状；叶片线形，叶鞘上部呈倒心形，花小，单性，单生于叶腋，花粉粒椭圆形；雌花无佛焰苞和花被，瘦果黄褐色，狭长椭圆形，种皮坚硬，易碎。花果期6—10月。

（六十二）水鳖科 Hydrocharitaceae

一年生或多年生淡水和海水草本，沉水或漂浮水面。根扎于泥里或浮于水中。茎短缩，直立，少有匍匐。叶基生或茎生，基生叶多密集，茎生叶对生、互生或轮生；叶形、大小多变；叶柄有或无；托叶有或无。佛焰苞合生，稀离生，无梗或有梗，常具肋或翅，先端多为2裂，其内含1至数朵花。花辐射对称，稀为左右对称；单性，稀两性，常具退化雌蕊或雄蕊。花被片离生，3枚或6枚，有花萼花瓣之分，或无花萼花瓣之分；雄蕊1至多枚，花药底部着生，2～4室，纵裂；子房下位，由2～15枚心皮合生，1室，侧膜胎座，有时向子房中央突出，但从不相连；花柱2～5枚，常分裂为2；胚珠多数，倒生或直生，珠被2层。果实肉果状，果皮腐烂开裂。种子多数，形状多样；种皮光滑或有毛，有时具细刺瘤状凸起；胚直立，胚芽极不明显，海生种类有发达的胚芽，无胚乳。

305. 水鳖 *Hydrocharis asiatica*

浮水草本。须根可长达30 cm。匍匐茎发达，节间长3～15 cm，直径约4 mm，顶端生芽，并可产生越冬芽。叶簇生，多漂浮，有时伸出水面；叶片心形或圆形，长4.5～5 cm，宽5～5.5 cm，先端圆，基部心形，全缘，远轴面有蜂窝状贮气组织，并具气孔；叶脉5条，稀7条，中脉明显，与第一对侧生主脉所成夹角呈锐角。花果期8—10月。

306. 黑藻 *Hydrilla verticillata*

多年生沉水草本。茎伸长，有分支，呈圆柱形，表面具纵向细棱纹，质较脆。休眠芽呈长卵圆形；苞叶多数，螺旋状紧密排列，白色或淡黄绿色，狭披针形至披针形。叶 4 ~ 8 枚轮生，线形或长条形，长 7 ~ 17 mm，宽 1 ~ 1.8 mm，常具紫红色或黑色小斑点，先端锐尖，边缘锯齿明显，无柄，具腋生小鳞片。花果期 5—10 月。

307. 苦草 *Vallisneria asiatica*

沉水草本。具匍匐茎，直径约 2 mm，白色，光滑或稍粗糙，先端芽浅黄色。叶基生，线形或带形，长 20 ~ 200 cm，宽 0.5 ~ 2 cm，绿色或略带紫红色，常具棕色条纹和斑点，先端圆钝，边缘全缘或具不明显的细锯齿；无叶柄；叶脉 5 ~ 9 条，萼片 3 片，大小不等，成舟形浮于水上，中间一片较小，中肋部呈龙骨状，向上伸似帆。

（六十三）浮萍科 Lemnaceae

漂浮或沉水小草本。茎不发育，以圆形或长圆形的小叶状体形式存在；叶状体绿色，扁平，稀背面强烈凸起。叶不存在或退化为细小的膜质鳞片而位于茎的基部。根丝状，有的无根。很少开花，主要为无性繁殖：在叶状体边缘的小囊（侧囊）中形成小的叶状体，幼叶状体逐渐长大从小囊中浮出。新植物体或者与母体联系在一起，或者后来分离。花单性，无花被，着生于茎基的侧囊中。雌花单一，雌蕊葫芦状，花柱短，柱头全缘，短漏斗状，1 室；胚珠 1 ~ 6 颗，直立，直生或半倒生；外珠被不盖住珠孔。雄花有雄蕊 1 枚，具花丝，2 室或 4 室，每一花序常包括 1 个雌花和 1 ~ 2 个雄花，外围有膜质佛焰苞。果不开裂，种子 1 ~ 6 粒，外种皮厚，肉质，内种皮薄，于珠孔上形成一层厚的种盖。胚具短的下位胚轴，子叶大，几完全抱合胚茎。

308. 浮萍 *Lemna minor*

漂浮植物。叶状体对称，表面绿色，背面浅黄色浮萍或绿白色或常为紫色，近圆形，倒卵形或倒卵状椭圆形，全缘，长 1.5 ~ 5 mm，宽 2 ~ 3 mm，上面稍凸起或沿中线隆起，脉 3 条，不明显，背面垂生丝状根 1 条，根白色，长 3 ~ 4 cm，根冠钝头，根鞘无翅。

309. 紫萍 *Spirodela polyrrhiza*

水生草本，漂浮水面。叶状体倒卵状圆形，长 4 ～ 11 mm 单生或 2 ～ 5 个簇生，扁平，深绿色，具掌状脉 5 ～ 11 条，下面着生 5 ～ 11 条细根。花单性，雌花 1 与雄花 2 同生于袋状的佛焰苞内；雄花，花药 2 室；雌花子房 1 室，具 2 颗直立胚珠。果实圆形，有翅缘。花期 6—7 月。

（六十四）鸭跖草科 Commelinaceae

多年生常绿草本，单叶互生，叶全缘，叶脉平行，茎枝多汁粗厚，植株形态有蔓性、匍匐性或簇生之短茎直立型。花多整齐的两性花，常着生于叶腋，或茎顶簇生成聚伞或圆锥花序，花色白、蓝或粉色，多只绽放一日，花数多为 3 或 3 的倍数，蒴果。

310. 鸭跖草 *Commelina communis*

一年生披散草本。茎匍匐生根，多分枝，长可达 1 m，下部无毛，上部被短毛。叶披针形至卵状披针形，长 3 ～ 9 cm，宽 1.5 ～ 2 cm。总苞片佛焰苞状，有 1.5 ～ 4 cm 的柄，与叶对生，折叠状，展开后为心形，顶端短急尖，基部心形，长 1.2 ～ 2.5 cm，边缘常有硬毛；聚伞花序，下面一枝仅有花 1 朵，具长 8 mm 的梗，不孕；上面一枝有花 3 ～ 4 朵，具短梗，几乎不伸出佛焰苞。

（六十五）禾本科 Poaceae

一年生、二年生或多年生草本或木本；根的类型绝大多数为须根；地上茎（秆）中空，很少实心；无棱；有节；茎生叶呈二行排列；叶鞘开裂；颖花；颖果、浆果或坚果。

311. 獐毛 Aeluropus sinensis

多年生；通常有长匍匐枝，秆高 15 ～ 35 cm，径 1.5 ～ 2 mm，具多节，节上多少有柔毛；叶鞘通常长于节间或上部者可短于节间，鞘口常有柔毛，其余部分常无毛或近基部有柔毛；叶舌截平，长约 0.5

mm；叶片无毛，通常扁平，长 3 ～ 6 cm，宽 3 ～ 6 mm；圆锥花序穗形，其上分枝密接而重叠，长 2 ～ 5 cm，宽 0.5 ～ 1.5 cm；小穗长 4 ～ 6 mm，有 4 ～ 6 小花，颖及外稃均无毛，或仅背脊粗糙，第一颖长约 2 mm，第二颖长约 3 mm，第一外稃长约 3.5 mm。

312. 小獐毛 *A. pungens*

多年生，具向四周伸展的匐枝。秆直立或倾斜，花序以下粗糙或被毛，节上通常无毛或可被柔毛，基部密生鳞片状叶，且自基部多分枝。叶鞘多聚于秆基，无毛，长于或短于节间，鞘内有时具分枝；叶舌很短，其上具 1 圈纤毛；叶片狭线形，尖硬，扁平或内卷如针状，无毛。圆锥花序穗状，分枝单生，彼此疏离而不重叠；小穗长 2 ～ 4 mm，含（2）4 ～ 8 朵小花，在穗轴上明显排成整齐的 2 行；颖卵形，具膜质边缘，并疏生少量纤毛，脊上粗糙，第一颖长 1 ～ 2 mm，第二颖长 1.5 ～ 2.5 mm；外稃卵形，具 5 ～ 9 脉，顶端尖，边缘膜质而具纤毛，尤以基部两侧的毛较长而密，第一外稃长 1.5 ～ 3 mm；内稃等长于外稃，先端截平或具缺刻，脊上具微纤毛；花药长约 1.5 mm；子房先端无毛，花柱 2 裂，顶生。花果期 5—8 月。

313．三芒草 *Aristida adscensionis*

一年生。须根坚韧，有时具砂套。秆具分枝，丛生，光滑，直立或基部膝曲，叶鞘短于节间，光滑无毛，疏松包茎，叶舌短而平截，膜质，圆锥花序，狭窄或疏松，分枝细弱，单生，多贴生或斜向上升；小穗灰绿色或紫色；颖膜质，披针形，脉上粗糙，两颖稍不等长，中脉粗糙，背部平滑或稀粗糙，基盘尖，芒粗糙，两侧芒稍短；披针形；薄膜质。花果期 6—10 月。

314. 白羊草 *Bothriochloa ischaemum*

多年生草本。秆丛生，直立或基部倾斜，节上无毛或具白色髯毛；叶鞘无毛，多密集于基部而相互跨覆，常短于节间；叶舌膜质，顶生者常缩短，先端渐尖，基部圆形，两面疏生疣基柔毛或下面无毛。脊上粗糙，先端钝或带膜质；中部以上具纤毛；脊上粗糙，边缘亦膜质；第一外稃长圆状披针形，先端尖，边缘上部疏生纤毛；第二外稃退化成线形，先端延伸成一膝曲扭转的芒，有柄小穗雄性；第一颖背部无毛，背部扁平，两侧内折，边缘具纤毛。花果期秋季。

315. 雀麦 *Bromus japonicus*

多年生草本。植株粗壮较高大，具扁平叶片。顶生的圆锥花序狭窄；小穗含 2 朵小花，第一朵小花雄性，第二朵小花两性，小穗轴脱节于颖之上并延伸于顶生小花之后；颖较宽，质薄，边缘近于膜质，第一颖具 1 脉，第二颖长于第一颖而几与小穗相等，具 3 脉；外稃具 5 脉，基盘被毛，从第一外稃近基部处伸出 1 膝曲扭转的芒，其芒长出小穗，第二外稃近顶端具 1 细直短芒。

316. 假苇拂子茅 *Calamagrostis pseudophragmites*

秆直立，高 40 ～ 100 cm，直径 1.5 ～ 4 mm。叶鞘平滑无毛，或稍粗糙，短于节间，有时在下部者长于节间；叶舌膜质，长 4 ～ 9 mm，长圆形，顶端钝而易破碎；叶片长 10 ～ 30 cm，宽 1.5 ～ 5（7）mm，扁平或内卷，上面及边缘粗糙，下面平滑。圆锥花序呈长圆状披针形，疏松开展，长 10 ～ 20（35）cm，宽（2）3 ～ 5 cm，分枝簇生，直立，细弱，稍糙涩；小穗长 5 ～ 7 mm，草黄色或紫色；颖线状披针形，成熟后张开，顶端长渐尖，不等长，第二颖较第一颖短 1/4 ～ 1/3，具 1 脉或第二颖具 3 脉，主脉粗糙；外稃透明膜质，长 3 ～ 4 mm，具 3 脉，顶端全缘，稀微齿裂，芒自顶端或稍下伸出，细直，细弱，长 1 ～ 3 mm，基盘的柔毛等长或稍短于小穗；内稃长为外稃的 1/3 ～ 2/3；雄蕊 3 枚，花药长 1 ～ 2 mm。花果期 7—9 月。

317. 虎尾草 *Chloris virgata*

一年生草本。秆直立或基部膝曲，光滑无毛。叶鞘背部具脊，包卷松弛，无毛；无毛或具纤毛；叶片线形，两面无毛或边缘及上面粗糙。指状着生于秆顶，常直立而并拢成毛刷状，有时包藏于顶叶之膨胀叶鞘中，成熟时常带紫色；小穗无柄，第一小花两性，外稃纸质，两侧压扁，呈倒卵状披针形，沿脉及边缘被疏柔毛或无毛，芒自背部顶端稍下方伸出，脊上被微毛；第二小花不孕，呈长楔形，仅存外稃，顶端截平或略凹，自背部边缘稍下方伸出。颖果纺锤形，淡黄色，光滑无毛而半透明。花果期6—10月。

318. 隐花草 *Crypsis aculeata*

一年生。须根细弱。秆平卧或斜向上升，具分枝，光滑无毛，高5～40 cm。叶鞘短于节间，松弛或膨大；叶舌短小，顶生纤毛；叶片呈线状披针形，扁平或对折，边缘内卷，先端呈针刺状，上面微糙涩，下面平滑，长2～8 cm，宽1～5 mm。圆锥花序短缩成头状或卵圆形，长约16mm，宽5～13 mm，下面紧托两枚膨大的苞片状叶鞘，小穗长约4 mm，淡黄白色；颖膜质，不等长，顶端钝，具1脉，脉上粗糙或生纤毛，第一颖长约3 mm，窄线形，第二颖长约3.5 mm，披针形；外稃长于颖，薄膜质，具1脉，长约4 mm；内稃与外稃同质，等长或稍长于外稃，具极接近而不明显的2脉，雄蕊2枚，花药黄色，长1～1.3 mm。囊果呈长圆形或楔形，长约2 mm。花果期5—9月。

319. 狗牙根 *Cynodon dactylon*

低矮草本植物，秆细而坚韧，下部匍匐地面蔓延甚长，节上常生不定根，高可达30 cm，秆壁厚，光滑无毛，有时略两侧压扁。叶鞘微具脊，叶舌仅为一轮纤毛；叶片线形，通常两面无毛。穗状花序，小穗灰绿色或带紫色，小花；花药淡紫色；柱头紫红色。颖果长圆柱形。5—10月开花结果。

320. 马唐 *Digitaria sanguinalis*

一年生。秆直立或下部倾斜，膝曲上升，无毛或节生柔毛。叶鞘短于节间，无毛或散生疣基柔毛；叶片线状披针形，基部圆形，边缘较厚，微粗糙，具柔毛或无毛。穗轴直伸或开展，两侧具宽翼，边缘粗糙；小穗椭圆状披针形，脉间及边缘大多具柔毛；第一外稃等长于小穗，具7脉，中脉平滑，两侧的脉间距离较宽，无毛，边脉上具小刺状粗糙，脉间及边缘生柔毛；第二外稃近革质，灰绿色，顶端渐尖，等长于第一外稃。花果期6—9月。

321. 纤毛马唐 *D. ciliaris*

一年生。秆基部倾卧，着土后节易生根，具分枝，叶鞘多短于其节间，常具柔毛；叶舌膜质，叶片线状披针形，面多少生柔毛，边缘微粗糙。呈指状排列于秆顶；中肋白色，两侧之绿色翼缘具细刺状粗糙；小穗披针形，孪生于穗轴一侧；小穗柄三棱形，粗糙；第一颖小，三角形；第二颖披针形，脉间及边缘生柔毛；中脉两侧的脉间较宽而无毛，间脉与边脉间具柔毛及疣基刚毛，成熟后，两种毛均平展张开；第二外稃淡绿色，等长于小穗。花果期6—10月。

322. 双稃草 *Diplachne fusca*

多年生；秆直立或膝曲上升，有或无分枝，高20～29 cm，无毛。叶鞘平滑无色，疏松包住节间，且通常自基部节处以上与秆分离；发生与危害：多年生草本，丛生。夏秋季抽穗。多以种子繁殖。危害少。花果期6—9月。

323. 稗 *Echinochloa crusgalli*

一年生草本植物。秆高可达50 cm，光滑无毛，叶片扁平，线形，无毛，边缘粗糙。圆锥花序直立，近尖塔形，分枝斜上举，小穗卵形，第一颖呈三角形，第二颖与小穗等长，花通常中性，其外稃为草质，第二外稃呈椭圆形，成熟后变硬，边缘内卷，夏、秋季开花结果。

324. 长芒稗 *E.caudata.*

叶鞘无毛或常有疣基毛，或仅有粗糙毛或仅边缘有毛；叶舌缺；叶片线形，两面无毛，边缘增厚而粗糙。圆锥花序稍下垂，主轴粗糙，具棱，疏被疣基长毛；分枝密集，常再分小枝；小穗呈卵状椭圆形，常带紫色，脉上疏生刺毛，内稃为膜质，先端具细毛，边缘具细睫毛；花柱基分离。花果期夏、秋季。

325. 小旱稗 *E. crusgalli* var. *austrojaponensis*

叶鞘平滑无毛；叶舌缺；叶片扁平，线形，圆锥花序狭窄，分枝上不具小枝，有时中部轮生；小穗卵状椭圆形，第一颖三角形，基部包卷小穗；第二颖与小穗等长，具小尖头，脉上具刚毛或有时具疣基毛，第一小花通常中性，外稃草质，内稃薄膜质，第二外稃革质，坚硬，边缘包卷同质的内稃。花果期 7—10 月。

326. 牛筋草 *Eleusine indica*

一年生草本。根系极发达。秆丛生，基部倾斜。叶鞘两侧压扁而具脊，松弛，无毛或疏生疣毛；叶舌长约 1 mm；叶片平展，线形，无毛或上面被疣基柔毛。穗状花序 2 ～ 7 个指状着生于秆顶，很少单生；小穗长 4 ～ 7 mm，宽 2 ～ 3 mm，含 3 ～ 6 朵小花；颖披针形，具脊，脊粗糙。囊果卵形，基部下凹，具明显的波状皱纹。鳞被 2，折叠，具 5 脉。花果期 6—10 月。

327. 披碱草 *Elymus dahuricus*

多年生草本植物，秆疏丛，直立，基部膝曲。叶鞘光滑无毛；叶片扁平，稀可内卷，上面粗糙，下面光滑，有时呈粉绿色，穗状花序直立，较紧密，穗轴边缘具小纤毛，小穗绿色，成熟后变为草黄色，颖披针形或线状披针形，外稃披针形，全部密生短小糙毛，先端延伸成芒，芒粗糙，成熟后向外展开；内稃与外稃等长，先端截平，脊上具纤毛，至基部渐不明显，脊间被稀少短毛。花果期 7—9 月。

328. 画眉草 *Eragrostis pilosa*

叶鞘松裹茎，长于或短于节间，扁压，鞘缘近膜质，鞘口有长柔毛；叶舌为一圈纤毛，长约 0.5 mm；叶片线形扁平或蜷缩，无毛。圆锥花序开展或紧缩，分枝单生，簇生或轮生，多直立向上，腋间有长柔毛，小穗具柄，含 4 ～ 14 朵小花；颖为膜质，披针形，先端渐尖。第一颖长约 1 mm，无脉，第二颖长约 1.5 mm，具 1 脉；第一外稃长约 1.8 mm，广卵形，先端尖，具 3 脉；内稃长约 1.5 mm，稍作弓形弯曲，脊上有纤毛，迟落或宿存；雄蕊 3 枚，花药长约 0.3 mm。颖果呈长圆形，长约 0.8 mm。花果期 8—11 月。

329. 大牛鞭草 *Hemarthria alitissima*

多年生草本，有长而横走的根茎。秆直立部分可高达 1 m，直径约 3 mm，一侧有槽。叶鞘边缘膜质，鞘口具纤毛；叶舌膜质，白色，长约 0.5 mm，上缘撕裂状；叶片线形，长 15 ～ 20 cm，宽 4 ～ 6 mm，两面无毛。总状花序单生或簇生，长 6 ～ 10 cm，直径约 2 mm。无柄小穗呈卵状披针形，长 5 ～ 8 mm，第一颖革质，等长于小穗，背面扁平，具 7 ～ 9 脉，两侧具脊，先端尖或长渐尖；第二颖厚纸质，贴生于总状花序轴凹穴中，但其先端游离；第一朵小花仅存膜质外稃；第二朵小花两性，外稃为膜质，长卵形，长约 4 mm；内稃为薄膜质，长约为外稃的 2/3，先端圆钝，无脉。有柄小穗长约 8 mm，有时更长；第二颖完全游离于总状花序轴；第一小花中性，仅存膜质外稃；第二小花两稃均为膜质，长约 4 mm。花果期在夏、秋季。

330. 毛鞘茅香 *Hierochloe odorata* var. *pubescens*

多年生。根茎细长。秆高 50 ～ 60 cm，具 3 ～ 4 节，上部长裸露。叶鞘无毛或毛极少，长于节间；叶舌透明膜质，长 2 ～ 5 mm，先端啮蚀状；叶片披针形，质较厚，上面被微毛，长 5 cm，宽 7 mm，基生者可长达 40 cm。圆锥花序长约 10 cm；小穗淡黄褐色，有光泽，长 5(6)mm；颖为膜质，具 1 ～ 3 脉，等长或第一颖稍短；雄花外稃稍短于颖，顶具微小尖头，背部向上渐被微毛，边缘具纤毛；孕花外稃锐尖，长约 3.5 mm，上部被短毛。花果期 6—9 月。

331. 白茅 *Imperata cylindrica*

多年生草本植物，秆直立，高可达 80 cm，节无毛。叶鞘聚集于秆基，叶舌膜质，秆生叶片窄线形，通常内卷，顶端渐尖呈刺状，下部渐窄，质硬，基部上面具柔毛。圆锥花序稠密，第一外稃呈卵状披针形，第二外稃与其内稃近相等，卵圆形，顶端具齿裂及纤毛；花柱细长，紫黑色，颖果椭圆形。花果期 4—6 月。

332. 羊草 *Leymus chinense*

多年生草本。须根具沙套。秆散生，直立，高40～90 cm，具4～5节，叶鞘平滑，基部残留叶鞘呈纤维状，枯黄色；叶舌截平，顶端具齿裂，纸质，叶片长7～18 cm，宽3～6 mm，扁平或内卷，上面及边缘粗糙，下面较平滑。花果期6—8月。

333. 多花黑麦草 *Lolium multiflorum*

一年生，越年生或短期多年生。秆直立，具4～5节，较细弱至粗壮。叶鞘疏松；叶舌长达4 mm；叶片扁平，无毛，上面微粗糙。穗形总状花序直立或弯曲；穗轴柔软，节间无毛，上面微粗糙；小穗含小花；小穗轴节间平滑无毛；颖披针形，质地较硬；外稃长圆状披针形，具5脉，顶端膜质透明，具长约5（～15）mm的细芒，或上部小花无芒；脊上具纤毛。颖果长圆形，长为宽的3倍。花果期7—8月。

334. 荻 *Miscanthus sacchariflorus*

多年生草本植物。匍匐根状茎，秆直立，高可达1.5 m，直径约5 mm，节生柔毛。叶鞘无毛，叶舌短，具纤毛；叶片扁平，宽线形，边缘锯齿状粗糙，基部常收缩成柄，粗壮。圆锥花序舒展成伞房状，主轴无毛，腋间生柔毛，小穗柄顶端稍膨大，小穗线状披针形，成熟后带褐色，基盘具长为小穗2倍的丝状柔毛；顶端膜质呈长渐尖，边缘和背部具长柔毛；颖果长圆形。花果期8—10月。

335. 狼尾草 *Pennisetum alopecuroides*

多年生禾本科植物。须根较粗壮。秆直立，丛生，在花序下密生柔毛。叶鞘光滑，两侧压扁，秆上部长于节间；叶舌具长约2.5 mm纤毛；叶片呈线形，先端长渐尖，基部生疣毛。圆锥花序直立；主轴密生柔毛；总梗长2～3（5）mm；刚毛粗糙，淡绿色或紫色；小穗通常单生，偶有双生，线状披针形；花药顶端无毫毛；花柱基部连合。颖果长圆形，长约3.5 mm。

叶片表皮细胞结构为上下表皮不同；上表皮脉间细胞 2 ～ 4 行为长筒状、有波纹、壁薄的长细胞；下表皮脉间 5 ～ 9 行为长筒形，壁厚。花果期夏、秋季。

336. 芦苇 *Phragmites australis*

多年生禾草，根状茎十分发达。秆直立，高 1 ～ 3（8）m，直径 1 ～ 4 cm，具 20 多节，基部和上部的节间较短，最长节间位于下部第 4 ～ 6 节，长 20 ～ 25（40）cm，节下被腊粉。芦苇的叶鞘下部短于上部，长于其节间；叶舌边缘密生一圈长约 1 mm 的短纤毛，两侧缘毛长 3 ～ 5 mm，易脱落；叶片披针状线形，长 30 cm，宽 2 cm，无毛，顶端长渐尖成丝形。花期 8—12 月。

337. 草地早熟禾 *Poa pratensis*

多年生草本植物，匍匐根状茎。直立，高可达 90 cm，叶舌为膜质，叶片线形，扁平或内卷，顶端渐尖，蘖生叶片较狭长。圆锥花序金字塔形或卵圆形，分枝开展，小枝上着生小穗，小穗柄较短；小穗卵圆形，绿色至草黄色，含小花，外稃为膜质，顶端稍钝，颖果呈纺锤形。5—6 月开花，7—9 月结果。

338. 硬质早熟禾 *P. sphondylodes*

多年生，密丛型草本。秆高 30 ～ 60 cm，具 3 ～ 4 节，顶节位于中部以下，上部长裸露，紧接花序以下和节下处常粗糙而涩。叶鞘基部带淡紫色，顶生者长 4 ～ 8 cm，长于其叶片；叶舌先端尖；叶片稍粗糙。圆锥花序紧缩而稠密，小穗绿色，熟后草黄色，含 4 ～ 6 朵小花；颖具 3 脉，先端锐尖，硬纸质，稍粗糙，第一颖稍短于第二颖；外稃为坚纸质，具 5 脉，间脉不明显，先端极窄膜质下带黄铜色，脊下部 2/3 和边脉下部 1/2 具长柔毛，基盘具中量绵毛，第一外稃长约 3 mm；内稃等长或稍长于外稃，脊粗糙具微细纤毛，先端稍凹。花果期 6—8 月。

339. 早熟禾 *P. annua*

一年生或冬性禾草植物。秆直立或倾斜，质软，高可达 30 cm，平滑无毛。叶鞘稍压扁，叶片扁平或对折，质地柔软，常有横脉纹，顶端急尖呈船形，边缘微粗糙。圆锥花序宽卵形，小穗卵形，含小花，绿色；颖质薄，外稃卵圆形，顶端与边缘宽膜质，花药黄色，颖果纺锤形。4—5 月开花，6—7 月结果。

340. 碱茅 *Puccinellia distans*

多年生草本；茎具 2～3 节，常压扁；叶鞘长于节间，平滑无毛，叶舌截平或齿裂；叶片线形，扁平或对折，微粗糙或下面平滑；圆锥花序开展，分枝细长，平展或下垂，下部裸露，微粗糙，小穗柄短，小穗含 5～7 朵小花，小穗轴平滑无毛；颖质薄，顶端钝，具细齿裂，第一颖具 1 脉，长 1～1.5 mm，第二颖长 1.5～2 mm，具 3 脉；外稃具不明显 5 脉，顶端截平或钝圆，与边缘均具不整齐细齿，基部有短柔毛；第一外稃长约 2 mm；内稃等长或稍长于外稃，脊微粗糙；颖果纺锤形，长约 1.2 mm。花果期 5—7 月。

341. 纤毛鹅观草 *Elymus ciliaris*

多年生草本；秆单生或成疏丛，直立，基部节常膝曲，平滑无毛，常被白粉。叶鞘无毛，稀可基部叶鞘于接近边缘处具有柔毛；叶片扁平，两面均无毛，边缘粗糙。穗状花序直立或多少下垂，小穗通常绿色，含（6）7～12 小花；颖呈椭圆状披针形，先端常具短尖头，两侧或 1 侧常具齿，具 5～7 脉，边缘与边脉上具有纤毛，第一颖长 7～8 mm，第二颖长 8～9 mm；外稃呈长圆状披针形，背部被粗毛，边缘具长而硬的纤毛，上部具有明显的 5 脉，通常在顶端两侧或 1 侧具齿，第一外稃长 8～9 mm，顶端延伸成粗糙反曲的芒；内稃长为外稃的 2/3，先端钝头，脊的上部具少许短小纤毛。

342. 鹅观草 *E.kamoji*

多年生草本。须根深 15 ～ 30 cm。秆直立或基部倾斜，疏丛生，高 30 ～ 100 cm。叶鞘外侧边缘常被纤毛；叶舌截平，长 0.5 mm；叶片扁平，光滑或稍粗糙。穗状花序长 7 ～ 20cm，下垂，小穗绿色或呈紫色，长 13 ～ 25 mm（芒除外），含 3 ～ 10 朵花；颖披针形，边缘为宽膜质，顶端具 2 ～ 7 mm 的短芒，有 3 ～ 5 脉，第一颖较第二颖短；外稃披针形，边缘为宽膜质，背部及基盘近无毛，芒长 20 ～ 40 mm；内稃约与外稃等长，先端钝，脊有翼。颖果稍扁，黄褐色。

343. 狗尾草 *Setaria viridis*

一年生草本。根为须状，高大植株具支持根。秆直立或基部膝曲。叶鞘松弛，无毛或疏具柔毛或疣毛；叶舌极短；叶片扁平，长三角状狭披针形或线状披针形。圆锥花序紧密呈圆柱状或基部稍疏离；小穗 2 ～ 5 个簇生于主轴上或更多的小穗着生在短小枝上，椭圆形，先端钝；第二颖几与小穗等长，椭圆形；第一外稃与小穗第长，先端钝，其内稃短小狭窄；第二外稃椭圆形，顶端钝，具细点状皱纹，边缘内卷，狭窄；鳞被楔形，顶端微凹；花柱基分离；叶上下表皮脉间均为微波纹或无波纹的、壁较薄的长细胞。颖果灰白色。花果期 5—10 月。

344. 金色狗尾草 *S. pumila*

一年生草本；单生或丛生。秆直立或基部倾斜膝曲，光滑无毛，仅花序下面稍粗糙。叶鞘下部扁压具脊，上部圆形；叶舌具一圈长约 1 mm 的纤毛，叶片线状披针形或狭披针形，先端长渐尖，基部钝圆，上面粗糙，下面光滑，近基部疏生长柔毛。圆锥花序紧密呈圆柱状或狭圆锥状，直立，主轴具短细柔毛，刚毛金黄色或稍带褐色，粗糙，先端尖，通常在一簇中仅具一个发育的小穗，第一颖呈宽卵形或卵形，长为小穗的 1/3 ~ 1/2，先端尖，具 3 脉；第二颖宽卵形，长为小穗的 1/2 ～ 2/3，先端稍钝，具 5 ～ 7 脉，第一小花雄性或中性，第一外稃与小穗等长或微短，具 5 脉，其内稃膜质，等长且等宽于第二小花，具 2 脉，通常含 3 枚雄蕊或无；第二小花两性，外稃革质，等长于第一外稃。先端尖，成熟时，背部极隆起，具明显的横皱纹；鳞被楔形；花柱基部联合。花果期 6—10 月。

345. 巨大狗尾草 *S. viridis* subsp. *pycnocoma*

植株粗壮高大，60 ～ 90 cm，基部数节具不定根，基部茎约 7 mm。叶鞘较松，上部不太包秆，无毛，边缘具密生细长纤毛；叶舌为一圈密长纤毛；叶片线形，长 16 ～ 32 cm，宽 1 ～ 1.7 cm，两面无毛。圆锥花序长 7 ～ 24 cm，宽 1.5 ～ 2.5 cm（包括刚毛），刚毛长 7 ～ 12 mm，浅紫色、浅褐色、绿色，小穗长 2.5 mm 以上。其花序大，小穗密集，花序基部簇生小穗的小枝延伸而稍疏离等特征近似粱 *Setaria ltalica*（Linn.）Beauv.，但粱的小穗不连颖片脱落，第二外稃背部光亮无点状皱纹。

346. 长芒草 *Stipa bungeana*

圆锥花序，常为叶鞘所包，成熟后伸出鞘外，长 8 ～ 20 cm，分枝细弱，微粗糙，2 ～ 4 枚簇生，直立或斜生；小穗灰绿色或浅紫色，稀疏生于分枝上部，颖长 9 ～ 15 mm，具 3 ～ 5 脉，顶端具细芒，外稃长 4 ～ 6 mm，背部具排列成纵行的短毛，顶端关节处具圈短毛，基盘长约 1mm，尖锐，密生柔毛，芒 2 回膝曲，第一芒柱长 10 ～ 15 mm，第二芒柱长 5 ～ 10 mm；芒针长 3 ～ 5 cm；内稃与外稃等长，具 2 脊。颖果呈长圆柱形，隐藏在基部叶鞘中的小穗的果为卵形。花果期 5—7 月。

347. 虱子草 *Tragus berteronianus*

一年生禾草，株高 10 ～ 20 cm。叶鞘短于节间，无毛。叶舌具长约 1mm 的柔毛。叶长 3 ～ 7 cm，宽 2 ～ 4 mm，边缘具刺毛。花序密集成穗状，长 3 ～ 5 cm。小穗长 2 ～ 3 mm，通常 2 个聚生成簇而均为可孕性。第一颖退化成微小体，膜质。第二颖革质，背部具 5 条肋刺，顶端无明显伸出刺外的尖头，外稃为膜质，具 3 脉，颖果呈卵圆形。

348. 结缕草 *Zoysia japonica*

多年生草本。具横走根茎，须根细弱。秆直立，基部常有宿存枯萎的叶鞘。叶鞘无毛；叶舌纤毛状；叶片扁平或稍内卷，表面疏生柔毛，背面近无毛。总状花序呈穗状；小穗柄通常弯曲，长可达 5 mm；小穗卵形，淡黄绿色或带紫褐色，颖果卵形。花果期 5—8 月。

（六十六）莎草科 Cyperaceae

多年生草本，较少为一年生；多数具根状茎少有兼具块茎。大多数具有三棱形的秆。叶基生和秆生，一般具闭合的叶鞘和狭长的叶片，或有时仅有鞘而无叶片。

花序多种多样，有穗状花序，总状花序，圆锥花序，头状花序或长侧枝聚伞花序；小穗单生，簇生或排列成穗状或头状，具 2 至多数花，或退化至仅具 1 花；花两性或单性，雌雄同株，少有雌雄异株，着生于鳞片（颖片）腋间，鳞片复瓦状螺旋排列或二列，无花被或花被退化成下位鳞片或下位刚毛，有时雌花为先出叶所形成的果囊所包裹；雄蕊 3 枚，少有一二枚，花丝线形，花药底着；子房 1 室，具 1 颗胚珠，花柱单一，柱头二三个。

果实为小坚果，三棱形、双凸状、平凸状或球形。

349. 异穗薹草 *Carex heterostachya*

根状茎具长的地下匍匐茎。秆三棱形，下部平滑，上部稍粗糙。叶短于秆，平张，质稍硬，边缘粗糙，具稍长的叶鞘。苞片芒状，常短于小穗。小穗 3 ~ 4 个，常较集中生于秆的上端，间距较短，上端 1 ~ 2 个为雄小穗，长圆形或棍棒状，无柄；其余为雌小穗，卵形或长圆形，密生多数花。雄花鳞片卵形，膜质，褐色，具白色透明的边缘，具 3 条脉；雌花鳞片圆卵形或卵形，顶端急尖，具短尖，上端边缘有时呈啮蚀状，膜质，中间淡黄褐色，两侧褐色，边缘白色透明，具 3 条脉，中脉绿色。果囊斜展，稍长于鳞片，宽卵形或圆卵形，钝三棱形。小坚果较紧地包于果囊内，宽倒卵形或宽椭圆形，三棱形，基部具很短的柄，顶端具短尖。花果期 4—6 月。

350. 白颖薹草 *C. duriuscula* subsp. *rigescens*

为多年生草本，高 14 ~ 80 cm。根状茎粗短。秆密丛生，基部具黑褐色叶鞘。叶基生，无秆生叶；叶片线形，长 50 ~ 60 cm，顶端渐狭成刚毛状，边内卷，具细齿，基部鞘状。长侧枝聚伞花序伞房状，长 6 ～ 22 cm；苞片叶状，长于花序；小苞片披针形，顶端刚毛状；小穗多数，单生或 2 ～ 5 个簇生，长圆形，长 6 ～ 12 mm，基部有空鳞片 4 片，2 大 2 小，卵形，顶端具小短尖，褐色，膜质，中肋呈龙骨状突起；有花鳞片同空鳞片而稍大，长 2.3 ～ 3 mm；下位刚毛极多数，成熟时长超过鳞片，长达 7 mm，无细刺；雄蕊 2 枚，花药顶端具紫黑色披针形的短尖；花柱长，柱头 3 个，细线形。小坚果呈狭长圆形，扁三棱状，顶端尖锐，有喙，深褐色，有的下部具棕色斑点，长约 2.5 mm，宽约 0.5 mm。

351. 翼果薹草 *C. neurocarpa*

根状茎短，木质。秆丛生，全株密生锈色点线，粗壮，扁钝三棱形，平滑，基部叶鞘无叶片，淡黄锈色。叶短于或长于秆，平张，边缘粗糙，先端渐尖，基部具鞘，鞘腹面膜质，锈色。苞片下部的叶状，显著长于花序，无鞘，上部的刚毛状。小穗多数，雄雌顺序，卵形；穗状花序紧密，呈尖塔状圆柱形。雄花鳞片呈长圆形，锈黄色，密生锈色点线；雌花鳞片呈卵形至长圆状椭圆形，顶端急尖，具芒尖，基部近圆形，锈黄色，密生锈色点线。果囊长于鳞片，卵形或宽卵形，稍扁，膜质，密生锈色点线，两面具多条细脉，无毛，中部以上边缘具宽而微波状不整齐的翅，锈黄色，上部通常具锈色点线，基部近圆形，里面具海绵状组织，有短柄，顶端急缩成喙，喙口 2 齿裂。小坚果疏松地包于果囊中，卵形或椭圆形，平凸状，淡棕色，平滑，有光泽，具短柄，顶端具小尖头；花柱基部不膨大，柱头 2 个。花果期 6—8 月。

352. 黑水薹草 *C. drymophila* var. *abbreviata*

根状茎具长的地下匍匐茎，钝三棱形，较粗壮，平滑或上端稍粗糙。叶短于秆，平张，无毛，边缘粗糙。苞片叶状，具稍长的鞘，上部的苞片常短于花序，具短的苞鞘。雄花鳞片披针形，顶端稍急尖，具短芒，淡锈色，具 3 条脉；雌花鳞片狭卵形或披针形，顶端渐尖或稍急尖，具短芒，膜质，两侧淡锈色。果囊斜展，长于鳞片，卵圆形，鼓胀三棱形，草质，橄榄绿色，基部近圆形，具很短的柄，顶端渐狭成中等长而稍宽的喙，稍带褐色，喙边缘具糙毛，喙口具直的两裂齿。小坚果疏松地包于果囊中，倒卵形，三棱形，长约 3 mm，基部具短柄，顶端具小尖头；花柱基部不膨大，柱头 3 个。花果期 6—7 月。

353. 碎米莎草 *Cyperus iria*

一年生草本。秆丛生，高 8 ~ 85 cm，扁三棱形。叶片长线形，短于秆，宽 3 ~ 5 毫米，叶鞘红棕色。叶状苞片 3 ~ 5 枚；长侧枝聚伞花序复出，辐射枝 4 ~ 9 枚，长达 12 cm，每辐射枝具 5 ~ 10 个穗状花序；穗状花序长 1 ~ 4 cm，具小穗 5 ~ 22 个；小穗排列疏松，长圆形至线状披针形，压扁，长 4 ~ 10 mm，具花 6 ~ 22 朵，鳞片排列疏松，膜质，宽倒卵形，先端微缺，具短尖，有脉 3 ~ 6 条；雄蕊 3 枚；花柱短，柱头 3 个。小坚果呈倒卵形或椭圆形、三棱形，褐色。花果期 6—10 月。

354. 黄颖莎草 *C. microiria*

多年生草本，多生长在潮湿处或沼泽地，分布于华南、华东、西南各省，少数种在东北、华北、西北一带；此外，世界各国也都广泛分布。小穗轴上具白色透明的狭边；鳞片顶端圆，具较长的短尖。

355. 扁穗莎草 *C. compressus*

丛生草本；根为须根。秆稍纤细，高 5 ~ 25 cm，锐三棱形，基部具较多叶。叶短于秆，或与秆几等长，折合或平张，灰绿色；叶鞘紫褐色。苞片 3 ~ 5 枚，叶状，长于花序；长侧枝聚伞花序简单，穗状花序近于头状；花序轴很短，具 3 ~ 10 个小穗；小穗排列紧密，斜展，线状披针形，近于四棱形，具 8 ~ 20 朵花；鳞片紧贴的复瓦状排列，稍厚，卵形，顶端具稍长的芒，背面具龙骨状突起，中间较宽部分为绿色，两侧苍白色或麦秆色，有时有锈色斑纹，脉 9 ~ 13 条；雄蕊 3 枚，花药线形，药隔突出于花药顶端；花柱长，柱头 3 个，较短。小坚果呈倒卵形，三棱形，侧面凹陷，长约为鳞片的 1/3，深棕色，表面具密的细点。花果期 7—12 月。

356. 异型莎草 *C. difformis*

秆丛生；高 5 ～ 65 cm，稍粗或细，扁三棱状，平滑，下部叶较多；具须根；杆丛生，高 5 ～ 65 cm，稍粗或细，扁三棱状，平滑，下部叶较多；叶短于秆，宽 2 ～ 6 mm，平展或折合，上端边缘稍粗糙；叶鞘稍长，褐色，叶状苞片 2 ～ 3 个，长于花序；鳞片稍松排列，近扁圆形，先端圆，长不及 1 mm，背面中间淡黄色，两侧深紫红或栗色，边缘白色透明，3 脉不明显；雄蕊（1）2 枚，花药椭圆形；花柱极短，柱头 3 个；小坚果呈倒卵状椭圆形，三棱状，与鳞片近等长，淡黄色；花果期 7—10 月。

357. 褐穗莎草 *C. fuscus*

一年生草本。5 月出苗，花期在 6—8 月，果期在 8—10 月。成株秆丛生，直立，三棱形，较细弱，高 15 ～ 30 cm。叶较秆长或短，宽 2 ～ 4 mm，边缘稍粗糙。叶鞘带紫红色。花和子实长侧枝聚伞花序复出，有 1 ～ 6 个长短不等的辐射枝，小穗常多个聚集成头状。小穗线形。鳞片宽卵形，顶端钝，中央黄绿色，两侧红褐色。小坚果椭圆形或倒卵状椭圆形，有 3 棱，淡黄色，有细小的网孔。

358. 香附子 *C. rotundus*

多年生草本。有匍匐根状茎细长，部分肥厚成纺锤形，有时数个相连。茎直立，三棱形。叶丛生于茎基部，叶鞘闭合包于上，叶片窄线形，长 20 ～ 60 cm，宽 2 ～ 5 mm，先端尖，全缘，具平行脉，主脉于背面隆起，质硬；花序复穗状，3 ～ 6 个在茎顶排成伞状，基部有叶片状的总苞 2 ～ 4 片，与花序几等长或长于花序；小穗宽线形，略扁平，长 1 ～ 3 cm，宽约 1.5 mm；颖 2 列，排列紧密，卵形至长圆卵形，长约 3 mm，膜质，两侧紫红色，有数脉；每颖着生 1 花，雄蕊 3 枚，药线形；柱头 3 个，呈丝状。小坚果呈长圆倒卵形，三棱状。花期 6—8 月，果期 7—11 月。

359. 水莎草 *C. serotinus*

多年生草本，散生。根状茎长。秆高 35 ～ 100 cm，粗壮水莎草，扁三棱形，平滑。叶片少，短于秆或有时长于秆，宽 3 ～ 10 mm，平滑，基部折合，上面平张，背面中肋呈龙骨状突起。小坚果呈椭圆形或倒卵形，平凸状，长约为鳞片的 4/5，棕色，稍有光泽，具凸起的细点。花果期 7—10 月。

360. 复序飘拂草 *Fimbristylis bisumbellata*

一年生草本，无根状茎，具须根。秆密丛生，较细弱，高 4 ～ 20 cm，扁三棱形，平滑，基部具少数叶。叶短于秆，宽 0.7 ～ 1.5 mm，平展，顶端边缘具小刺，有时背面被疏硬毛；叶鞘短，黄绿色，具绣色斑纹，被白色长柔毛。小坚果宽倒卵形，双凸状，长约 0.8 mm，黄白色，基部具极短的柄，表面具横的长圆形网纹。花果期 7—9 月，个别地区开花期长至 11 月。

361. 球穗扁莎草 *Pycreus globosus*

植株丛生，较细，有三钝棱，一面有沟，株高 7 ～ 50 cm。叶较秆短，叶鞘棕红色。具 2 ～ 4 个叶状苞片，底下的 1 ～ 2 片较花序长；侧枝长，聚伞花序较简单，具 3 ～ 6 条长短不一的辐射枝，每枝有小穗 2 ～ 20 个；小穗条形，有花 6 ～ 36 个；小穗轴具狭翅；有 2 列长圆状卵形鳞片，背面有绿色龙骨状突起，两侧深紫褐色至红褐色，生有白色透明的狭边。小坚果褐色倒卵形，端尖短，略扁。

362. 三棱水葱 *Schoenoplectus triqueter*

匍匐根状茎长，直径 1 ～ 5 mm，干时呈红棕色。秆散生，粗壮三棱形，基部具 2 ～ 3 个鞘，鞘为膜质，横脉明显隆起，最上一个鞘顶端具叶片。叶片扁平，苞片 1 枚，为秆的延长，三棱形，简单长侧枝聚缴花序假侧生；辐射枝呈三棱形，棱上粗糙，每辐射枝顶端有 1 ～ 8 个簇生的小穗；小穗卵形或长圆形，密生许多花；鳞片呈长圆形、椭圆形或宽卵形，顶端微凹或圆形，膜质，黄棕色，背面具 1 条中肋，稍延伸出顶端呈短尖，边缘疏生呈缘毛；下位刚毛3～5条，几等长或稍长于小坚果，全长都生有倒刺；雄蕊3枚，花药线形，药隔暗褐色，稍突出；花柱短，柱头2，细长。小坚果呈倒卵形，平凸状，长2～3 mm，成熟时褐色，具光泽。花果期6—9月。

363. 扁秆荆三棱 *Bolboschoenus. planiculmis*

叶扁平，宽2～5 mm，向顶部渐狭，具长叶鞘。叶状苞片1～3枚，常长于花序，边缘粗糙；长侧枝聚伞花序短缩成头状，或有时具少数辐射枝，通常具1～6个小穗；小穗卵形或长圆状卵形，锈褐色，长10～16 mm，宽4～8mm，具多数花；鳞片膜质，长圆形或椭圆形，长6～8 mm，褐色或深褐色，外面被稀少的柔毛，背面具一条稍宽的中肋，顶端或多或少缺刻状撕裂，具芒；下位刚毛4～6条，上生倒刺，长为小坚果的1/2～2/3；雄蕊3枚，花药线形，长约3mm，药隔稍突出于花药顶端；花柱长，柱头2个。小坚果呈宽倒卵形或倒卵形，扁，两面稍凹，或稍凸，长3～3.5 mm。花期5—6月，果期7—9月。

364. 荆三棱 *B. yagara*

多年生草本。高0.7～1.2 m。根状茎横走，通常单一，间或有分枝，常膨大，末端具块茎，长2～4 cm，直径1.5～3 cm，黑褐色，两头尖，质地轻泡。秆高大粗壮，高70～150 cm，锐三棱形，直立，光滑。叶互生，窄条形，长20～30 cm，宽6～10 mm，全缘，先端渐尖，基部鞘状抱茎。夏季开花，复穗状花序，多数花穗于茎顶聚成无梗伞形花丛，花序梗不等长，上具叶状苞片3～4枚；小穗长圆形，长约1 cm，颖长椭圆形，稍膜质，先端尖，芒状；雄蕊3枚，药线形或长圆形；雌蕊花柱长，柱头2裂。瘦果三角倒卵形，褐色。花果期5—7月。

365. 水葱 *Scirpus. validus*

匍匐根状茎粗壮，具许多须根。秆高大，圆柱状，最上面一个叶鞘具叶片。叶片线形。苞片1枚，为秆的延长，直立，钻状，常短于花序，极少数稍长于花序；长侧枝聚缴花序简单或复出，假侧生；小穗单生或2～3个簇生于辐射枝顶端，卵形或长圆形，顶端急尖或钝圆，具多数花；鳞片呈椭圆形或宽卵形，顶端稍凹，具短尖，膜质；雄蕊3枚，花药线形，药隔突出；花柱中等长，柱头2个，罕有 3 个，长于花柱。小坚果呈倒卵形或椭圆形，双凸状，少有三棱形，长约 2 mm。花果期 6—9 月。

（六十七）天南星科 Araceae

草本植物，具块茎或伸长的根茎；稀为攀援灌木或附生藤本，富含苦味水汁或乳汁。叶单 1 个或少数，有时花后出现，通常基生，如茎生则为互生，二列或螺旋状排列，叶柄基部或一部分鞘状；叶片全缘时多为箭形、戟形，或掌状、鸟足状、羽状或放射状分裂；大都具网状脉，稀具平行脉（如菖蒲属 *Acorus*）。花小或微小，常极臭，排列为肉穗花序；花序外面有佛焰苞包围。果为浆果，极稀紧密结合而为聚合果（隐棒花属 *Cryptocoryne*）；种子 1 至多粒，圆形、椭圆形、肾形或伸长，外种皮肉质，有的上部流苏状；内种皮光滑，有窝孔，具疣或肋状条纹，种脐扁平或隆起，短或长。胚乳厚，肉质，贫乏或不存在。

366. 菖蒲 *Acorus calamus*

菖蒲是多年生草本植物。根茎横走，稍扁，分枝，直径 5 ~ 10mm，外皮黄褐色，芳香，肉质根多数，长 5 ~ 6 cm，具毛发状须根。叶基生，基部两侧膜质叶鞘宽 4 ~ 5mm，向上渐狭，至叶长 1/3 处渐行消失、脱落。叶片剑状线形，长 90 ~ 100（150）cm，中部宽 1 ~ 2（3）cm，基部宽、对褶，中部以上渐狭，草质，绿色，光亮；中肋在两面均明显隆起，侧脉 3 ~ 5 对，平行，纤弱，大都伸延至叶尖。花序柄三棱形，长（15）40 ~ 50 cm；叶状佛焰苞剑状线形，长 30 ~ 40 cm；肉穗花序斜向上或近直立，狭锥状圆柱形，长 4.5 ~ 6.5（8）cm，直径 6 ~ 12 mm。花黄绿色，花被片长约 2.5 mm，宽约 1 mm；花丝长 2.5 mm，宽约 1 mm；子房呈长圆柱形，长 3 mm，粗 1.25 mm。浆果长圆形，红色。花期（2）6—9 月。

（六十八）灯芯草科 Juncaceae

多年生或稀为一年生草本，极少为灌木状（如木蔺属 *Prionium*）。根状茎直立或横走，须根纤维状。茎多丛生，圆柱形或压扁，表面常具纵沟棱，内部具充满或间断的髓心或中空，常不分枝，绿色。在某些种类茎秆常行光合作用。叶全部基生成丛而无茎生叶，或具茎生叶数片，常排成三列，稀为二列（*Distichia* 属和 *Oxychloe* 属）。花单生或集生成穗状或头状，头状花序往往再组成圆锥、总状、伞状或伞房状等各式复花序；头状花序下通常有数枚苞片，最下面 1 枚常比花长。花柱 1 个，常较短；柱头 3 分叉，线形，多扭曲；胚珠多数，着生于侧膜胎座或中轴胎座上，或仅 3 枚（地杨梅属），基生胎座；倒生胚珠具双珠被和厚珠心。果实通常为室背开裂的蒴果，稀不开裂。种子卵球形、纺锤形或倒卵形，有时两端（或一端）具尾状附属物（常称为锯屑状。在地杨梅属则常称为种阜）；种皮常具纵沟或网纹；胚乳富于淀粉，胚小，直立，位于胚乳的基部中心，具一大而顶生的子叶。染色体：通常染色体基数是：地杨梅属 x=6；灯芯草属 x=20。

367. 小灯芯草 *Juncus bufonius*

一年生草本，高 4 ～ 20（30）cm，有多数细弱、浅褐色须根。茎丛生，细弱，直立或斜升，有时稍下弯，基部常红褐色。叶基生和茎生；茎生叶常 1 枚；叶片线形，扁平，长 1 ～ 13 cm，宽约 1 mm，顶端尖；叶鞘具膜质边缘，无叶耳。花期 5—7 月，果期 6—9 月。

368. 细叶灯芯草 *J. gracillimus*

多年生草本，根茎横走，密生须根。茎簇生，直立，细柱形，直径 1.5 ～ 4 mm，内充满乳白色髓，占茎的大部分。叶鞘红褐色或淡黄色，长者达 15 cm；叶片退化呈刺芒状。花序假侧生，聚伞状，多花，密集或疏散；与茎贯连的苞片长 5 ～ 20 cm；花淡绿色，具短柄，长 2 ～ 2.5 mm；花被片 6 片，条状披针形，排列为 2 轮，外轮稍长，边缘膜质，背面被柔毛；雄蕊 3 枚，极少为 6 枚，长约为花被的 2/3，花药稍短于花丝；雌蕊 1 枚，子房上位，3 室，花柱很短，柱头 3。蒴果长圆状，先端钝或微凹，长约与花被等长或稍长，内有 3 个完整的隔膜。种子多数，卵状长圆形，褐色，长约 0.4 mm。花期 6—7 月，果期 7—10 月。

（六十九）百合科 Liliaceae

通常为具根状茎、块茎或鳞茎的多年生草本，很少为亚灌木、灌木或乔木状。叶基生或茎生，后者多为互生，较少为对生或轮生，通常具弧形平行脉，极少具网状脉。花两性，很少为单性异株或杂性，通常辐射对称，极少稍两侧对称；花被片 6 片，少有 4 片或多数，离生或不同程度的合生（成筒），一般为花冠状；雄蕊通常与花被片同数，花丝离生或贴生于花被筒上；花药基着或丁字状着生；药室 2 个，纵裂，较少汇合成 1 室而为横缝开裂；心皮合生或不同程度的离生；子房上位，极少半下位，一般 3 室（很少为 2、4、5 室），具中轴胎座，少有 1 室而具侧膜胎座；每室具 1 至多颗倒生胚珠。果实为蒴果或浆果，较少为坚果。种子具丰富的胚乳，胚小。

369. 兴安天门冬 *Asparagus dauricus*

直立草本，高 30 ～ 70 cm。根细长，粗约 2 mm。茎和分枝有条纹，有时幼枝具软骨质齿。叶状枝每 1 ～ 6 枚成簇，通常全部斜立，和分枝交成锐角，很少兼有平展和下倾的，稍扁的圆柱形，略有几条不明显的钝棱，长 1 ～ 4（5）cm，粗约 0.6 mm，伸直或稍弧曲，有时有软骨质齿；鳞片状叶基部无刺。花每 2 朵腋生，黄绿色；雄花花梗长 3 ～ 5mm，和花被近等长，关节位于近中部；花丝大部分贴生于花被片上，离生部分很短，只有花药一半长；雌花极小，花被长约 1.5 mm，短于花梗，花梗关节位于上部。浆果直径 6 ～ 7 mm，有 2 ～ 4（6）颗种子。花期 5—6 月，果期 7—9 月。

370. 软叶丝兰 *Yucca flaccida*

茎很短或不明显。叶近莲座状簇生，坚硬，近剑形或长条状披针形，长 25 ～ 60 cm，宽 2.5 ～ 3 cm，顶端具一硬刺，边缘有许多稍弯曲的丝状纤维。花葶高大而粗壮；花近白色，下垂，排成狭长的圆锥花序，花序轴有乳突状毛；花被片长 3 ～ 4 cm；花丝有疏柔毛；花柱长 5 ～ 6 mm。秋季开花。

371. 萱草 *Hemerocallis fulva*

多年生草本，根状茎粗短，具肉质纤维根，多数膨大呈窄长纺锤形。叶基生成丛，条状披针形，长 30 ～ 60 cm，宽约 2.5 cm，背面被白粉。夏季开橘黄色大花，花葶长于叶，高达 1m 以上；圆锥花序顶生，有花 6 ～ 12 朵，花梗长约 1 cm，有小的披针形苞片；花长 7 ～ 12 cm，花被基部呈粗短漏斗状，长达 2.5 cm，花被 6 片，开展，向外反卷，外轮 3 片，宽 1 ～ 2 cm，内轮 3 片宽达 2.5 cm，边缘稍作波状；雄蕊 6 枚，花丝长，着生花被喉部；子房上位，花柱细长。

（七十）泽泻科 Alismataceae

水生或沼生草本，具球茎。叶基生，叶柄基部鞘状。花常轮生于花葶上；花两性或单性，辐射对称；花被片 6 枚，外轮 3 枚绿色，萼片状，宿存，内轮 3 枚花瓣状；雄蕊多数至 6 枚；雌蕊多数至 6 枚，离生，子房上位。聚合瘦果。花序总状、圆锥状或呈圆锥状聚伞花序，稀 1 ～ 3 花单生或散生。花两性、单性或杂性，辐射对称；花被片 6 枚，排成 2 轮，覆瓦状，外轮花被片宿存，内轮花被片易枯萎、凋落；雄蕊 6 枚或多数，花药 2 室，外向，纵裂，花丝分离，向下逐渐增宽，或上下等宽；心皮多数，轮生，或螺旋状排列，分离，花柱宿存，胚珠通常 1 颗，着生于子房基部。瘦果两侧压扁，或为小坚果，多少胀圆。种子通常褐色、深紫色或紫色；胚马蹄形，无胚乳。

372. 泽泻 *Alisma plantago-aquatica*

多年生水生或沼生草本。块茎直径 1 ～ 3.5 cm，或更大。通常多数；沉水叶条形或披针形；挺水叶宽披针形、椭圆形至卵形，长 2 ～ 11 cm，宽 1.3 ～ 7 cm，先端渐尖，稀急尖，基部宽楔形、浅心形，叶脉通常 5 条，叶柄长 1.5 ～ 30 cm，基部渐宽，边缘膜质。瘦果椭圆形，或近矩圆形，长约 2.5 mm，宽约 1.5 mm，背部具 1 ～ 2 条不明显浅沟，下部平，果喙自腹侧伸出，喙基部凸起，膜质。种子紫褐色，具凸起。花果期 5—10 月。

（七十一）鸢尾科 Iridaceae

多年生、稀一年生草本。地下部分通常具根状茎、球茎或鳞茎。叶多基生，少为互生，条形、剑形或为丝状，基部成鞘状，互相套叠，具平行脉。大多数种类只有花茎，少数种类有分枝或不分枝的地上茎。花两性，色泽鲜艳美丽，辐射对称，少为左右对称，单生、数朵簇生或多花排列成总状、穗状、聚伞及圆锥花序；花或几花序下有 1 至多个草质或膜质的苞片，簇生、对生、互生或单一；花被裂片 6 个，两轮排列，内轮裂片与外轮裂片同形等大或不等大，花被管通常为丝状或喇叭形；雄蕊 3 枚，花药多外向开裂；花柱 1 个，上部多有 3 个分枝，分枝圆柱形或扁平呈花瓣状，柱头 3 ～ 6 个，子房下位，3 室，中轴胎座，胚珠多粒。蒴果，成熟时室背开裂；种子多粒，半圆形或为不规则的多面体，少为圆形，扁平，表面光滑或皱缩，常有附属物或小翅。

373. 马蔺 *Iris lactea*

多年生草本宿根植物，是白花马蔺的变种，多年生密丛草本。根茎叶粗壮，须根稠密发达，长度可达 1 m 以上，呈伞状分布。叶基生，宽线形，高度可达到 1 250 mm，宽度 0.4 ～ 25 mm，灰绿色，花茎高约 250 mm，2 ～ 4 朵花，花为浅蓝色、蓝色或蓝紫色，花被上有较深色的条纹；蒴果长椭圆状柱形，有 6 条明显的肋，顶端有短喙；长 4 ～ 150 mm，种子为不规则的多面体，棕褐色，略有光泽，种子 9 月成熟。花期 5—6 月，果期 6—9 月。

374. 鸢尾 *I.tectorum*

多年生草本，根状茎粗壮，二歧分枝，斜伸；须根较细而短。叶基生，黄绿色，稍弯曲，中部略宽，宽剑形，顶端渐尖或短渐尖，基部鞘状，有数条不明显的纵脉。花茎光滑，顶部常有 1 ～ 2 个短侧枝，中、下部有 1 ～ 2 枚茎生叶；苞片 2 ～ 3 枚，绿色，草质，边缘为膜质，色淡，披针形或长卵圆形，花蓝紫色，花梗甚短；花被管细长，上端膨大成喇叭形，外花被裂片圆形或宽卵形，顶端微凹，爪部狭楔形，中脉上有不规则的鸡冠状附属物，呈不整齐的缝状裂，内花被裂片椭圆形，长 4.5 ～ 5 cm，宽约 3 cm，花盛开时向外平展，爪部突然变细；雄蕊长约 2.5 cm，花药鲜黄色，花丝细长，白色；花柱分枝扁平，淡蓝色，顶端裂片近四方形，有疏齿，子房纺锤状圆柱形，长 1.8 ～ 2 cm。蒴果长椭圆形或倒卵形，有 6 条明显的肋，成熟时自上而下 3 瓣裂；种子黑褐色，梨形，无附属物。花期 4—5 月，果期 6—8 月。

Chapter 4

HENGSHUIHU GUOJIAJI ZIRAN BAOHUQU
SHENGWU DUOYANGXING TUJI

第四篇 浮游生物和底栖动物

一、浮游植物

（一）蓝藻门

一类原核生物，又称蓝细菌或蓝绿藻。蓝藻在地球上出现在35亿～33亿年前，是最早的光合放氧生物，对地球表面从无氧的大气环境变为有氧大气环境起了巨大作用。蓝藻分布广泛，各种水体、土壤和部分生物体内外，甚至在岩石表面和其他恶劣环境(高温、低温、盐湖、荒漠和冰原等)中都可找到它们的踪迹。在一些营养丰富的水体中，有些蓝藻常于夏季大量繁殖，并在水面形成一层蓝绿色而有腥臭味的浮沫，称为“水华”。全球已知蓝藻约2 000种，中国有记录的约900种。

【形态结构】

蓝藻为单细胞，丝状或非丝状群体。非丝状群体有板状、中空球状、立方体等各种形态，但大多数为不定形群体，群体常具有一定形态和胶被。丝状群体由相连的一列细胞组成藻丝，藻丝及胶鞘合称“丝状体”。蓝藻细胞无色素体和真正的细胞核。色素区含叶绿素a、叶黄素和大量藻胆蛋白。由于叶绿素和藻胆素等色素含量不同，可呈蓝色或蓝绿色。同化产物以蓝藻淀粉为主，还含有藻蓝素颗粒体。无色中央区含有环形丝状的DNA、无核膜及核仁。细胞壁由氨基糖和氨基酸组成。有些种属的少数营养细胞分化成异形胞，比营养细胞大，内含丰富的固氮酶，是细胞固氮的场所。

【繁殖方式】

蓝藻只有无性生殖，一般以细胞分裂为主。蓝藻群体的细胞分裂后子细胞常具胶被，虽彼此分离，但仍形成胶群体，如微囊藻。也有分裂的子细胞彼此不分离形成立方体（立方体藻）、平板状（平列藻）或丝状（念珠藻）。因此，单细胞类群的细胞分裂方式决定藻体形态，是蓝藻“科”“属”分类的重要特征。一些蓝藻还能形成内生孢子或外生孢子。丝状蓝藻除了细胞分裂，还能形成藻殖段。藻殖段是藻丝的5～15个细胞的藻列，从母体滑离后能形成新的藻丝。

【分类地位】

1971年，法国斯塔尼尔等基于蓝藻在原核、细胞壁组成，脂肪酸和DNA碱基组成等特性上与细菌近似，提出蓝藻应命名为蓝细菌。蓝藻仅1个纲，即蓝藻纲，传统上被分为5个目，即色球藻目（Chroococcales）、宽球藻目（Pleurocapsales）、管胞藻目（Chamaesiphonales）、念珠藻目（Nostocales）和真枝藻目（Stigonemales）。

【应用价值】

有些蓝藻（如鱼腥藻）具有固氮酶，可以直接固定大气中的氮，因此可以用作氮肥以提高土壤肥力，使作物增产。蓝藻含有较高的蛋白质（一般为20%～25%），可以作为食物，如中国传统食品发菜、葛仙米、地耳等。螺旋藻等含蛋白质高达70%，为非洲乍得、拉丁美洲墨西哥的传统食品，已人工培养，作为商品。螺旋鱼腥藻在我国陕西作为鱼的饵料。有些鱼类，如罗非鱼以蓝藻为食料。

1. 平裂藻属 *Merismopedia*

又称裂面藻属，藻体为一层细胞厚的平板状群体，小型，浮游生活。群体片状，方形或长方形，由 32 个至成百上千个细胞有规则地排列，2 个成对，2 对成一组，4 组成一小群，许多小群集合成平板状藻体。群体胶被无色、透明而柔软，个体胶被不明显。细胞呈球形或椭圆形，内含物均匀，少数具伪空泡或微小颗粒，淡蓝绿色以至亮绿色，少数呈玫瑰色以至紫蓝色。现有 13 种，中国已发现 10 种。一般与其他浮游藻类混杂，生长在淡水静水水体中，喜肥沃水质或长有水草的沿岸区，少数见于海水及微盐水中。

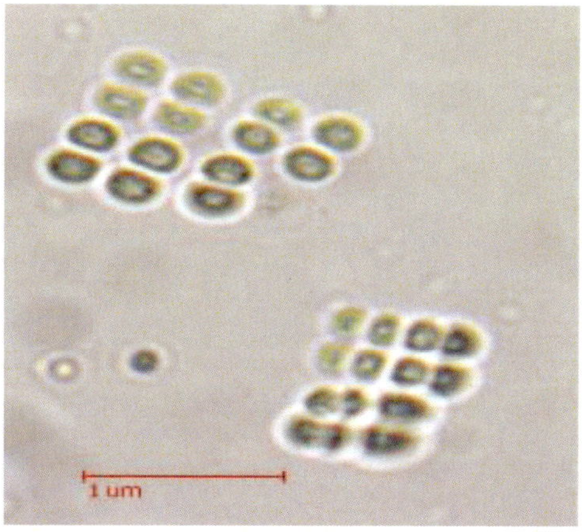

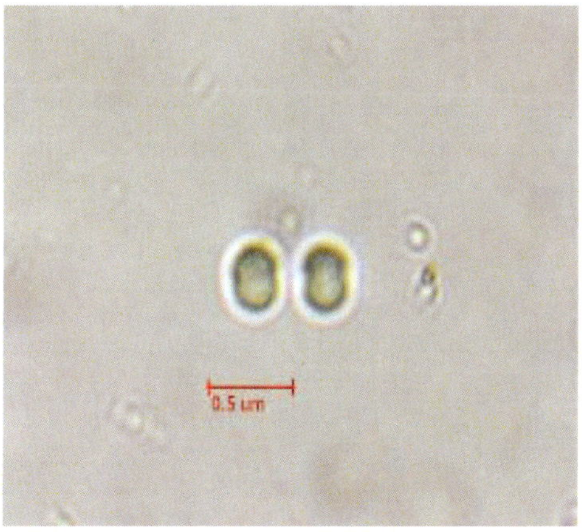

2. 色球藻属 *Chroococcus*

植物体多为 2 ～ 6 个或更多个细胞联合成圆球形或扁形的群体，少数为单细胞，外被有厚而无色的公共胶被，个体也有明显分开的胶被，群体中两个细胞相连处平直或现棱角而非球形，这两点是色球藻属区别于其他相似属的重要标志。细胞球形，半圆形或卵形。内含物均匀或具小颗粒，灰色、蓝色、蓝绿色或黄色等。

3. 颤藻属 *Oscillatoria*

颤藻属是蓝细菌门颤藻科的一属，因生长于水中并不断颤动而得名。藻体为不分支的单条藻丝，或由许多藻丝互相交织而组成片状、束状或皮壳状的蓝绿色漂浮群体。藻丝外表无胶鞘，藻丝端部细胞往往逐渐狭小而变尖细，有的弯曲如钩，或作螺旋状转向。丝状体顶端细胞性状多样，有的末端增厚或具帽状体。一般细胞为短圆柱形，细胞的内容物均匀或具颗粒，少数具伪空胞、无异型胞。繁殖通过段殖体繁殖。本属约有 100 种，常见的有大颤藻（O. Pirinceps）等。

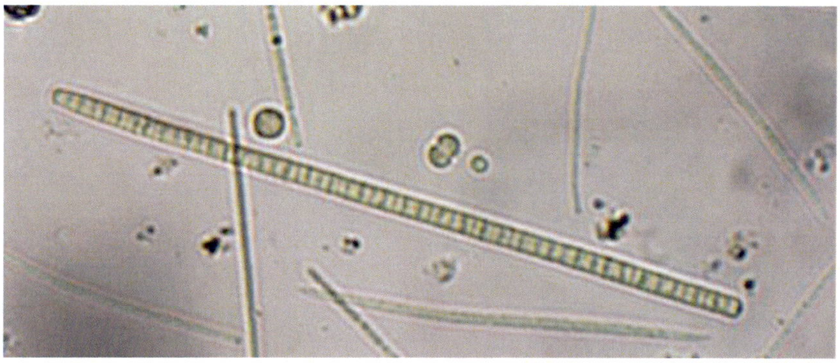

颤藻属的藻丝，能沿其长轴做滚转或匍匐的运动。颤藻是蓝细菌门中分布最广的属之一，能在各种生境中生存，在淡水水体如井边、厨房外自来水龙头下、猪牛等厩外的潮湿土表、岩石上、稻田、沟渠、池塘、湖泊、沼泽、小溪以及海边都可发现。繁殖旺盛时往往产生难闻的气味，导致水体污染，不适于饮用。

4. 尖头藻属 *Raphidiopsis*

尖头藻属丝状体单一，或多少呈弯曲状，一般由少于 20 个细胞组成，有基部分化及末端分化。丝状体上无异形胞，两端或一端渐尖，外无鞘。与双尖藻属 (*Hammatoidea*) 的区别是双尖藻属两端尖细，外有鞘。

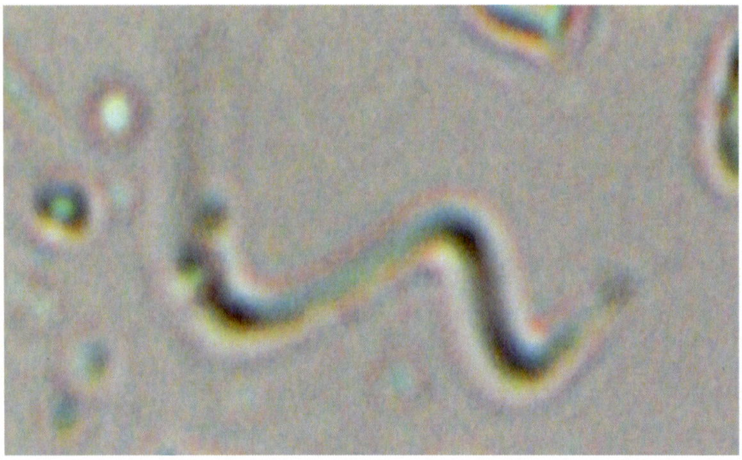

5. 鱼腥藻属 *Anabaena*

细胞球形或桶形，藻丝单一，或群集成群体，自由漂浮，或黏附在基质上。细胞沿着一个平面分裂并排列成链状丝，链状丝外包一层透明、无色的水样胶鞘，或许多链状丝包在一个共同的胶被内，形成不定形的胶块，大量繁殖形成“水华”。整条藻丝粗细一致，或在其两端稍变细；藻丝直或弯曲，或作不规则绕曲，每条藻丝也呈念珠状。该属和念珠藻属类似，二者的主要区别在于：①本属的厚壁孢子常大量在异形胞间形成，后者仅形成少数厚壁孢子。②本属群体无坚韧定形的总胶被，念珠藻属，约有 100 种，中国已知的有 31 种和 8 个变种。绝大多数是淡水产，生长在水中或湿地上，另外有极少数的种生活于维管植物的组织间隙，呈共生关系，例如在苏铁的珊瑚状根中的苏铁鱼腥藻。本属中有 34 种（不包括变种）具有固氮作用，中国已发现的固氮种有 10 余种（不包括变种），如苏铁鱼腥藻、满江红鱼腥藻、固氮鱼腥藻、水华鱼腥藻、螺旋鱼腥藻、多变鱼腥藻、类颤鱼腥藻等。该属中的一些种如螺旋鱼腥藻、水华鱼腥藻（*Anabaena flos-aguae*）和卷曲鱼腥藻（*Anabaena circinalis*）等，在池塘、湖泊中往往形成水华，是水体富营养化的一个标志。有的种产生毒素。

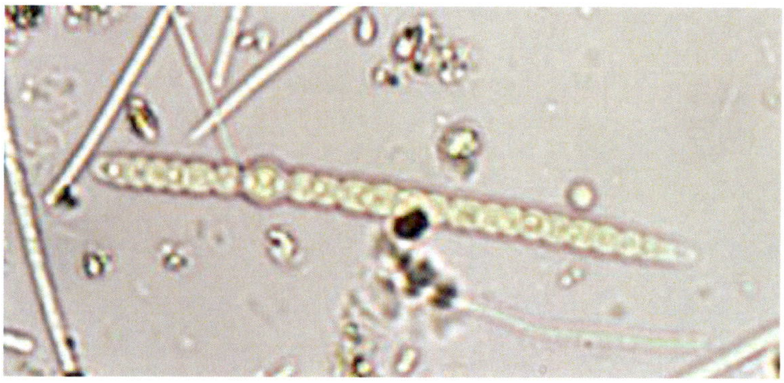

（二）绿藻门

绿藻门是藻类中种类最多的一个门，约有 8 000 种。大部分水生光合真核生物都属于绿藻。绿藻含有叶绿素 a 和叶绿素 b，且将光合产物转化为淀粉储存，细胞壁具有纤维素。这些特征与高等植物十分相似，被认为是原始陆生高等植物的祖先。绿藻分布广泛，从两极到赤道、从高山到平地均有分布。绝大多数种类产于淡水，少数产于海水，浮游和固着的均有；此外还有气生的种类，少数种寄生或与真菌共生形成地衣。

【形态结构】

绿藻形态多样，有单细胞、群体、丝状体、叶状体等。运动细胞通常具有 2 条顶生、等长的鞭毛，少数种类 4 条，有的生殖细胞具一轮顶生的鞭毛。大多数具细胞壁，主要成分为纤维素，外层常具果胶质。藻体中所含色素以叶绿素 a 和叶绿素 b 居多，还有叶黄素和胡萝卜素，植物体多呈绿色。色素体位于细胞中央的为轴生，围绕细胞壁的为周生，其形态构造因种类而不同。大多数种类的色素体内含有 1 个或数个蛋白核。贮藏的营养物质主要为淀粉和油类。

【繁殖方式】

繁殖方式有营养繁殖、无性繁殖、有性繁殖，有些种类的生活史有世代交替现象。

①营养繁殖是植物体不通过形成生殖细胞而进行繁殖的一种方式。绝大多数单细胞种类以细胞分裂方式形成新个体，群体类型以细胞分裂增加群体数目。

②无性繁殖是植物体形成生殖细胞不经过结合，直接萌发形成新的植物体，这种生殖细胞称为孢子。绿藻最常见的繁殖方式是形成动孢子，还可形成不动孢子、休眠孢子、厚壁孢子等。

③有性繁殖是通过生殖细胞结合形成合子，合子萌发形成新植物体。参与有性生殖的配子一般有鞭毛，但接合生殖的配子不具鞭毛，配子做变形运动接合形成接合孢子，接合孢子萌发形成新植物体。

【分类地位】

对绿藻门的分类国际上有多种观点。1976 年，中国藻类学家饶钦止提出本门应分为 2 纲，即绿藻纲（Chlorophyceae）和接合藻纲（Conjugatophyceae）。绿藻纲生活史中具有鞭毛的浮游细胞；有性生殖普遍，但没有结合生殖。接合藻纲生活史中不产生有鞭毛的游动细胞；有性生殖只有接合生殖。1985 年，

H. 博尔德（Bold）和 M. 温（Wynne）提出把绿藻门分为 1 纲，16 目，即绿藻纲。1982 年，席尔瓦（Silva）认为绿藻门由 3 个纲组成，即绿藻纲、轮藻纲（Charaphyceae）和葱绿藻纲（Prasinophyceae）。

【应用价值】

绿藻门植物具有较高的生态价值和经济价值。绿藻中如石莼、礁膜、浒苔等历来是沿海人民广为采捞的食用海藻。小球藻和珊藻富含蛋白质可供人食用和作动物饲料。有的绿藻可作为药用，如小球藻、孔石莼等。绿藻是藻类生理生化研究的材料及宇宙航行的供氧体，有的可制藻胶。绿藻在水体自净中起净化和指示生物的作用，利用藻菌共生系统和活性藻的方法来处理生活污水和工业废水。

6. 新月藻属 *Closterium*

单细胞，细胞大多为新月形，略弯曲或显著弯曲，少数平直，细胞长为宽的 2 倍以上。顶部钝圆、平直圆形、喙状或逐渐尖细；横断面圆形；细胞壁平滑、具纵向的线纹、肋纹或纵向的颗粒，无色或因铁盐沉淀而呈淡褐色或褐色；每个半细胞具 1 个色素体，由 1 个或数个纵向脊片组成，蛋白核多数，纵向排成一列或不规则散生；细胞两端各具 1 个液泡，内含 1 个或多个结晶状体的运动颗粒；细胞核位于两色素体之间细胞的中部。

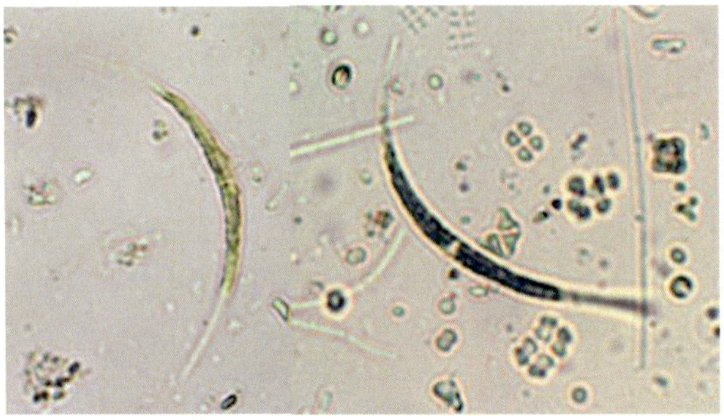

7. 鼓藻属 *Cosmarium*

单细胞，细胞侧扁，通常长稍大于宽，细胞中部收缢成缢缝，半细胞正面观近圆形或半圆形，常见于小型水体中。

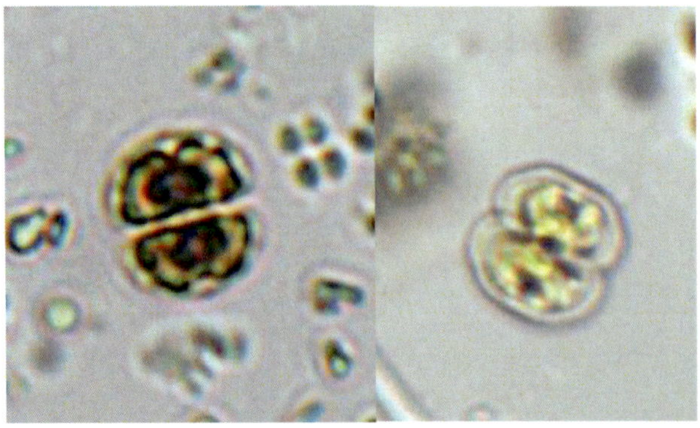

8. 小球藻属 *Chlorella*

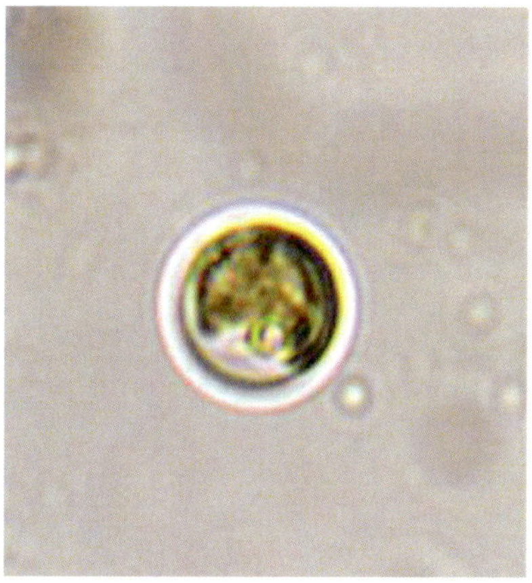

小球藻属是色球藻目中的常见植物，单细胞或聚集成群，细胞微小，圆形或略椭圆形，细胞壁薄，细胞内有 1 个杯形或曲带形载色体，细胞老熟时载色体分裂成数块。通常无蛋白核，只有蛋白核小球藻（*Chlorella pyrenoidosa* Chick）有蛋白核。无性生殖时，原生质分裂形成 2 个、4 个、8 个、16 个似亲孢子，母细胞壁破裂时，孢子放出成为新的植物体。

小球藻在我国分布甚广，生活于含有机质的小河、沟渠，池塘等水中，在潮湿的土壤上也有分布。

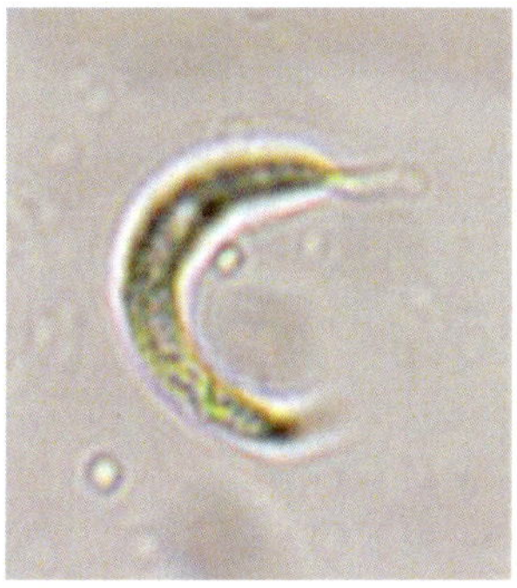

9. 弓形藻属 *Schroederia*

单细胞，细胞纺锤形，直或弯曲，细胞壁两端延长成长刺，刺的末端变尖，或仅一端变尖，另一端膨大成圆盘状或双叉状。色素体 1 个，片状，周生。

10. 纤维藻属 *Ankistrodesmus*

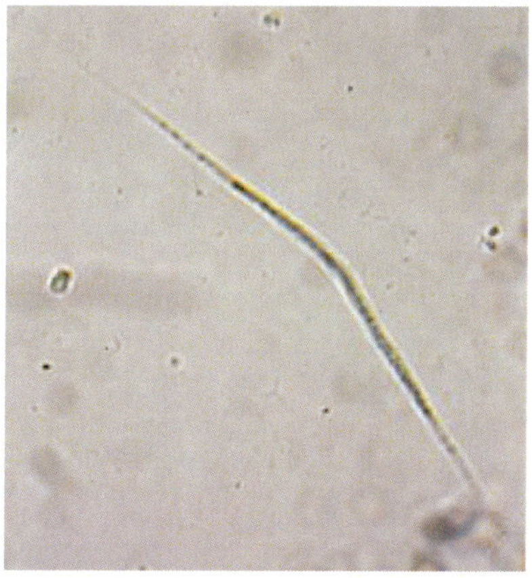

单细胞或由多个细胞聚集成群。浮游，极少数附着在基质上；细胞呈纺锤形、针形、弓形、镰形或螺旋形等多种形状，直或弯曲。从中央到两端逐渐尖细，末端尖，罕为钝圆；色素体 1 个，周生、片状，占细胞的绝大部分，有时裂为数片，具 1 个蛋白核或无。纤维藻属在各种水体中均有分布，喜肥沃小型水体。

11. 顶棘藻属 *Chodatella*

单细胞，细胞呈椭球形、卵形等。细胞两端或两端和中部具有长刺且呈对称排列，色素体 1 ～ 4 个。常见于小型水体，喜富含有机质的水体。

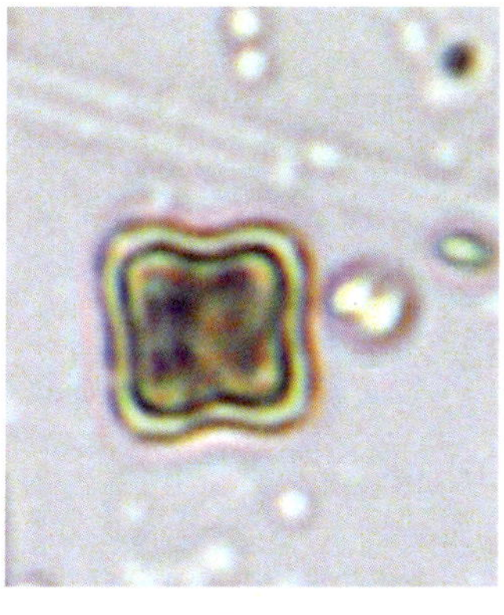

12. 四角藻属 *Tetraedron*

单细胞，细胞为扁平或角锥形，具 3 ～ 5 个角，角分叉或不分叉，有些种类角或突起的顶端细胞壁成为刺。常生活于小型水体。

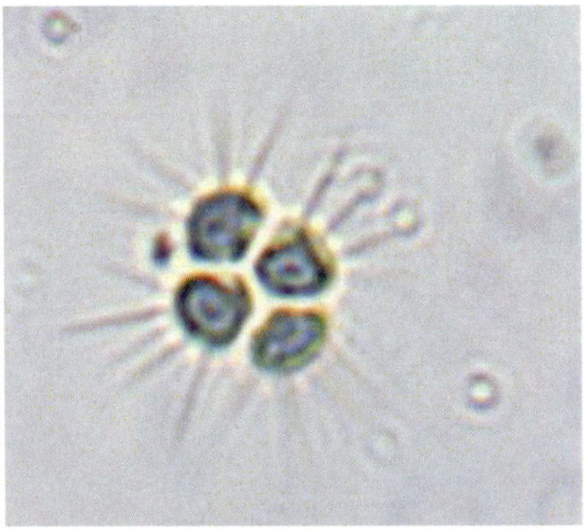

13. 四星藻属 *Tetrastrum*

由 4 个细胞组成的四方形或十字形的真性定形群体，细胞呈球形、卵形、三角形或近三角锥形，且排列在一个平面上，中心具或不具小间隙，各细胞间以其细胞壁紧密相连，罕见形成复合的真性定形群体；细胞外侧游离面凸出或略凹入，细胞壁具颗粒或具 1~7 条或长或短的刺；色素体 1~4 个，周生，片状、盘状，具蛋白核或有时无。

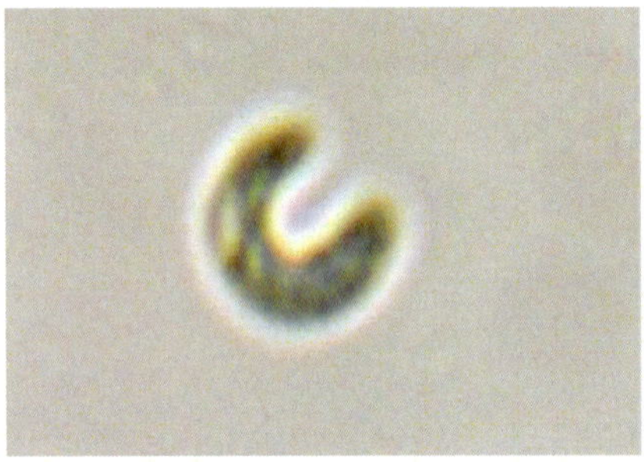

14. 蹄形藻属 *Kirchneriella*

植物体为由 4 个或 8 个细胞组成的群体，群体外有胶被，浮游。细胞形状多种多样，呈新月形、半月形、蹄形、镰形或圆柱形，两端尖细或钝圆。色素体 1 个，周生，片状。除细胞凹侧中部外充满整个细胞，具 1 个蛋白核。

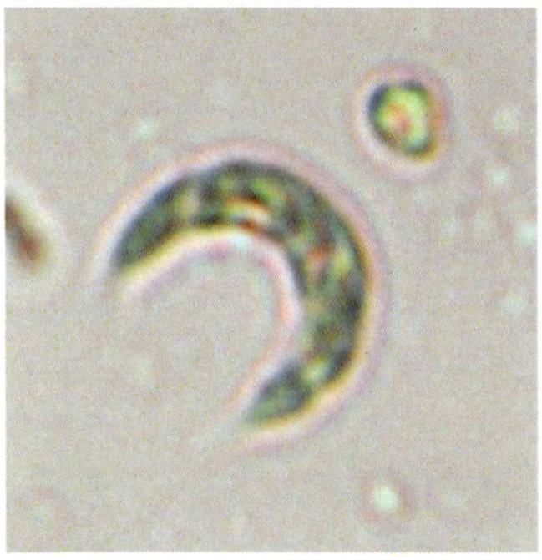

15. 月牙藻属 *Selenastrum*

细胞两端尖，呈新月形，通常由 4 个、8 个或 16 个细胞以凸面相对排列成一组。整个群体细胞数可在 100 个以上。单个细胞有 1 个大的色素体，有或无造粉核。

16. 栅藻属 *Scenedesmus*

栅藻属为绿球藻目中的常见藻类，一般是由 2 个、4 个、8 个或 16 ～ 32 个细胞组成的栅状排列的定形群体。细胞通常呈椭圆形或纺锤形。细胞壁光滑或有各种突起，如乳头、纵行的肋、齿突或刺，细胞单核。幼细胞的载色体是纵行片状，老细胞则充满着载色体，有 1 个蛋白核。群体细胞是以长轴互相平行排列成 1 行，或互相交错排列成两行，群体中的细胞有同形或不同形的。无性生殖产生似亲孢子，产生似亲孢子时，细胞中的原生质体发生横裂，接着子原生质体纵裂，有的种连续发生一次或两次纵裂后，子原生质体变成似亲孢子、从母细胞壁纵裂的缝隙中放出，与纵轴相平行排列成子群体。栅藻是最常见的淡水藻，在各种淡水水域中均有分布。

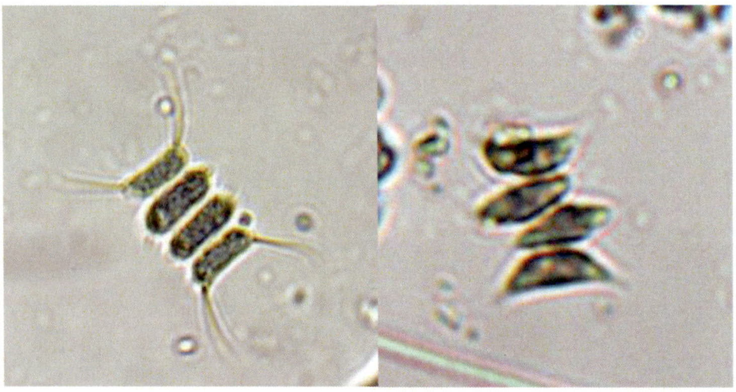

17. 十字藻属 *Crucigenia*

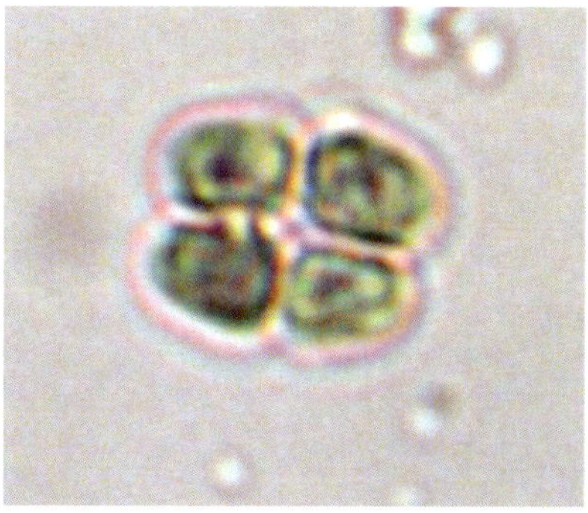

植物体是由4个细胞排列成的长方形或方形的真性定形群体，群体外具不明显的胶被。细胞间常有一个十字形空隙，色素体1个，片状、周生。无性生殖产生似亲孢子。常见于湖泊、池塘中浮游。

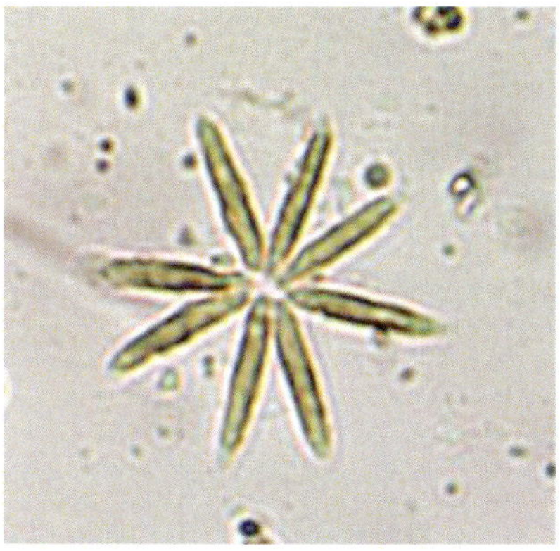

18. 集星藻属 *Actinastrum*

植物体通常是由4个、8个或16个细胞组成的真性定形群体，无群体胶被。群体细胞以一端在群体中心彼此连接，以细胞长轴从群体中心向外放射状排列，浮游；细胞呈长纺锤形、长圆柱形，两端逐渐尖细或略狭窄，或一端平截另一端逐渐尖细或略狭窄；色素体1个，周生、长片状，具1个蛋白核。

19. 空星藻属 *Coelastrum*

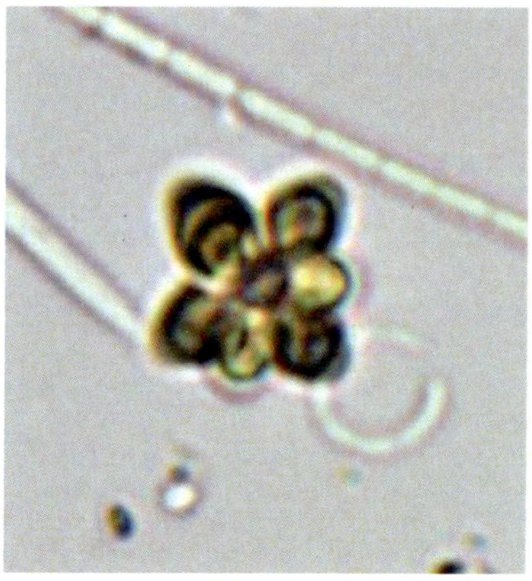

植物体为真性定形群体，由4个、8个、16个、32个、64个或128个细胞组成多孔的、中空的球体到多角形体。群体细胞以胞壁或细胞壁上的凸起连接。细胞呈球形圆锥形、卵形、近六角形或截顶的角锥形。细胞壁平滑、部分增厚或具管状凸起；色素体周生，幼时杯状，具1个蛋白核，成熟后扩散，几乎充满整个细胞。

20. 盘星藻属 *Pediastrum*

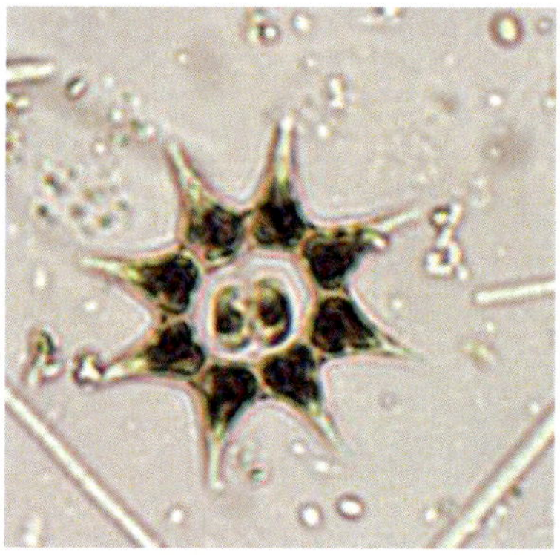

植物体是由4个、8个、16个、32个、64个或128个细胞排列成为一层细胞厚的真性定形群体。群体无穿孔或具穿孔，呈扁平盘状或星状，浮游；群体边缘细胞常具1个、2个或4个突起，有时突起上具长的胶质毛丛。群体缘边内的细胞多角形，细胞壁平滑、具颗粒、细网纹；幼细胞的色素体周生、圆盘状，1个，具1个蛋白核，随着细胞的成长色素体分散，具1个到多个蛋白核，成熟细胞具1个、2个、4个或8个细胞核。

21. 丝藻属 *Ulothrix*

植物体为不分枝丝状体，丝状体由单列细胞构成，长度不等。幼丝体由基细胞固着在基质上，基细胞简单或略分叉呈假根状；细胞呈圆柱状，有时略膨大，一般长大于宽，有时横壁有收缢；细胞壁通常为薄壁，有时为厚壁或略分层；少数种类具胶鞘；色素体1个，侧位或周位，部分或整个围绕细胞内壁，充满或不充满整个细胞，含 1 个或更多的蛋白核。

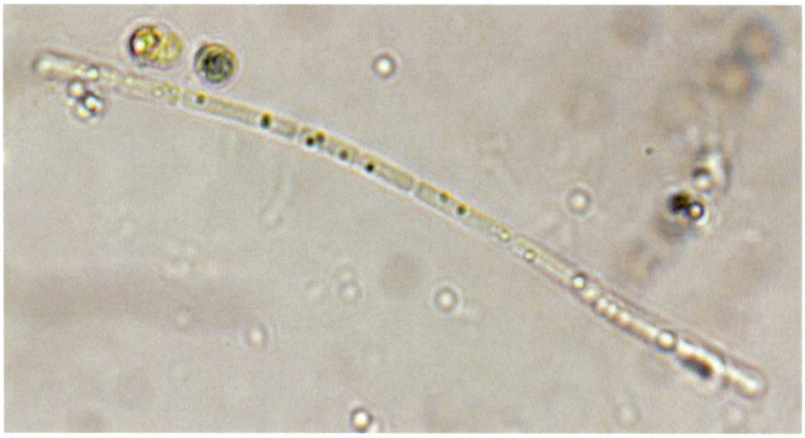

（三）硅藻门

硅藻的种类繁多，分布极广，生活于淡水、半咸水、海水中或在陆地潮湿土表、湿藓丛中，岩表、树皮及土壤中。硅藻是海洋浮游植物的主要组分，是海洋初级生产力的主要贡献者，也是海洋食物链中的重要环节。硅藻也是形成赤潮的主要藻类之一。

【形态结构】

细胞单生或连成链状、带状、丛状、辐射状等群体。最主要的特征是细胞壁高度硅质化，有一大一小两片硅质壳像盒子一样套在一起。两片硅质壳大的套在外面，叫上壳，较老；小的在里面，叫下壳，较年轻。硅藻细胞的壳面呈圆形、三角形、多角形、椭圆形、卵形、线形、披针形、菱形、舟形、新月形、弓形、“S”形、棒形、提琴形等，辐射对称或两侧对称。硅藻的色素体主要含有叶绿素 a 和叶绿素 c、β-胡萝卜素，以及墨角藻黄素，同时还有 a- 胡萝卜素、硅甲黄素和硅藻黄素，所以颜色呈黄绿或黄褐色。同化作用的贮存产物主要是金藻昆布糖和油脂。

【生长繁殖】

硅藻通常以细胞分类的方式营养生殖。硅藻细胞一分为二，分裂后在原来的壳里各产生一个新的下壳。由于壳不能生长，分裂后的硅藻细胞大小逐渐减小。当新生的藻细胞缩小到一定大小时，当细胞体积缩小到一定的程度时，硅藻通过有性生殖方式产生复大孢子（auxospore）来恢复其大小。

【分类地位】

分类学家们一般认为硅藻来源于鞭毛藻（*dinoflagellate*）。根据壳面花纹的排列，硅藻门分为中心硅藻纲（Centricae）和羽纹纲（Pennatae），共约 200 个属。中心硅藻纲（Centricae）圆形，辐射对称，壳面上的花纹自中央一点向四周呈辐射状排列。羽纹纲（Pennatae）长形或舟形，花纹排列成两侧对称，表面有线纹、肋纹、纵裂缝（壳缝），壳面中央呈加厚状。

【应用价值】

硅藻是鱼类和无脊椎动物的重要饵料，在中国沿海贝类的饲养的首选饵料。硅藻是形成海底生物性沉积物的重要组成部分。经过漫长的年代，那些在海底沉积下来的以硅藻为主要成分的沉积层，逐渐形成了经济价值极高的硅藻土。硅藻土不但含有丰富的营养物质，而且还能完好地保存动植物的遗体，在古生物学研究领域具有重要意义。硅藻分布有明显的区域性，受气候、盐度和酸碱度的制约，是重要的生物指示类群，可监测水质和评价水环境。

22. 直链藻属 *Melosira*

细胞圆柱状或透镜状，细胞以壳面相连成链丝状，细胞壁较厚，有点纹或孔纹。色素体小圆盘状，多数在各类淡水中均可发现，早春、晚秋数量较多。

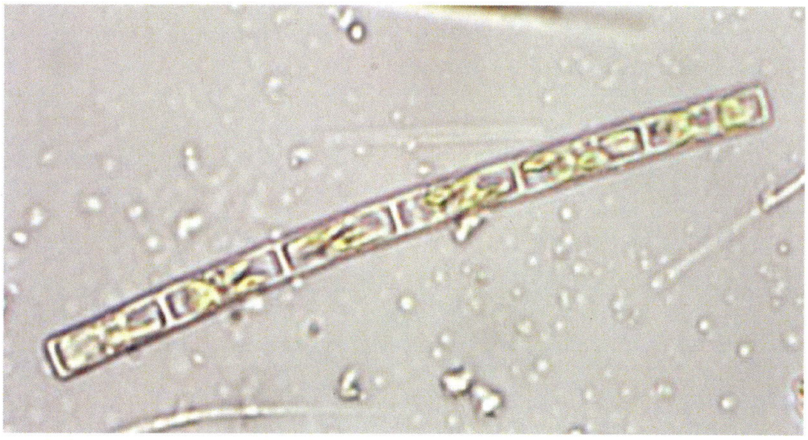

23. 小环藻属 *Cyclotella*

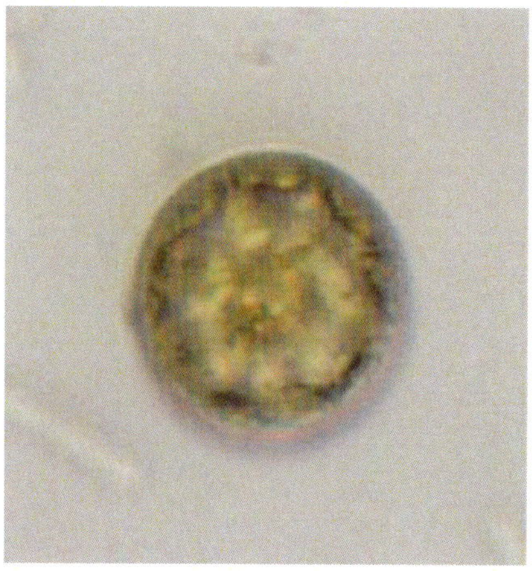

多为单细胞，细胞呈圆盘形。壳面边缘有放射状排列的孔纹或线纹，中央部分平滑或具有放射状排列孔纹。色素体小盘状，多数。繁殖为细胞分裂；无性生殖，每个细胞产生 1 个复大孢子。常见于淡水中，早春数量较多。

24. 平板藻属 *Tabellaria*

植物体由细胞连成带状或“Z”形群体；壳面线形，细胞左右对称，花纹羽状排列形成假壳缝，不能运动，壳内有纵隔片，无横肋。

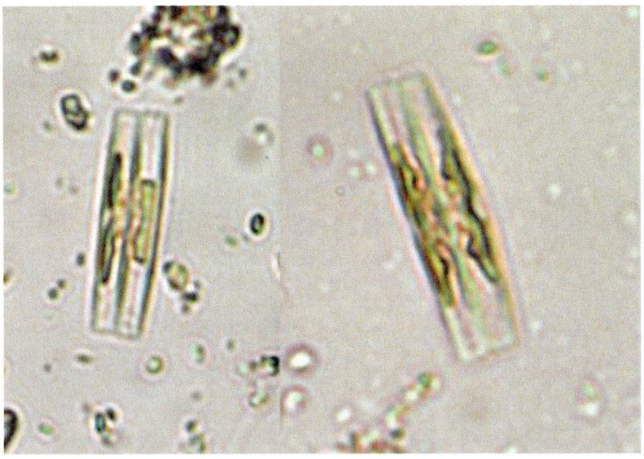

25. 异极藻属 *Gomphonema*

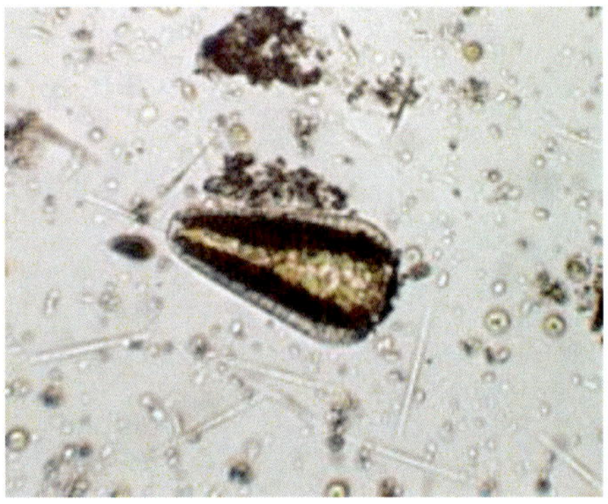

植物体为单细胞，或为不分枝或分枝的树状群体，细胞位于胶质柄的顶端，以胶质柄着生，有时细胞从胶质柄上脱落成为偶然性的单细胞浮游种类；壳面上下端不对称，一端比另一端粗，两侧对称，呈棒形、披针形、楔形；中轴区狭窄、直，中央区略扩大，有些种类在中央区一侧具 1 个、2 个或多个单独的点纹，具中央节和寄极节；壳缝两侧具有由点纹组成的横线纹；带面多呈楔形，末端截形，无间生带，少数种类在上端具横膈膜；色素体侧生、片状，1 个。

26. 脆杆藻属 *Fragilaria*

细胞以壳面连接成带状群体，壳面长披针形至细长线形，少数椭圆形到菱形，中间膨大或收缢。花纹为细线纹或点纹，假壳缝线形。带面长方形。

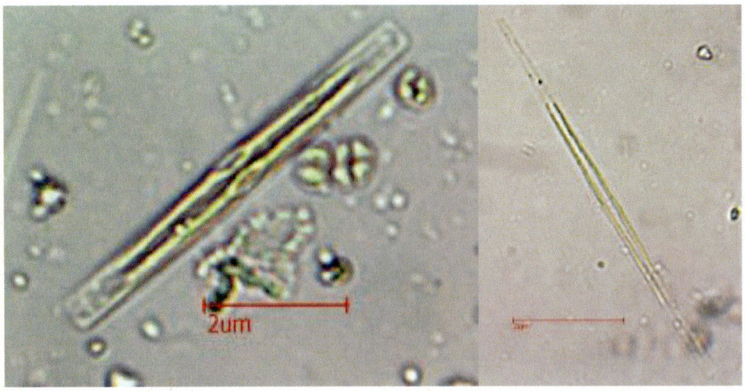

27. 针杆藻属 *Synedra*

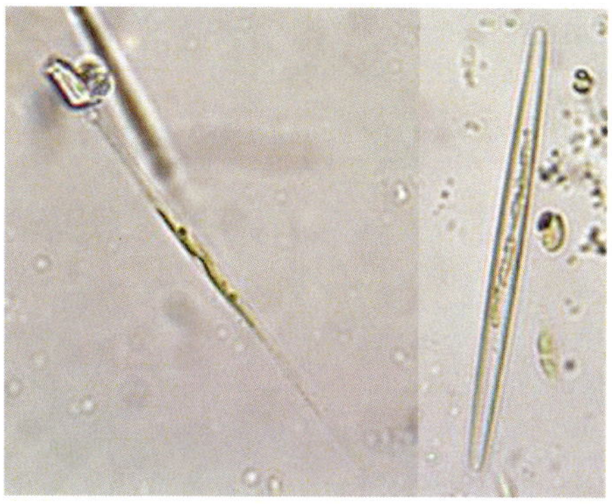

植物体为单细胞，或以每个细胞的一端相连成放射状群体。罕见形成短带状，但不形成长的带状群体；壳面呈线形或长披针形，从中部向两端逐渐狭窄，末端钝圆或呈小头状；假壳缝狭、线形，壳面花纹为横线纹或点纹，壳面中部常无花纹；带面长方形，末端截形，具明显的线纹带，无间插带和膈膜；壳面末端有或无黏液孔；色素体带状，位于细胞的两侧、片状，2 个，每个色素体常具 3 个以上蛋白核。

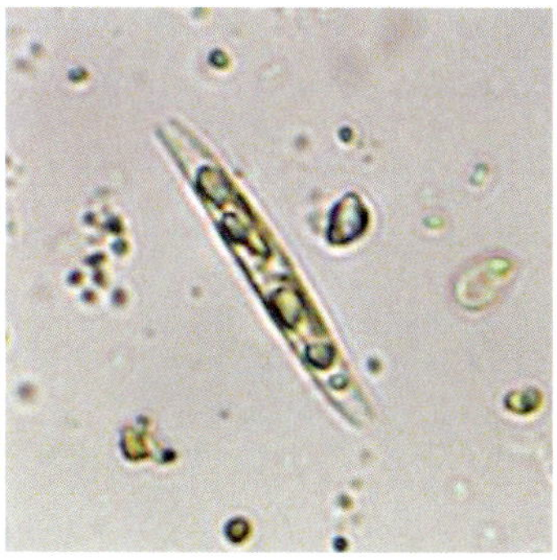

28. 布纹藻属 *Gyrosigma*

植物体为单细胞，偶尔在胶质管内；壳面“S”形，从中部向两端逐渐尖细，末端渐尖或钝圆，中轴区狭窄，“S”形到波形，具中央节和极节，中部中央节处略膨大，壳缝“S”形弯曲，壳缝两侧具纵和横线纹十字形交叉构成的布纹；带面呈宽披针形，无间生带；色素体片状，2 个，常具几个蛋白核。

29. 舟形藻属 *Navicula*

单细胞，壳面纺锤形或椭圆形，壳缝直，明显，壳面花纹多为点纹或细纹，具中央节和极节，细胞左右对称，花纹羽状排列形成假壳缝，不能运动，种类极多，各类水体均有分布。

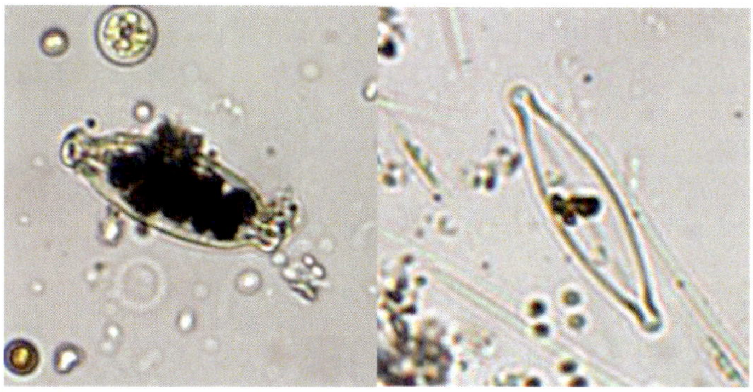

30. 羽纹藻属 *Pinnularia*

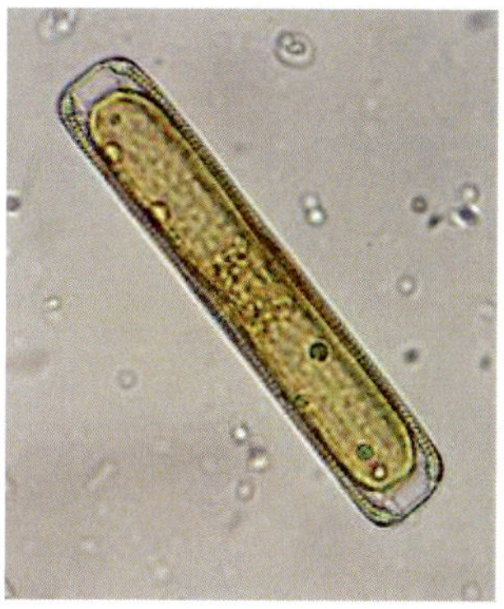

多为单细胞，壳面长椭圆形至舟形，壳面两缘大体平行，两端稍宽，呈头状或喙状，少数种类两缘呈对称的波状起伏。壳面花纹为横肋纹，小型种类肋纹很细，似线纹，壳缝明显。

本属共有 250 种，中国有 35 种以上，如微绿羽纹藻，细胞单独生活在淡水和海水中，淡水水域的数量多于海水水域。

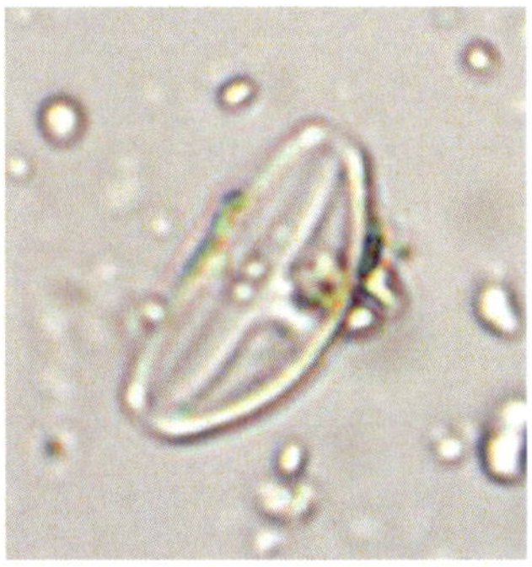

31. 桥弯藻属 *Cymbella*

壳面平，呈半月形或近纺锤形。壳面两侧不对称，有明显的背、腹两侧，背侧突出、腹侧平直或中部略突出，壳缝多偏向腹侧，稍远离壳缘。壳环面较狭窄。

32. 菱形藻属 *Nitzschia*

细胞棒形，壳面为直纺锤形、椭圆形或披针形等，两端尖或钝，壳面一侧有龙骨突，上下壳的龙骨突不在同一侧，因此细胞壁的断面为菱形，在龙骨突中有管壳缝，又沿着管壳缝有一列小圆孔列，色素体 2 个。

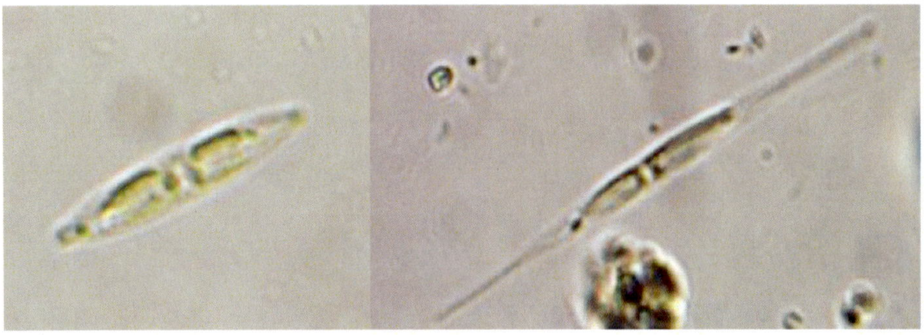

33. 波缘藻属 *Cymatopleura*

单细胞，浮游。壳面椭圆形、纺锤形、披针形或线形。呈横向上下波状起伏，上下两个壳面的整个壳缘由龙骨及翼状构造围绕，龙骨突起上具管壳缝，管壳缝通过翼沟与壳体内部相联系。翼沟间以膜相联系，构成中间间隙，壳面具粗的横肋纹，有时肋纹无间生带，无隔膜，带面矩形、楔形，两侧具明显的波状皱褶；色素体 1 个，片状。

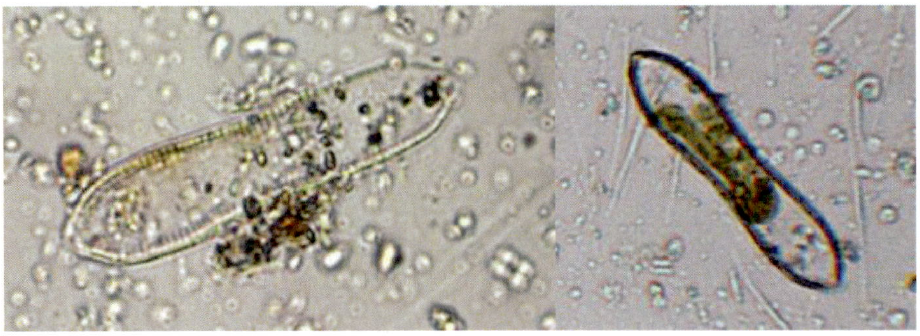

34. 曲壳藻属 *Achnanthes*

壳面线形披针形或线形椭圆形，两端对称。壳体弯曲，带面观时上壳凸出，下壳凹入。壳面花纹多为点纹或线纹，上壳为假壳缝，下壳为真壳缝。广泛分布于各类水体。

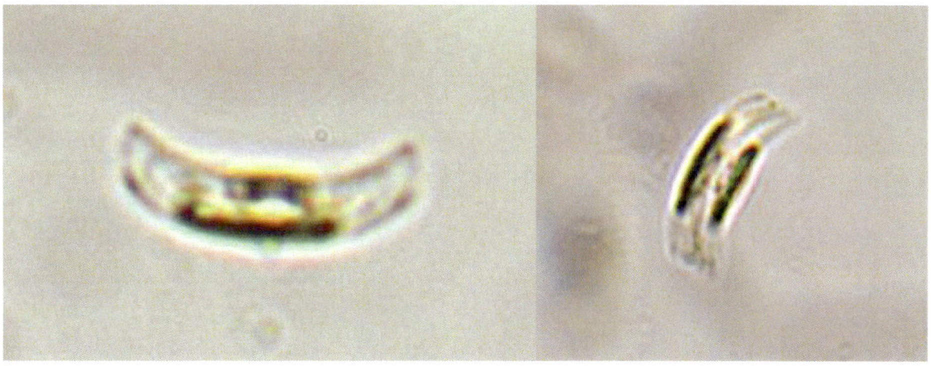

（四）隐藻门

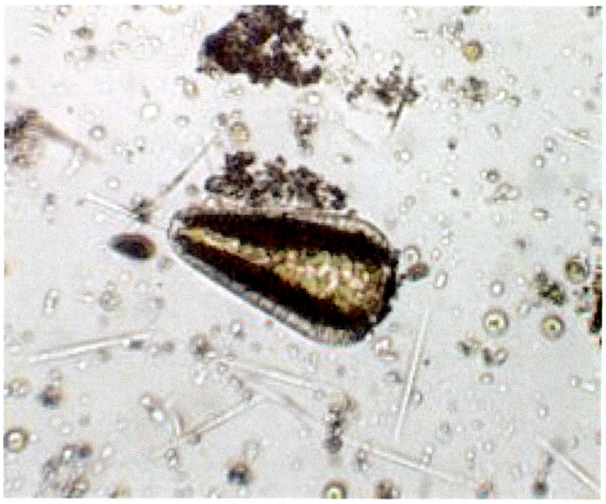

隐藻均为单细胞，细胞大小在 10 ～ 50 μm，形状扁平。体形不对称，有背腹面。细胞壁不含纤维素，细胞表面具周质体（perplast）。腹侧前端偏于一侧具向后延伸的纵沟及明显而特殊的口沟构造，口沟深入细胞里包被着粒状刺丝胞(trichocysts)。在细胞受到外界刺激时，刺丝胞会突然喷射出去，帮助细胞向后弹射，这是一种防御机制。口沟附近伸出 2 条鞭毛，略不等长。具 1 个或 2 个大型叶状的色素体。色素体和色素体内质网膜之间有一特殊结构——核形体（nucleomorph），它被认为是内共生物退化的细胞核。光合色素除叶绿素 a 和叶绿素 c 外，还含有 β– 胡萝卜素、甲藻黄素及藻胆素等，有些种类无色素体。储藏物质为淀粉和油滴。细胞单核，伸缩泡位于细胞前端。隐藻能够进行光合作用，营自养生活，但有些光合隐藻也保留了吞噬的能力。隐藻的生殖多为细胞纵分裂，不具鞭毛的种类产生游动孢子，有些种类产生厚壁的休眠孢子。

1914 年，A. 帕舍尔（A.Pascher）提出建立隐藻纲，隶属于甲藻门。但两门藻类的形态构造并不同，因此，许多学者建议把它从甲藻门中分出来，作为一个独立的类群——隐藻门。隐藻门植物种类不多，仅 1 纲，中国记载仅 1 科。隐藻分布很广，淡水、海水均有分布。对温度、光照适应性极强，无论夏季和冬季冰下水体均可形成优势种群。是传统养殖业中是鱼类的主要天然饵料之一。

35. 蓝隐藻属 *Chroomonas*

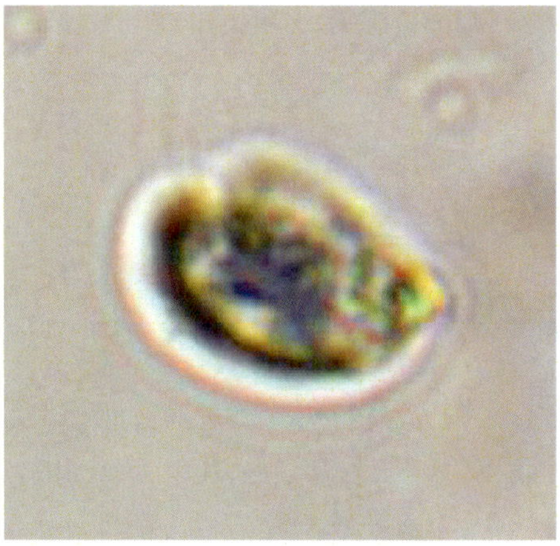

细胞长卵形、椭圆形、近球形、圆柱形或纺锤形，前端常斜截或平直，后端钝圆或渐尖，背腹扁平，有 2 条不等长的鞭毛，纵沟或口沟常不明显。色素体多为 1 个，也有 2 个的，盘状，周生，呈蓝色到蓝绿色。细胞核 1 个，位细胞下半部。常见的是尖尾蓝隐藻（*Chroomonas acuta*），细胞长 7 ～ 10 m，宽 4.5 ～ 5.5 μm。

36. 隐藻属 *Cryptomonas*

细胞呈椭圆形、豆形、卵形、圆锥形和“S”形等。细胞有背腹之分，背侧明显隆起，腹侧平直或略凹入。前端钝圆或斜截，后端宽或狭的钝圆形。纵沟和口沟明显，鞭毛 2 条，略不等长，自口沟伸出，常小于细胞长度。色素体多为 2 个，有时 1 个，黄绿色或黄褐色，或有时为红色。细胞核 1 个，位于细胞后端。

分布广，极常见于湖泊、鱼池等水体。常见有卵形隐藻 (*Cryptomonas ovata*) 和啮蚀隐藻 (*Cryptomonas erosa*)，两者区别是前者细胞后端规则，呈宽圆形，纵沟明显，后者细胞后端大多渐细，纵沟常不明显。

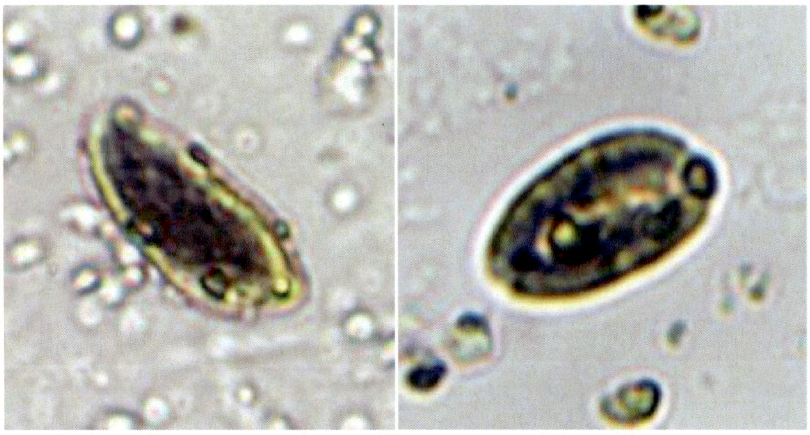

（五）甲藻门

甲藻分布十分广泛，全世界约有 130 属，1 000 多种。多数为海产种类，少数产于淡水及半咸水水体中。甲藻的种类和数量仅次于硅藻，是海洋生态系统中重要的生产者，是海洋浮游生物的一个重要类群，也是海洋小型浮游动物的重要饵料之一。晚上发光的特性，人类可以利用这种特性来探索和追踪鱼群。甲藻死亡后沉积海底，成为古生代油地层中的主要化石，因此，在石油勘探中，常把甲藻化石作为依据。

【形态结构】

绝大多数为具鞭毛的单细胞游动种类，少数为丝状。除少数裸型种类外，都有厚的主要是纤维素组成的细胞壁称为壳。纵裂甲藻类的细胞壁由左右 2 片组成，无纵沟或横沟。横裂甲藻类壳壁由许多小板片组成，板片有时具有角、刺或乳头突起，板片表面常具有圆孔纹或窝孔纹。大多数种类具有 1 条横沟和纵沟。横沟位于细胞中部，将壳体分为上锥部和下锥部。纵沟又称“腹区”，位于下锥部负面。具 2 条鞭毛，1 条为横鞭环绕在横沟中；1 条为纵鞭，通过纵沟后向后伸出。光合色素为叶绿素 a 和叶绿素 c，辅助色素有 β- 胡萝卜素和集中叶黄素，其中最重要的是多甲藻素（peridinin）有的种类具蛋白核。储藏物质为淀粉和油滴。少数种类具刺丝胞。有些具有眼点。

【生理生态】

大多数甲藻能进行有光合作用，营自养生活。部分甲藻营混合营养生活，除了光合作用还需吞噬细胞和有机物来摄取能量。部分甲藻营寄生生活，寄生于鱼类、桡足类和其他脊椎动物体内。甲藻最普遍的繁殖方式是细胞分裂，有的种类可产生动孢子，似亲孢子或不动孢子。有性生殖只在少数种类发现，为同配式。甲藻过量繁殖常使水色变红，形成赤潮。形成赤潮的主要种类有多甲藻、裸甲藻、原甲藻、亚历山大藻、光甲藻、链环藻、旋沟藻、夜光藻等属。藻体死亡后，藻细胞分解作用使水体溶解氧急剧降低，并产生有毒物质，加之有的甲藻能分泌毒素，所以赤潮发生后造成当地鱼、虾、贝等水生动物的大量死亡，对渔业危害很大。赤潮常在江河出口处、海洋近海域发生，近年来我国一些淡水水体、湖泊、水库，在温暖季节也时有发生。

【分类地位】

1753 年，贝克（Baker）首次对甲藻进行了描述：“一种引起海水发光的微小动物。”1773 年，米勒（Müller）正式用“dinofkagellate”一词命名甲藻。直至 1883 年，斯坦因（Stein）首次出版了包含甲藻图片和形态描述的专著，标志着甲藻研究正式开始。在多夫兰（Doflein，1916）的分类系统中，甲藻目与金藻目、囊甲藻目并列为原生动物界鞭毛纲。20 世纪中叶，遵循国际植物命名法规，加拿大学者泰勒（Taylor）明确将甲藻提到门的水平。《中国海洋生物名录》沿用泰勒的分类，将甲藻归为甲藻门，包含一个甲藻纲。一些科学家认为甲藻的鞭毛着生位置是一个非常重要的分类特征，应该据此特征将甲藻门划分为两个纲，即纵裂甲藻纲和横裂甲藻纲。

37. 裸甲藻属 *Gymnodinium*

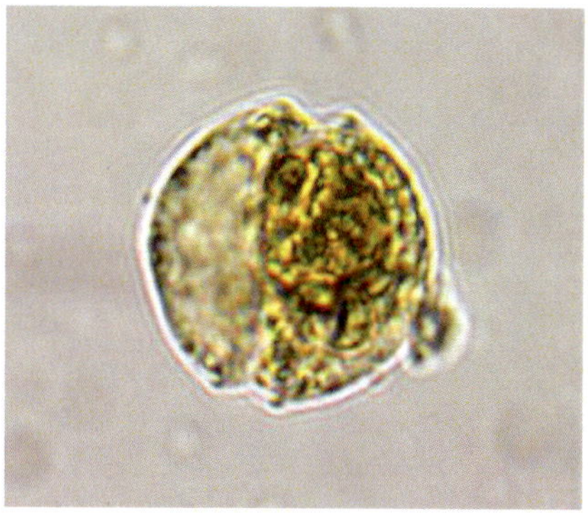

藻体为单细胞，呈卵圆形，无细胞壁，背腹扁平，横沟明显，位于细胞中部，环状或稍向左旋。营浮游生活，运动时呈左右摇摆状。细胞长 15.6 ~ 31.2 μm。下椎部的底部中央有明显的凹陷，右侧底端略长于左侧。鞭毛 2 条，从横沟和纵沟相交处的鞭毛孔伸出。色素体多数，盘状、狭椭圆状或棒状，周生或辐射状排列，呈黄色、褐色、绿色或蓝色，有些种类无色素体。世界广布种，常见于热带和温带浅海水域，温暖季节容易大量繁殖，形成赤潮。

38. 多甲藻属 *Peridinium*

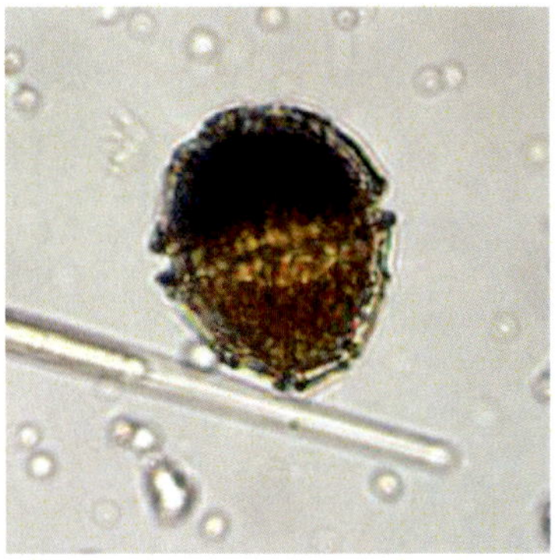

植物体为单细胞，呈球形、卵形、椭圆形。细胞壁厚，甲片缝常很清楚，甲片上有小刺和隆起的网纹，鞭毛 2 条，从横沟和纵沟相交处的鞭毛孔分别伸出。色素体多数，周生，圆盘状、颗粒状，呈黄色或褐色，有的种类具蛋白核。

（六）裸藻门

裸藻门又称眼虫藻门。绝大多数为单细胞，只有极少数是由多个细胞聚集成的不定形群体。裸藻类细胞以纺锤形为主，其次有圆柱形、椭圆形、卵形等。细胞无细胞壁，但质膜下的原生质体外层特化成表质，也称为周质体。周质体光滑或具纵的螺旋形线纹或肋纹，线纹走向是裸藻分类的重要依据。裸藻细胞的前部有一个瓶状的“沟 - 泡”结构，是鞭毛伸出体外的通道。“沟 - 泡”的下部扩大呈球形或梨形称为“裸藻泡”。紧靠裸藻泡常有一个具渗透调节器作用的伸缩泡，它可以把细胞吸收的过剩水分及代谢废物通过“沟 - 泡”排出体外。裸藻绝大多数种类在营养期具有明显的 2 条不等长鞭毛，1 条为游动鞭毛，伸向前方做游动；另 1 条退化成残根保留在“沟 - 泡”内。“沟 - 泡”的壁上常靠具有感光功能的眼点，使裸藻具有良好的趋光作用。裸藻的主要同化产物是副淀粉粒。副淀粉粒形状大小不等，也是鉴定裸藻的重要特征。裸藻繁殖主要是由细胞纵分裂进行无性繁殖。裸藻的分布非常广泛，几乎各种水体中及潮湿土表都有分布。大多数喜生长于有机质比较丰富的环境中，有的甚至特别耐有机污染。

裸藻门的建立是 Pascher 于 1931 年最早提出的，只有一个纲——裸藻纲（Euglenophyceae）。裸藻门中约 40 属，1 000 多种，中国记录有 20 属，约 300 种。裸藻是自然界中生物演化过程中一个特殊的独立类群，兼有动植物双重的性状，其分类地位尚未确定。大部分裸藻含有色素体，可进行光合作用，营自养生活，植物学家把它作为藻类植物；同时，有 25% ～ 30% 的裸藻不具备色素体，需通过渗透或吞噬食物来维持生命活动，动物学家把它们作为原生动物中的一个类群。

39. 扁裸藻属 *Phacus*

单细胞，细胞表质硬，不能变形。正面观一般为圆形、卵形或椭圆形，有 1 根鞭毛。细胞扁平呈叶片状，少数有些扭曲，后端多成尾状。表质具纵向或螺旋状形排列的线纹、肋纹或颗粒。色素体多个，呈圆盘状，无蛋白核，具 1 个明显的眼点。分布广泛在浅小水体，喜富含有机质的水体。

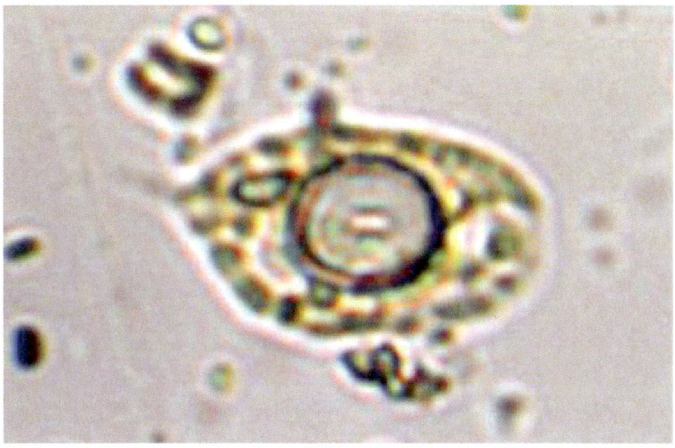

40. 裸藻属 *Euglena*

单细胞，呈纺锤形至针形，多数种类表质柔软，可变形。有 1 条鞭毛，具 1 红色眼点。多数种类具色素体 1 个至多个，呈盘状、片状、带状或星状，颜色多为绿色，有或无蛋白核。极少数种类无色素体，有些种类具裸藻红素，可使细胞呈红色。

常生活在池塘、鱼塘、沟渠等浅小而有机质丰富的水体。某些种类可形成绿色、黄褐色或棕红色水华。

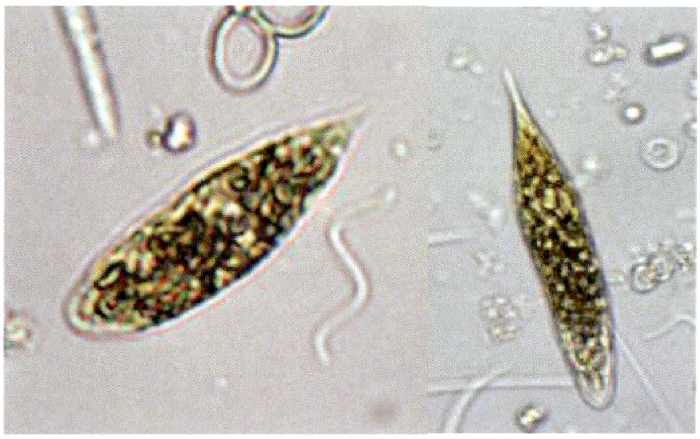

41. 陀螺藻属 *Strombomonas*

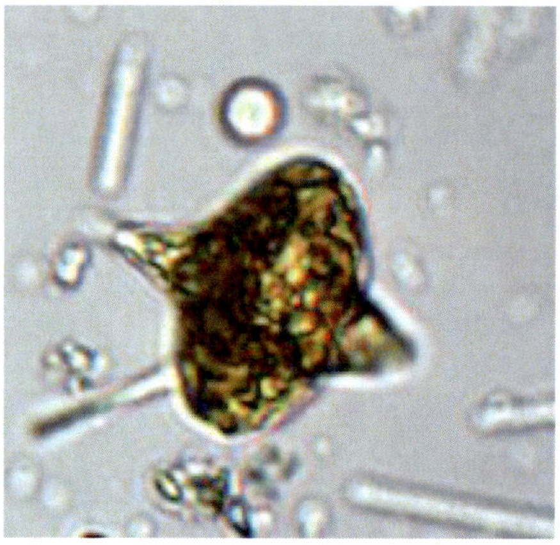

细胞具囊壳，壳壁前端逐渐收缩呈领状，领与壳之间无明显界限，多数种类后端渐尖成一长尾刺。囊壳一般无色，表面光滑或具皱纹，囊壳内裸露的细胞其特征与裸藻相似。淡水中常见，喜肥沃的静止小水体和沼泽环境。

（七）金藻门

金藻以具有鞭毛运动的单细胞或群体占优势，有些种类有伪足或有运动器官，不运动种类呈球形，能运动的个体大多没有细胞壁，故标本不易保存。有的种类在细胞外还具有硅质或钙质的囊壳，具有细胞壁，构成细胞壁的物质以果胶质为主。

植物体通常呈金黄褐色，色素体含有的色素主要是叶绿素 a、β 胡萝卜素和两种叶黄素（泥黄素和岩黄素，合称金藻素），色素体 1 ～ 2 个，片状，侧生，一般缺乏造粉核。同化产物主要是白糖素（又称白糖体，与碘不反应）和脂肪，白糖体为光亮不透明球体，常位于细胞后端，脂肪通常为黄色小油滴，散布在细胞质各处。细胞核 1 个，运动型种类有 1 条或 2 条等长或不等长的鞭毛，很少有 3 条，鞭毛基部有 1 ～ 2 个伸缩泡，有的种类有眼点。繁殖以细胞纵分裂增加个体，群体类型常在细胞增多、体积增大后，分割成为几个小群体，也常产生内壁孢子（statospore，为金藻所特有），很少见有性生殖。

金藻类主要是淡水产，多分布于清洁的贫营养型淡水中，也有的生活于半咸水或海水中。在透明度较大的水中，低温季节大量繁殖，多分布在水的中下层。金藻类对环境尤其是温度比较敏感，因此在一年四季中数量有显著的变化，一般早春、晚秋数量最多。

金藻类多数种类原生质裸露，并含有白糖素、油滴等丰富的营养物质，为鱼类食饵。而且大量出现的季节是在早春、晚秋的季节，此时其他藻类正少，更显其作为饵料的重要性。

金藻门约 200 属，1000 多种，中国约有 30 种。一些种类常作为贫营养型水体的指示生物，如鱼鳞藻、锥囊藻等。

金藻门的分类系统主要是以植物体在进化上的关系为依据，根据它们在生长时期体形的类型而分类，只有 1 个金藻纲。分 5 目：金胞藻目（Chrysomonadales），包括植物体为单细胞或群体而又具鞭毛的种类；根金藻目（Rhizochrysidales），包括有伪足的种类；金囊藻目（Chrysocapsales），包括细胞不具有鞭毛并形成具有胶被的群体；金球藻目（Chrysosphaerales），包括植物体为典型植物性细胞的种类；褐枝藻目（Phaeothamniales），包括植物体为丝状体质的种类。

42. 椎囊藻属 *Dinobryon*

属金胞藻目，植物体单细胞或联成树状群体，细胞着生于纤维素质的钟形囊壳中。细胞内有 2 个载色体，眼点明显，顶端有 2 条不等长鞭毛，群体运动不灵活。通常进行营养繁殖，有性生殖是同配。

锥囊藻属约有 17 个种。多数浮游生活于贫营养的淡水中，水中有机质多时就消失，如分歧锥囊藻、密集锥囊藻，有的种也生活在酸性泥炭水体中。

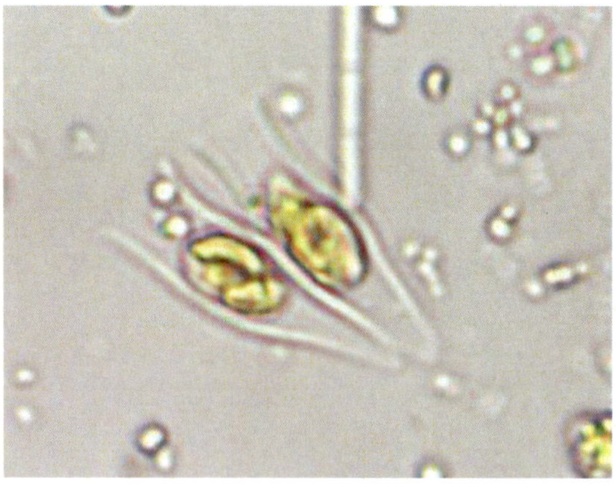

二、浮游动物

（一）轮虫

轮虫属于担轮动物门（Trochelminthes）轮虫纲（Rotifera），是最小的后生动物。由于它具有初生体腔，新的分类将其归入原腔动物门（Aschelminthes）。

轮虫大多分布于各种淡水水体中，少数生活在海洋中，极少数营寄生生活。大多为底栖种类，其中约有 100 种是典型的浮游种，主要为滤食性。轮虫体形很小，其长度为 4 ～ 4 000 μm，多数在 500 μm 左右，易误认为是原生动物的纤毛虫类，须在显微镜下观察。

轮虫扩大呈盘状的前端，生有一定排列的纤毛，称头冠。消化道的咽喉特别膨大，变为肌肉发达的囊，称为咀嚼囊，囊内具有咀嚼器。一对原肾管长在体腔的两旁，原肾管末端片有焰茎球。雌雄异体，并异形，雌体大，雄体小。一般行孤雌生殖。可通过形成孢囊，适应不良环境。

轮虫主要的食物是细菌、霉菌、藻类、原生动物及有机颗粒，轮虫要求较高的溶解氧量。常作为污水处理系统运行正常、处理效果好的指示生物。在污泥老化解絮，污泥碎屑较多时，会刺激轮虫大量增殖，使数量激增，数量多至 1 mL 中近万个，是污泥老化解絮的标志。

1. 臂尾轮虫属 *Brachionus*

有环纹可伸缩，呈蠕虫状。被甲较宽阔，呈正方形。被甲前端总是具 1 ～ 3 对突出的棘刺，有的种类被甲后端也具棘刺。足不分节而很长，并能活泼地伸缩摆动。

本属种类甚多，主要营浮游生活。但也常用足末端的趾，附着在其他物体上，并营底栖生活。一般生长在池塘、湖泊中，通常靠近岸的地方多于离岸的地方。

（1）萼花臂尾轮虫 *Brachionus calyciflorus* Pallas

体长为 0.3 ～ 0.35 mm，宽约 0.2 mm。被甲透明，其前端具 4 个长而发达的棘状突起，中间 1 对突起较两侧的两个为大；被甲后端有 1 具环状沟纹的长足，能自由弯曲。在周期性变异中其被甲后半部膨大之处，还生出 1 对刺状侧突起。生活时，体表白色或淡棕色。

广泛生活于各种淡水水域。以单细胞动植物为食，全年可繁殖，但以春季和夏季为高峰期。

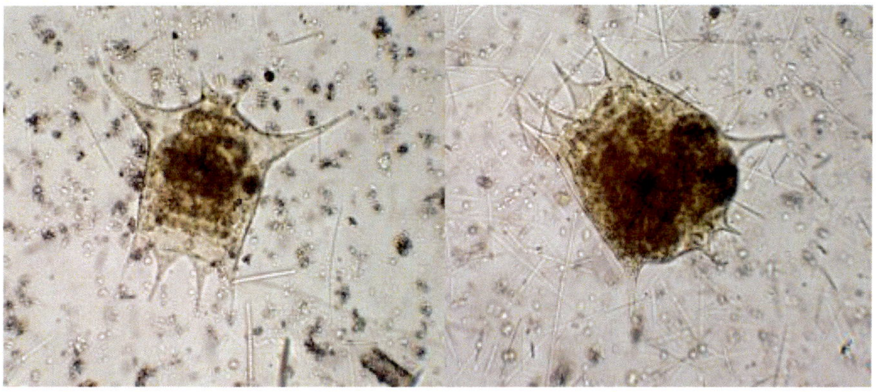

（2）**角突臂尾轮虫** *Brachionus angularis*

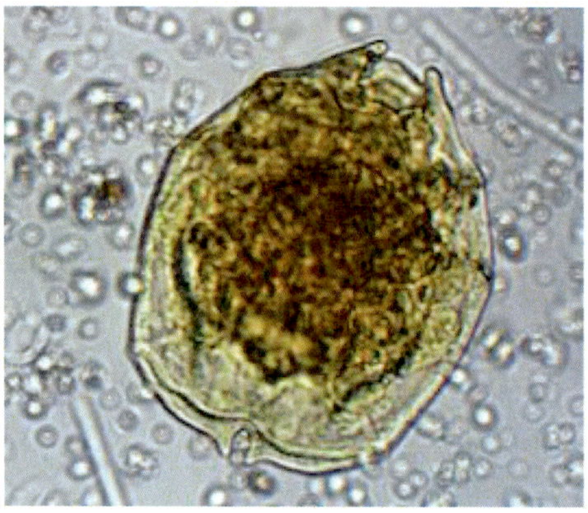

有足，足或长或短，且有1个或2个或几个能伸缩的环节，光滑或有假节，有或无趾。足有趾，有被甲，被甲坚固并具有一定的形状，被甲柔软但仍可保持一定的形状，一般有棘、疣、条纹、龙骨等，被甲背腹扁平，或不扁平，足长，疣环纹可伸缩，呈蠕虫样。身体壮实，前端有2、4、6个棘，后端浑圆，角状或具1～2个棘，足孔有棘刺或无棘刺，被甲前端只有1对棘刺。

（3）**剪形臂尾轮虫** *Brachionus forficula*

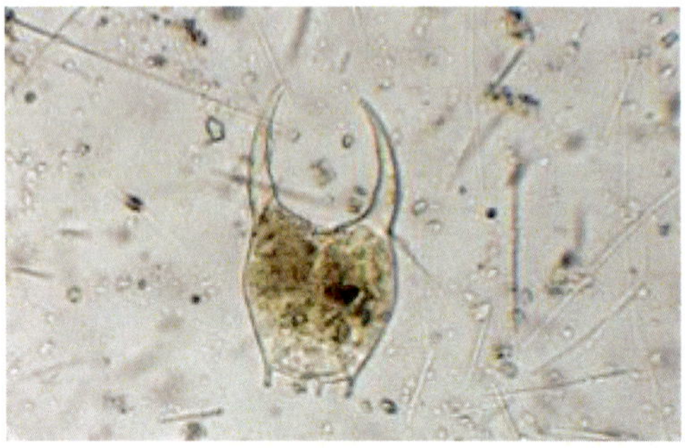

有足，足或长或短，且有1个或2个或几个能伸缩的环节，光滑或有假节，有或无趾。足有趾，有被甲，被甲坚固并具有一定的形状，被甲柔软但仍可保持一定的形状，一般有棘、疣、条纹、龙骨等，被甲背腹扁平，或不扁平，足长，疣环纹可伸缩，呈蠕虫样。身体壮实，前端有2、4、6个棘，后端浑圆，角状或具1～2个棘，足孔有棘刺或无棘刺，被甲前端2对棘刺总是侧面的2个较长，被甲后端1对后棘刺粗壮。

（4）**裂足臂尾轮虫** *Brachionus diversicornis*

裂足臂尾轮虫是典型的、栖息于浅水湖泊和池塘中的浮游性轮虫。

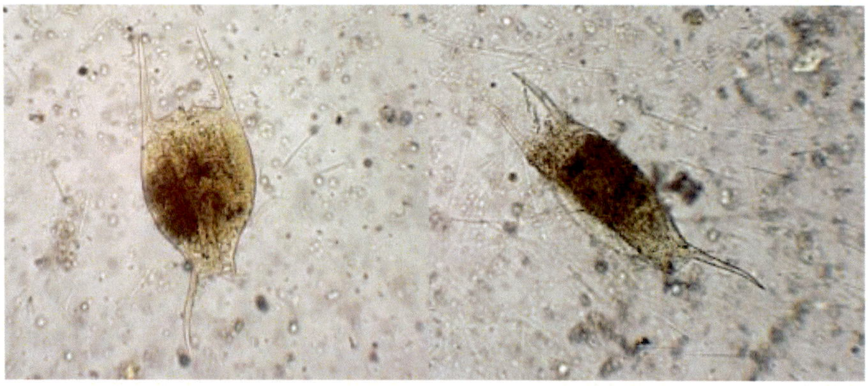

2. 龟甲轮属 *Keratella*

被甲被线纹分割成若干多角形的板片，如同龟甲。背甲前端有3对不规则的棘状突起，有或没有后棘状突起，无足。是典型的浮游种类，分布普遍，温幅广，一年四季(包括冰下)都可找到大量个体。淡水、半咸水中都能生活。由于个体小，被甲厚而坚硬。

（5）矩形龟甲轮虫 *Keratella quadrala*

有足，足或长或短，且有1个或2个或几个能伸缩的环节，光滑或有假节，有或无趾。足有趾，有被甲，被甲坚固并具有一定的形状，被甲柔软但仍可保持一定的形状，一般有棘、疣、条纹、龙骨等，被甲背腹扁平，或不扁平。足短，1～4节，无环纹，被甲前缘具棘，后缘具细齿，足3节，仅部分能伸缩，趾短。前端完全封闭的中龟板或多或少呈六角形，龟板末端具分叉线。后棘刺一般较长，有时也较短，等长或不等长，甚至只有1个。

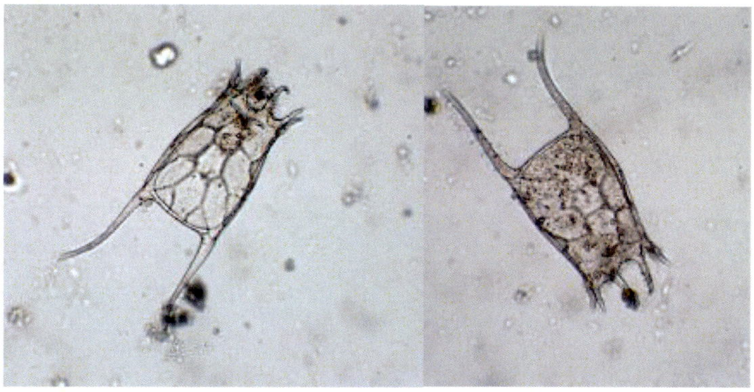

（6）螺形龟甲轮虫 *Keratella cochlearis*

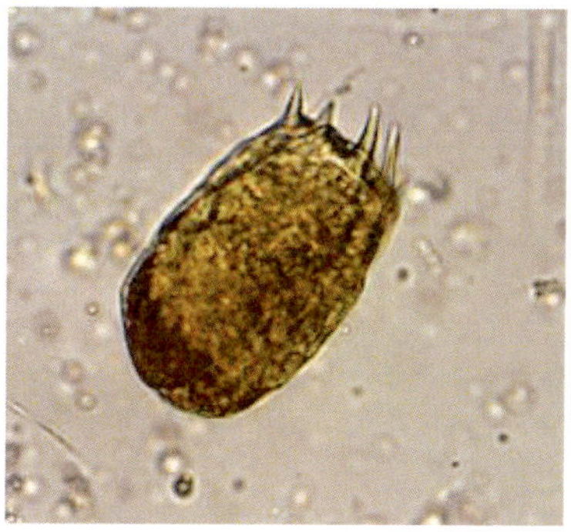

足有趾，有被甲，被甲坚固并具有一定的形状，被甲柔软但仍可保持一定的形状，一般有棘、疣、条纹、龙骨等，被甲背腹扁平，或不扁平，足短，1～4节，无环纹，被甲或多或少背腹扁平，被甲前缘具棘，后缘具细齿，足3节，仅部分能伸缩，趾短。被甲背面中间很显著隆起，而有一条线条状的凸出。被甲后端通常具1后棘刺，可长、可短，甚至缺乏。

3. 巨冠轮虫属 *Sinantherina*

（7）半圆巨冠轮虫 *Sinantherina semibullata*

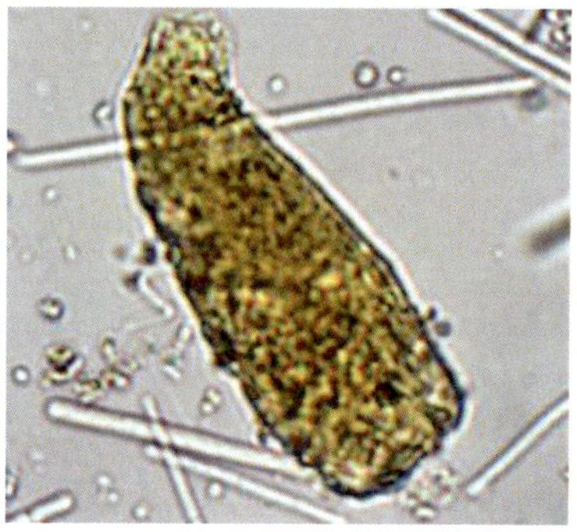

头冠周围边缘并不显著地分割而形成裂片。在肛门的后面，靠近足的基部有卵托。头冠轮廓不会呈心脏形。

4. 三肢轮虫属 *Filinta*

身体具3条长或短能动的棘或刚毛，2条在前端，1条在后端。

（8）长三肢轮虫 *Filinia longisela*

无足，身体具刺或具针样或肢样突出物，角质层薄，十分透明，身体易弯曲，但固定或死亡后仍能保持一定的形状，身体具3条长或短能动的棘或刚毛，2条在前端，1条在后端，下唇无突出物，前肢较长，约为体长的 2 倍或 2 倍以上。

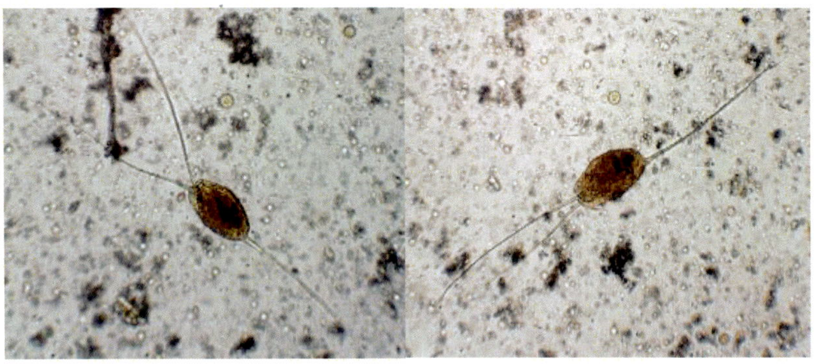

5. 晶囊轮虫属 *Asplanchna*

身体无刺，亦无针样或肢样突出物，无肠和肛门，胃不扩张亦无“污秽胞”，体大、透明如灯泡，卵胎生。

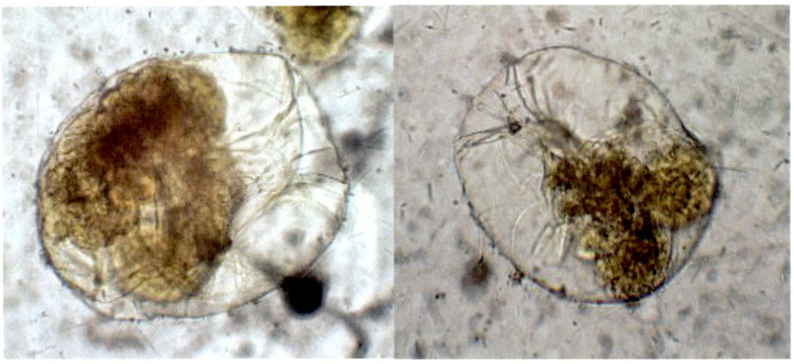

6. 多肢轮虫属 *Polyarthra*

身体具 12 条羽状（或剑状）刚毛，分 4 束，每束 3 条，背侧和腹面各 2 束。

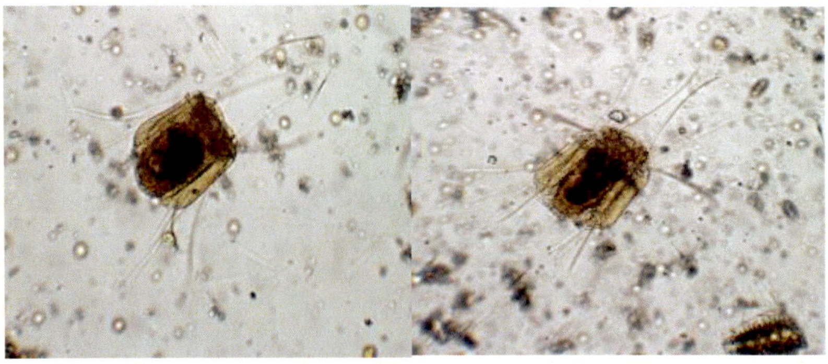

（二）枝角类

枝角类通称水蚤，俗称红虫，是一类小型甲壳动物，一般体长为 0.2 ～ 3.0 mm，身体左右侧扁，分节不明显，具有一块由两片合成的甲壳，包被于躯干部的两侧。头部有显著的黑色复眼，复眼的周围有许多水晶体，第二触角十分发达，呈枝角状，为运动的主要器官。在身体后腹部末端有一对尾爪。水蚤的血液含血红素，血红素溶于血浆，肌肉、卵巢和肠壁等组织的细胞中也含血红素，血红素的含量常随环境中溶解氧量的高低而变化。水体中含氧量低，水蚤的血红素含量高；水体中含氧量高，水蚤的血红素含量低。由于在污染水体中溶解氧含量低，清水中氧的含量高，所以，在污染水体中的水蚤颜色比在清水中的红些。这就是水蚤常呈现不同颜色的原因，是适应环境的表现。利用水蚤的这个特点可判断水体的清洁程度。

7. 象鼻蚤属 *Bosmina*

体形变化甚大，头部与躯干部之间无颈沟，壳瓣后腹角向后延伸成一壳刺，其前方有 1 根刺毛，称为库尔茨毛，通常呈羽状。第一触角与吻愈合，不能活动，第二触角外肢 4 节，内肢 3 节。

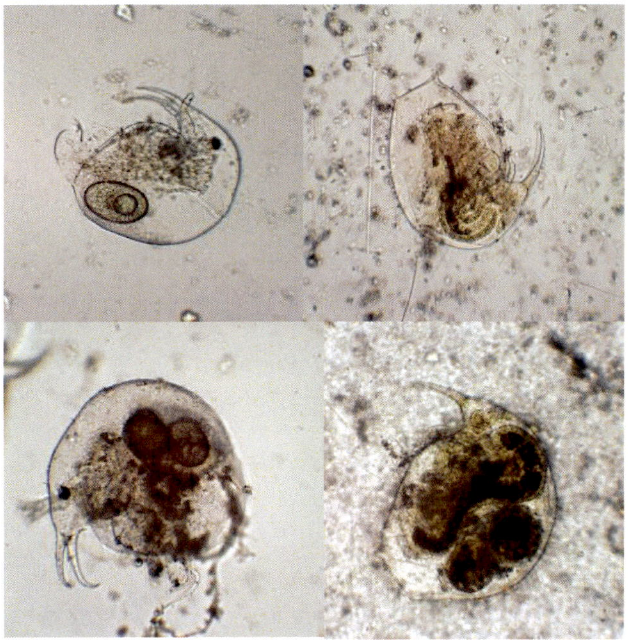

8. 秀体蚤属 *Diaphanosoma*

壳瓣薄而透明，头部很大，额顶浑圆。无吻，也无单眼和壳弧。有颈沟，无肛刺，爪刺 3 个。分布广泛，是湖泊、水库、池塘中夏秋季的常见种类。

（9）短尾秀体蚤 *Diaphanosoma brachyurum*

雌性体长 0.85 ～ 1.20 mm，体近长椭圆形。透明或呈浅黄色。壳瓣的腹缘没有褶片，沿缘具

17～25 根棘齿和许多细刺，还有 10～17 根长刚毛。棘齿与长刚毛重叠排列。头部大，额顶较平，头背面无吸附器。具颈沟。无吻。复眼顶位而偏于腹侧。第一触角能动，不分节，末端一根触毛的长度为触角长的 2 倍以上。第二触角强大，但向后伸展时，外肢的末端达不到壳瓣的后缘。外肢 2 节，内肢 3 节。后腹部向末端趋窄，背缘无肛刺，仅在靠近肛门处有若干簇栉毛。尾爪长大，具 3 个爪刺，还有 1 列栉毛。雄性体长 0.68～0.84 mm。壳瓣腹缘的长刚毛一般为 8～10 根，比雌性的略少。第一触角呈鞭状，列生细小的刺毛。刺毛列约占触角全长的 3/5。第一胸肢具钩。交媾器 1 对，较细长，侧面观呈研杆状。

（三）桡足类

桡足类也是一类小型甲壳动物，体长 0.3～3.0 mm，一般小于 2 mm，虫体窄长，分节明显，体节数目不超过 11 节。虫体可分为较宽的头胸部和较窄的腹部，头部有 1 个眼点、2 对触角和 3 对口器，胸部具 5 对胸足，腹部无附肢。身体末端具 1 对尾叉，雌性腹部两侧或腹面常带 1 个或 1 对卵囊。

根据触角等特征可将桡足类分成哲水蚤、剑水蚤和猛水蚤三大类。

9. 中剑水蚤属 *Mesocyclops*

头胸部较粗壮，腹部瘦削。生殖节瘦长，前宽后窄。尾叉较短，内缘光滑，末端尾刚毛发达。第 1～4 胸足内，外肢均 3 节；第五胸足 2 节，第一节较宽，外末角具 1 羽状刚毛，末节窄长，内缘中部及末端各具 1 羽状刚毛。

（10）广布中剑水蚤 *Mesocyclops leuckarti*

广布中剑水蚤，体呈锥状，头胸甲卵圆形。生殖节瘦长，纳精囊呈“T”形。尾叉长度为宽度的 3～4 倍，侧尾毛位于外缘近末端的 1/3 处。常生活在池塘、水库和温泉澡堂排水池中，为浮游性、暖水性与肉食性种类，能侵袭鱼苗。

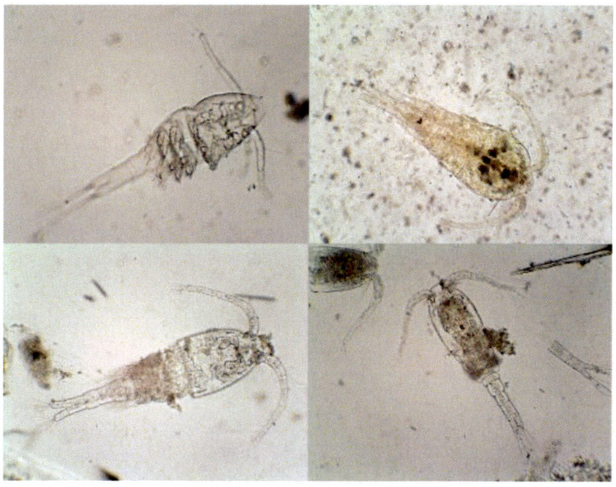

（四）原生动物

原生动物门属真核原生生物界，它们的个体都很小，长度一般为 100 ～ 300 μm。大多数为单核细胞，少数有两个或两个以上细胞核。原生动物在生理上具有完善的系统，能和多细胞动物一样行使营养、呼吸、排泄、生殖等机能。

原生动物的营养方式有以下几类：

1）动物性营养 (holozoicnutrition)，以吞食其他生物（如细菌、真菌、藻类）或有机颗粒为生。绝大多数原生动物及后生动物为动物性营养。有些动物性营养的原生动物具有胞口、胞咽等摄食胞器。

2）植物性营养 (holophticnutrition)，含色素，能够进行光合作用。植物性鞭毛虫、藻类及光合细菌采用这种方法。

3）腐生性营养 (saprophylicnutrition)，以死的机体或无生命的可溶性有机物质为生，某些原生动物、细菌及全部真菌采取该营养方株式。

4）寄生性营养 (paralrophy)，以其他生物的机体 (即寄主) 作为生存的场所，并获得营养和能量。

10. 侠盗虫属 *Strobilidium*

体呈球形或梨形。小膜口缘区在前段右旋形成封闭的顶冠。体纤毛消失或退化成短的刚毛列，螺旋排列。常见于有机质较丰富的水体中。

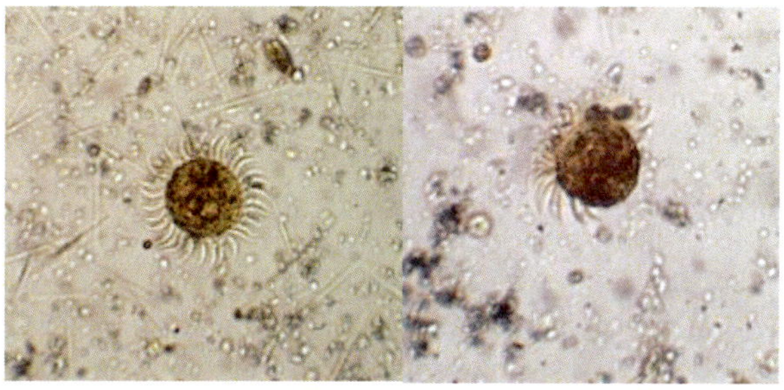

三、底栖动物

（一）软体动物

软体动物身体不分节，通常由头、足和内脏囊三部分构成。头部有口及附属器和感觉器官。足位于身体腹面，具强健的肌肉组织，为运动器官。内脏囊内包含各种器官，位于身体背面。体外包被着外套膜和由外套膜所分泌的坚硬贝壳。

螺类有一个螺旋形的贝壳，贝壳形状随种类而异，变化很大，是鉴别种类的重要特征。贝壳分为螺旋部和体螺层两部分，螺旋部是内脏盘曲之所，一般分为许多层，体螺层是贝壳最后一层，一般最大，容纳头部和足部。螺旋部最上的一层称壳顶。贝壳每旋转一周称为一个螺层，两螺层之间的间缝称缝合线。有些种类螺层上有花纹、突起物、肋、棱等。螺层的数目也随种类而不同。贝壳旋转有左旋和右旋之分，绝大多数种类是右旋的。方位的确定是将壳顶向上，壳口向观察者，壳口在螺轴右侧即为右旋；反之，如在左侧，则是左旋。

1. 环棱螺属 *Bellamya*

贝壳中等大小，成体壳高28 mm左右。壳质厚，螺壳呈圆锥形、长圆锥形和宽圆锥形等。体螺层膨大，各螺层具螺棱。壳口卵圆形，口缘薄，上端角状。脐小。常见于湖泊、河流或池塘内，栖息在底层或水草上。

2. 萝卜螺属 *Radix*

贝壳薄，长圆锥形。右旋。无厣。螺旋部短小而尖锐。体螺层极膨大，壳口大。

3. 豆螺属 *Bithynia*

壳长卵形或宽圆锥形，中等大小。贝壳光滑。壳口光滑呈椭圆形或近方形。口缘不甚厚，不脐或具脐缝。厣为石灰质薄片。中国常见的种类有赤豆螺，宽卵圆形，5 个螺层，各螺层膨胀。多栖息于河流、沟渠和湖泊内。

4. 沼螺属 *Parafossarulus*

壳高一般 10 mm 以上。壳质厚而坚固，外形呈宽卵圆形。壳面具有螺旋纹或螺棱；壳口周缘厚，有深色框边。厣为石灰质薄片，与壳口同大小。沼螺雌雄异体，雄性交接器官位于颈部背侧。卵生，4—10 月为交配期，4 月下旬开始产卵，卵产于胶质透明的卵袋内，卵袋贴附于其他贝壳或水中物体上。常栖息于有水草孳生的湖泊、溪流、池塘、沟渠或沼泽等水域内，常附着水草上或爬行在水底。冬天潜伏在底泥中过冬。

5. 无齿蚌属 *Anodonta*

属于蚌类，其贝壳一般左右对称，形态各异。贝壳中部的突出部分称壳顶，壳顶一般略向前倾斜。贝壳外面有以壳顶为中心的，与腹缘平行，呈同心圆排列的许多生长线。壳面也有以壳顶为起点，向腹缘伸出许多放射状排列的肋和沟。贝壳背缘常较厚，其内面常有齿和槽，当贝壳闭合时齿和槽在一定的位置上组合在一起，构成铰合部。铰合部内分主齿、侧齿和拟主齿。贝壳的内面，通常具有外套膜环走肌、水管肌和闭壳肌、伸足肌与缩足肌的肌痕。壳内各种肌痕的大小、形状是分类的依据，壳内面的色彩也是分类的依据。

无齿蚌贝壳呈卵圆形、椭圆形或蚶形。壳较薄，壳面平滑，铰合部无任何铰合齿。

（二）节肢动物

6. 长足摇蚊亚属 *Tanypodinae*

触角可伸缩，前颏具中唇舌和一对侧唇舌，颏膜状，腹颏排列有发达的齿，尾刚毛为宽的3倍；幼虫肉食性。

Chapter 5

第五篇 两栖动物、爬行动物和哺乳动物

一、两栖动物

1. 花背蟾蜍 *Bufo raddei*

野外识别特征：体型较小，背面花斑明显，腹面无黑斑。

形态特征：口后有大疣。耳后腺大而扁平。腹面乳白色，满布扁平小疣。四肢及腹部较平滑。雄性皮肤粗糙，头部、上眼睑及背面密布不等大的疣粒，雌性疣粒较少；雄蟾蜍背面橄榄黄色，皮肤粗糙，密布大小瘰疣，上有许多小白刺。雌蟾蜍背面浅绿色，有深褐色或酱黑色花斑，瘰疣稀疏，皮肤较光滑。

生态特征：白天栖于洞内，黄昏外出觅食，冬季集群在沙土中冬眠。主要以昆虫为食，如小地老虎、黏虫、蝼蛄、蚜虫、小型金龟子、磕头虫、蟒象等。每年4—5月，在水坑、积水沟或稻田内配对、产卵繁殖。

地理分布：我国见于东北、华北、西北、山东、河南、安徽、江苏等地，国外分布于俄罗斯、蒙古及朝鲜。

衡水湖自然保护区种群状况：小湖堤、河道区域、农田、中湖大道靠近水域的部分均有分布。

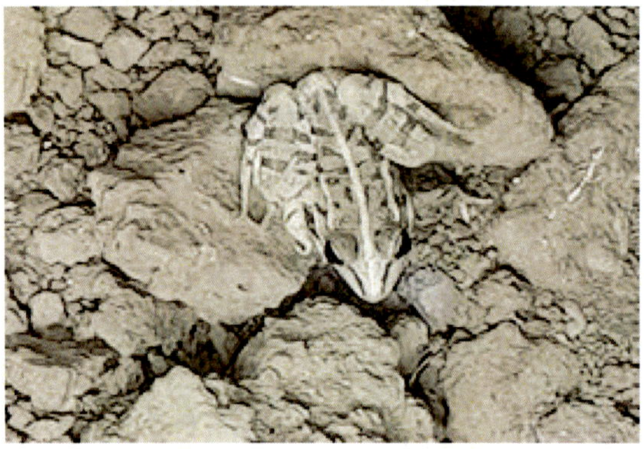

2. 黑斑侧褶蛙 *Pelophylax nigromaculatus*

野外识别特征：背面绿色或后端棕色，具有黑斑；雄性有1对颈侧外声囊。

形态特征：头长大于头宽；吻部略尖，吻端钝圆，吻棱不明显。背面皮肤较粗糙，背侧褶宽，其间有长短不一的肤棱；体侧有长疣和痣粒；胫部背面有纵肤棱；体和四肢腹面光滑。体色变异大，多为蓝绿色、暗绿色、黄绿色、灰褐色、浅褐色等；四肢有黑色或褐绿色横纹，股后侧黑色或褐绿色云斑。

生态特征：主要栖息在稻田、池塘、水渠和小河附近。白天隐匿在农作物、草丛或水生植物之间，夜间甚为活跃，昼夜均能觅食，但以夜间为主，取食对象以陆生动物为主，其中以节肢动物昆虫纲最多，如鞘翅目、双翅目等。具冬眠习性。产卵在浅水池塘、稻田等浅水池塘、水沟。卵群呈团状，漂浮在水面或黏附在水生植物间；每一卵群有卵3 000～5 000粒，幼蛙经过两个冬眠期后，第三年春天达性成熟，并可抱对繁殖。

地理分布：我国见于除新疆、西藏外广大地区。国外分布于俄罗斯、日本及朝鲜。

衡水湖自然保护区种群状况：衡水湖周围农田、道路附近均有分布。

3. 泽陆蛙 *Fejervarya multistriata*

野外识别特征：两眼间有“V”字形斑，肩部一般有“W”字形斑，背面灰橄榄色、深灰色或棕褐色，有的杂以赭红、深绿色斑。

形态特征：头长宽相等；吻端尖圆，吻棱圆，上下唇有 6 ～ 8 条黑纵纹。鼻孔距吻较距眼略近，眼间距窄。指趾端钝尖。后肢较短，胫跗关节前达眼部附近，左右跟部稍重叠；趾间的蹼约达 2/3；关节下瘤小而明显。背面皮肤有许多不规则、分散排列之长短纵肤褶，而无背侧褶；体侧多为圆形疣，后肢背面也有小疣；腹面皮肤光滑。无背侧褶，有许多分散排列、长短不一的纵肤棱。

生态特征：适应性强，广泛生活在田野、池泽附近及丘陵地带。主要以有害昆虫为食，对消灭农田害虫起积极作用，但有时也捕食少量有益的动物。秋季开始冬眠，4 月出蛰后产卵，产卵期可延至 9 月。卵大都产于水层较浅的静水域中，卵漂浮于水面或附着于叶片。卵和蝌蚪适应能力强，水温 40 ℃时仍能正常发育，且速度很快。一般 35 ～ 45 d 完成变态。

地理分布：广泛分布于日本和东南亚地区。我国分布在河北、山东、西藏、江苏、浙江、安徽、福建、江西等地。

衡水湖自然保护区种群状况：多分布于靠近水面的草地、农田、沟渠附近。

二、爬行动物

4. 巴西彩龟 *Trachemys scripta*

野外识别特征： 色彩斑斓，背甲上呈红、黄、白、棕、绿、灰、紫 7 种颜色规则的几何图案；腹板有黄、白、黑相间的甲骨文字式花纹，且每龟不尽相同。

形态特征： 体形适中，头较小，吻钝，头、颈处具黄绿相间的纵条纹，眼后有 1 对红色斑块。背甲扁平，每块盾片上具有圆环状绿纹，后缘部呈锯齿状。腹甲淡黄色，具有黑色圆环纹，似铜钱，背甲、腹甲间借骨缝相连。四肢淡绿色，有灰褐色纵条纹，趾、指间具丰富的蹼。

生态特征： 营水、陆两栖生活，常生活于河流、湖泊、溪流之中，并可离水上岸不远处觅食；日光、月光下晒背。行动敏捷，适应性广，喜暖怕冷，生存温度为 2 ～ 38℃，最适生长温度为 2 ～ 30℃。20℃以上开始摄食，水温 25 ～ 35℃时摄食量大。属杂食性龟，喜食肉类，如鱼、虾、螺、蚌肉、动物内脏等。稚龟以动物性饵料为主，如红虫、丝蚯蚓等。繁殖季节登岸陆上产卵，繁殖期为每年的 4—9 月，雌龟年产卵 2 ～ 3 批，每批产卵 10 ～ 20 枚。

地理分布： 原产于墨西哥、美国，引种世界各地。我国大部分地区均有分布，属外来入侵物种。

衡水湖自然保护区种群状况： 分布于小湖隔堤靠近水面区域，大湖周围水陆交接处。

5. 鳖 *Pelodiscus sinensis*

野外识别特征： 身体被革质皮肤，无角质盾片，吻端具有长的肉质吻突。

形态特征： 通体被柔软的革质皮肤，无角质盾片。体色基本一致，无鲜明的淡色斑点。头中等大，前端略呈三角形。眼小，位于鼻孔的后方两侧。脖颈细长，呈圆筒状。颈基两侧及背甲前缘均无明显的瘰粒或大疣。背甲暗绿色或黄褐色，周边为肥厚的结缔组织，俗称“裙边”。腹甲灰白色或黄白色，平坦光滑。尾部较短。四肢扁平，后肢比前肢发达。前后肢各有 5 趾，趾间有蹼，内侧 3 趾有锋利的爪。

生态特征： 生活于江河、湖沼、池塘、水库等水流平缓、鱼虾繁生的淡水水域，也常出没于大山溪中。白天潜伏水中或淤泥中，夜间出水觅食。偏肉食性，以鱼、虾、螺类、蚯蚓等为食，也吃水草。具冬眠习性。鳖 4—5 月水中交配，5 岁以上雌鳖一年可产卵 50 ～ 100 枚。40 ～ 70 d 地温孵化，稚鳖破壳而出，1 ～ 3 d 脐带脱落入水生活。

地理分布： 我国除新疆、青海、西藏外，各地均有分布。

衡水湖自然保护区种群状况： 分布于大小湖水陆交接处。

6. 无蹼壁虎 *Gekko swinhonis*

野外识别特征： 体背具较大颗粒状鳞，稍大于颗粒状鳞的扁圆形疣鳞，枕和颈背无疣鳞，指、趾间无蹼。

形态特征： 身体扁平细长，全长 103 ～ 146 mm，头体长约为尾长的 0.77 ～ 1.04 倍，吻鳞为长方形，宽高比约为 2。鼻孔近吻端，位于吻、第一上唇鳞、上鼻鳞及 2 枚后鼻鳞之间。两上鼻鳞之间有一圆形小鳞。身体背面一般呈灰棕色，腹面淡肉色。体背被颗粒鳞，体腹面被覆瓦状鳞。四肢背面被小粒鳞，腹面被覆瓦状鳞，四肢具五指（趾），指（趾）端膨大，指（趾）间无蹼。尾稍纵扁，基部每侧具 2 ～ 3 个肛疣，雄性明显扩大。

生态特征： 栖息场所广泛，栖息于建筑物的缝隙、岩缝、石下及树上，长于夜晚活动，主要以蛾、蚊蝇、甲虫、蚂蚁、蜘蛛等为食。尾部脆易断，受刺激时强烈收缩尾肌，自行脱落，可再生。无蹼壁虎繁殖期为 6—7 月。每次产卵 2 枚，卵圆形、白色，壳薄而硬。粘在一起附着于壁缝中。孵化期约 2 个月。幼蜥吻端有角齿，以此啄破卵壳而出，旋即自行脱落。性成熟为两龄。

地理分布： 仅在我国有分布，生活于暖温带，分布在秦岭、淮河以北的黄淮平原及黄土高原地区，在河北、辽宁、山西、陕西、甘肃、河南、山东、江苏、安徽和浙江等地都有分布记录。

衡水湖自然保护区种群状况： 村庄墙壁上。

7. 丽斑麻蜥 *Eremias argus*

野外识别特征：一般背部褐黄色，头顶棕灰色，背上及肋部有纵行的白色眼斑和链状纹。

形态特征：体型圆长而略扁，头稍扁且吻端圆钝，头体长44～62 mm，尾长54～84 mm。身体背部褐黄色，头顶棕灰色，背被细小的细鳞。腹面黄白色，腹鳞矩形平扁，呈棋盘状排列。颞侧及上唇后缘各有一条浅色纵纹，于耳孔上下沿肩至腰侧延伸或断裂成纵行黑缘白斑，且具显著眼斑，在体侧前后眼斑连成白色链纹。四肢具较小颗粒鳞，背面有白斑，后脚较多。

生态特征：分布较广，但活动范围不大，主要栖息于平原、草原、丘陵、低山、农田、灌丛等各种环境中。食性广，主要以昆虫为食，又以鞘翅目、鳞翅目、膜翅目及双翅目为主。耐饥饿能力很强。4月上旬蛰出，5月开始繁殖，5—6月在洞末产卵，每窝卵2～4枚，8月结束繁殖，10月冬眠。

地理分布：我国分布于长江以北大部分地区。国外见于朝鲜、蒙古、俄罗斯。

衡水湖自然保护区种群状况：农田与草丛中。

8. 白条锦蛇 *Elaphe dione*

野外识别特征：躯尾背面具三条浅色纵纹；正背中一条窄而模糊，常被黑斑隔断，两侧的两条较宽。

形态特征：头略呈椭圆形，体尾较细长。吻鳞略呈五边形，宽大于高，从背面可见其上缘。鼻孔大，呈贺形，开口于大小几相等的前后鼻鳞间。背面苍灰、灰棕或棕黄色。背鳞多为25行，少为23行。腹鳞及尾下鳞两外侧斑点粗大，且断续缀连如链；有的个体腹两侧尚散有棕红色小斑点。头顶有黑褐色斑纹三条，最前一条较细或不明显，第二条略宽，第三条最宽，呈“钟形”两侧联结，即成一特殊的枕纹。

生态特征：生活于平原、丘陵或山区、草原，栖于田野、坟堆、草坡、林区、河边及近旁，也常见于菜园、农家的鸡窝、畜圈附近，有时为捕食鼠类进入老土房。晴天白天和傍晚都出来活动。北方地区10月开始入蛰，冬眠温度8～15℃，次年4月下旬出蛰。主要捕食蜥蜴、鼠类、小鸟和鸟卵，也有捕食蛙类、昆虫记录。繁殖方式：卵生，于7—8月产卵于深穴或石缝内，每次产卵10个左右，卵壳柔韧，乳白色。

地理分布：我国分布于北部地区。国外分布于与我国相邻各国地区。

衡水湖自然保护区种群状况：农田附近。

9. 虎斑颈槽蛇 *Rhabdophis tigrinus*

野外识别特征： 背面颜色为翠绿色或者草绿色，颈背有比较明显颈槽，枕部两侧有一对较粗的“八”形斑，身体前侧有相间排列的黑色与橘红色斑块。

形态特征： 雄性全长（670+162）mm，雌性（815+170）mm。头背绿色，头腹面白色，上唇鳞乳白色，鳞沟黑色，眼正下方及眼斜后方各有一较粗黑纹。躯干部和尾部为翠绿色或草绿色，身体前侧有相间排列的黑色与橘红色斑块，后段可仍见黑色斑块，但橘红色斑块逐渐消失。躯干和尾腹面为黄绿色。

生态特征： 栖息于平原、丘陵、田野等潮湿近水地带，以蛙类、鸟、鱼和昆虫等为食。捕食时大多从猎物后部吞入，卵生，无毒蛇。卵生，每年 6—7 月产卵，每次 10 枚以上。孵化期 29 ～ 50 d。

地理分布： 在我国分布广泛，指名亚种分布于日本等地。

衡水湖自然保护区种群状况： 农田附近。

三、哺乳动物

10. 草兔 *Lepus capensis*

野外识别特征： 体型较大，体背面为黄褐色或深褐色，腹面白色，耳较长且耳尖黑，尾背为黑色，两侧白。

形态特征： 体型较大，耳长且耳尖黑，体背面为黄褐色或深褐色，体侧面靠近腹部处为棕黄色，颈部为浅土黄色，喉部为暗土黄色，臀部与背部相比较暗，尾背为黑色，两侧为白色，尾长占后足长的 80%，较其他野兔长。

生态特征： 主要栖息于农田及其附近沟渠两岸低洼地、田野、草甸、灌木丛和树林等地。主要于夜间活动，擅长奔跑和跳跃，植食性，主要以玉米、种子、蔬菜、杂草和树皮嫩枝为食。视觉、嗅觉和听觉发达。每年3胎或4胎，早春二月即有怀胎的母兔。

地理分布： 我国分布较广，分布于黑龙江、内蒙古、河北、山西、河南等地。国外主要分布于欧洲、非洲、亚洲大部分地区。

衡水湖自然保护区种群状况： 多见于农田，少见于村庄附近。

11. 东北刺猬 *Erinaceus amurensis*

野外识别特征： 体型较大，体背和体侧具粗而硬棘刺，吻尖，耳长不超过周围棘长，头顶棘刺向两侧分披为两簇，于中央形成裸露区域。

形态特征： 体型较大，身体粗壮肥满。头宽，吻尖，耳短小，耳长不超过周围棘长。体背和体侧具粗而硬棘刺，棘刺由两种颜色组成，一种棘基部白色或土黄色，上端呈棕色较长，后为白色，尖端棕色；另一种棘刺全白但数量较少。耳长不超过周围棘长，头顶棘刺向两侧分披为两簇，于中央形成以裸露区域。四足浅棕色，四肢粗短，健壮，5趾均具爪，爪发达。尾甚短，不及后足长。

生态特征： 栖息于森林、农田和草原等各类环境中，在灌木丛、树根和石缝等处穴居，以树叶、干草、苔藓和各种植物碎屑做窝。食物较杂，主要以昆虫、蠕虫为食，也食小型鼠类、幼鸟、蛙和蛇等小动物和瓜果、蔬菜等农作物。冬眠时期较长，从10月初到次年3月，共约6个月。喜单独活动，通常于黄昏和夜间活动。约90%的雌刺猬在出眠后即可进入动情期，且第1次交配时即可受孕，妊娠期34～37 d，平均35 d。哺乳期约40 d。幼猬断乳后，母刺猬可再次进入动情期，因此少数雌刺猬一年可繁殖两次。每胎1～7仔，多为3～6仔，平均4.5仔。

地理分布： 在我国分布于黑龙江、吉林、辽宁、内蒙古、河北等地。国外主要分布于俄罗斯和朝鲜。

衡水湖自然保护区种群状况： 分布于衡水湖附近农田。

12. 小家鼠 *Mus musculus*

野外识别特征：体型小，吻短而尖；上门齿后方有一明显缺刻。

形态特征：小型鼠类，尾长不及体长，但超过体长的2/3。耳形圆明显突出毛外。后足较短。毛色变异较大，随季节和生境而异。背毛棕灰、灰褐或黑褐色。腹毛基部为灰色，尖端为白色，故腹面为灰白色或白色。背毛和腹毛分界不明显。尾部的上面为棕褐色或黑褐色，下面为白色或稍带黄色。前后足的背面为暗褐色或牙白色。头骨颜面部较短，眶上嵴和颗嵴均不发达。门齿孔较长，其后缘超过第一臼齿前缘连接线。

生态特征：栖息于农田、住房、牲畜圈棚、谷场、仓库、粮房、杂物堆和柴草垛下，但常依生境和季节不同而有所变化。春暖之后，多聚集在各种农田、草丛等地，秋收季节则集居在各种谷物堆下和场院的谷垛内，冬季则大量进入居民区建筑物和秸秆垛内进行越冬。小家鼠的洞穴比较简单，一般有1～2个出入洞口，直径3～5 cm，洞长60～100 cm。杂食性，室内种群盗食人类的各种食物，如粮食、肉品，甚至马铃薯和蔬菜。繁殖能力极强，室内可全年生殖但雌鼠在冬季的怀孕率明显低于其他季节。在室外条件下，4月可见到孕鼠，繁殖率以6—8月最高，每年繁殖2～4次，每窝产子平均5～7只，最多时可达14只。

地理分布：国内外广泛分布。

衡水湖自然保护区种群状况：分布于衡水湖附近村庄和农田。

13. 黄鼬 *Mustela sibirica*

野外识别特征：身体中等大小，背毛橙黄色，腹毛稍淡；鼻部及两眼周围暗褐色，上下唇白色。

形态特征：体形中等，身体细长。头细，较长。耳壳短而宽，稍突出于毛丛。尾长约为体长之半。四肢较短，均具 5 趾，趾端爪尖锐，趾间有很小的皮膜。肛门腺发达。毛色从浅沙棕色到黄棕色，色泽较淡。背毛色略深；腹毛稍浅，四肢、尾与身体同色。鼻基部、前额及眼周浅褐色，略似面纹。鼻垫基部及上、下唇为白色，喉部及颈下常有白斑。

生态特征：栖息于平原、沼泽、河谷、村庄、城市和山区等地带。夜行性，通常单独行动。除繁殖期外，一般没有固定的巢通常隐藏在柴草堆下、乱石堆、墙洞等处。嗅觉十分灵敏，但视觉较差。性情凶猛，常捕杀超过其食量的猎物。主要以鼠类、两栖类和昆虫等为食，也吃鸟类、鱼类、甲壳动物以及兔类等小型哺乳类动物等，偶尔还吃一些植物性食物。每年 3—4 月发情交配。怀孕后期的雌兽行动谨慎、缓慢。选择柴草垛下堤岸洞穴、墓地、乱石堆、树洞等隐蔽处筑巢。雌兽妊娠期为 33 ～ 37 d。通常 5 月产子，每胎产 2 ～ 8 子。初生的幼子全身被白色胎毛，双眼紧闭，侧身躺卧。9—10 月龄达到性成熟。寿命为 10 ～ 20 年。

地理分布：我国广泛分布。国外分布于朝鲜、蒙古、日本、印度、缅甸、尼泊尔等地。

衡水湖自然保护区种群状况：分布于衡水湖附近农田，偶见于村庄附近。